# Educação matemática

## NOS ANOS FINAIS DO ENSINO FUNDAMENTAL E NO ENSINO MÉDIO

PESQUISAS E PERSPECTIVAS

MUSA EDUCAÇÃO MATEMÁTICA
*Volume 5*

Direção: Dario Fiorentini (FE/Unicamp)



Este livro foi editado conforme o Novo Acordo
Ortográfico da Língua Portuguesa

# Educação matemática

## NOS ANOS FINAIS DO ENSINO FUNDAMENTAL E NO ENSINO MÉDIO

PESQUISAS E PERSPECTIVAS

CRISTINA MARANHÃO | ORGANIZADORA

CÉLIA MARIA CAROLINO PIRES

JOSÉ LUIZ MAGALHÃES DE FREITAS

MARIA ISABEL RAMALHO ORTIGÃO

NEIVA IGNÊS GRANDO

SILVIA DIAS ALCÂNTARA MACHADO | EDITORES

MUSA EDITORA

CAPA | Raquel Matsushita (Entrelinha Design)
DIAGRAMAÇÃO | Set-up Time Artes Gráficas
REVISÃO | Fernanda Rizzo Sanches | Maria Aiko Nishijima
IMPRESSÃO E ACABAMENTO | Editora Parma

Livro revisto de acordo com o novo acordo ortográfico

Dados Internacionais de Catalogação na Publicação (CIP)
(Câmara Brasileira do Livro,SP, Brasil)

---

Educação matemática nos anos finais do ensino fundamental e ensino médio : pesquisas e perspectivas / Cristina Maranhão, organizadora. – São Paulo : Musa Editora, 2009. – (Musa educação matemática ; v. 5)

Vários editores.
Bibliografia.
ISBN 978-85-7871-002-6

1. Matemática (Ensino fundamental) 2. Matemática (Ensino médio) I. Maranhão, Cristina. II. Série.

CDD-372.70
9-08590 -510.7

---

**Índices para catálogo sistemático:**

1. Educação matemática : Ensino fundamental 372.7
2. Educação matemática : Ensino médio 510.7



MUSA EDITORA
Rua Bartira 62/21
05009 000 São Paulo SP
Tel/fax (11) 3862 6435
www.musaeditora.com.br
www.musaambulante.com.br
www.anacandidacosta.blogspot.com

**IMPRESSO NO BRASIL, 1ª edição, 2009**

# SUMÁRIO

*Prefácio* – Dario Fiorentini 7

PARTE I – INTRODUTÓRIA 9

1. O livro *Educação Matemática nos anos finais do Ensino Fundamental e no Ensino Médio* – pesquisas e perspectivas: processo de elaboração
   Cristina Maranhão (PUC-SP) 11

2. O Grupo GT2-3 da SBEM: interesses recentes
   Cristina Maranhão e Silvia Machado (PUCP-SP) 14

3. Memória do Grupo GT2-3 da SBEM
   Célia Carolino (PUC-SP) e Cristina Maranhão 17

PARTE II – EDUCAÇÃO ARITMÉTICA E ALGÉBRICA 25

4. Teoria dos números no ensino básico – desenvolvendo o pensamento aritmético
   Claudia L. O. Groenwald; Giovanni S. Nunes; Lisandra O. Sauer; Rosvita F. Franke (ULBRA/RS) 27

5. Estilos cognitivos na matemática manifestados na resolução de problemas
   Gladys Denise Wielewski (UFMT) 45

6. Discutindo a noção de equação: uma análise considerando as ideias da transposição didática
   Alessandro Jacques Ribeiro (UNIBAN) 62

7. Uma investigação sobre as dificuldades no uso de estratégias para a resolução de problemas verbais no campo da análise combinatória
   Auxiliadora Baraldi Pacheco (EAFS/Satuba-AL); Cleide Farias de Medeiros (UFRPE/Recife-PE) 76

PARTE III – EDUCAÇÃO GEOMÉTRICA 99

8. Um processo de pesquisa em educação matemática
   Neiva Ignês Grando; Sandra Mara Marasini (UPF) 101

9. Conceito de volume: referências de diferentes cotidianos para a escola
Neiva Ignês Grando (UPF); Méricles Thadeu Moretti (UFSC) 118

10. A geometria dedutiva em livros didáticos de escolas públicas do estado de São Paulo para o 3° e 4° ciclos do ensino fundamental
Marisa Carlovich; Saddo Ag Almouloud (PUC-SP) 138

11. Tendências relativas ao estudo da argumentação no ensino da geometria em livros didáticos de matemática
José Luiz Magalhães de Freitas; Luiz Carlos Pais (UFMS) 150

PARTE IV – ORGANIZAÇÃO E DESENVOLVIMENTO CURRICULAR 165

12. Implementação de inovações curriculares em matemática: embates com concepções, crenças e saberes de professores
Célia Maria Carolino Pires (PUC-SP) 167

13. Currículo de matemática e perfil social do aluno
Maria Isabel Ramalho Ortigão (UERJ) 191

14. Ensino de matemática na 5ª série do ensino fundamental: uma proposta com o tema transversal Trabalho e Consumo
Sandra Berndt; Claudia Lisete Oliveira Groenwald (ULBRA) 212

PARTE V – PANORAMAS DE PESQUISAS 235

15. Demonstrações e provas e educação matemática – uma análise de pesquisas existentes
Ruy César Pietropaolo (UNIBAN) 237

16. Síntese sobre relações no tempo em pesquisas
Cristina Maranhão (PUC-SP) 251

*Sobre os editores* 277

# PREFÁCIO

Esta é mais uma obra da coleção "Musa Educação Matemática" que já conquistou a confiança e o respeito da comunidade brasileira de educadores matemáticos. Assim como ocorreu com as obras anteriores, esta também traz contribuições importantes à transformação da prática do ensino de matemática nas escolas e universidades e ao avanço do conhecimento em Educação Matemática.

Os autores e organizadores deste livro são os principais líderes e pesquisadores do Grupo de Trabalho "Educação Matemática nas Séries Finais do Ensino Fundamental e no Ensino Médio" (GT 2-3) da *Sociedade Brasileira de Educação Matemática* (SBEM). Nesta obra reuniram trabalhos que tiveram destaque nesse GT nos últimos dois Seminários Internacionais de Pesquisa em Educação Matemática (II e III SIPEM). Esses trabalhos, como relata Cristina Maranhão – atual coordenadora do Grupo –, além de terem sido avaliados pelos pares, foram amplamente discutidos nestes seminários, recebendo, desse modo, novas contribuições, as quais foram incorporadas à versão final dos textos destinados a este livro.

O livro está organizado em cinco partes. Na parte introdutória, os organizadores historiam o processo de produção desta obra e os temas discutidos nos três seminários realizados pelo GT 2-3. Na parte final do livro, o leitor pode encontrar dois estudos meta-analíticos sobre pesquisas em Educação Matemática. Um analisa pesquisas sobre demonstrações e provas no ensino da matemática com o intuito de avaliar sua pertinência nos currículos da educação básica. O outro se dedica a investigações sobre o tema das *relações de ordem no tempo* como pretexto para discutir aspectos teóricos relativos a abordagens investigativas da matemática, na pesquisa e no ensino.

As três partes centrais do livro reúnem onze trabalhos relativos a três temas fundamentais do currículo escolar de matemática que vai do 6º ano do ensino fundamental (ou antiga 5ª série) ao 3º ano do ensino médio: a Educação Aritmética e Algébrica; a Educação Geométrica; e a organização e o desenvolvimento curricular.

Os quatro trabalhos que fazem parte do tema *Educação Aritmética e Algébrica* abordam e investigam: *a Teoria dos Números* e suas contribuições para uma prática de ensino voltada ao desenvolvimento do pensamento aritmético e algébrico; os estilos cognitivos manifestados durante o processo de resolução de problemas; as dificuldades evidenciadas em estudantes quando utilizam estratégias de resolução de problemas verbais em análise combinatória; o uso do termo equação e sua noção matemática ou paramatemática na literatura nacional e internacional sobre o ensino da matemática.

O tema da *Educação Geométrica* também reuniu quatro trabalhos. Os dois primeiros desta parte têm em comum a abordagem histórico-cultural no estudo de conceitos geométricos, sendo que um deles envolveu um trabalho de parceria entre professores da escola e formadores e licenciandos da universidade, visando a mudanças qualitativas no ensino e aprendizagem de conceitos geométricos e algébricos. O segundo estudo investigou o conceito de volume utilizado em serrarias e olarias, tendo como referência ou contraste o conhecimento escolar. Os outros dois estudos desta parte tomaram como material de análise livros didáticos de matemática publicados nas últimas duas décadas, sendo que um investigou nesses livros a presença da geometria dedutiva e o outro a presença de modos ou formas de argumentação no estudo da geometria.

Por fim, completam o livro mais três trabalhos que investigam a *organização e o desenvolvimento curricular* em matemática. O primeiro estudo analisa as dificuldades históricas de implementação das inovações curriculares no Brasil, tendo identificado como ponto frágil dessas tentativas de inovação sua desarticulação com os processos de formação docente. O segundo trabalho analisa os conteúdos curriculares de matemática selecionados ou privilegiados nos últimos quatro anos do ensino fundamental, tendo identificado, para o caso da cidade do Rio de Janeiro, uma correlação com o perfil socioeconômico médio dos estudantes da escola. O terceiro estudo analisa uma experiência de ensino de matemática na 5ª série do ensino fundamental (hoje, 6º ano) por meio de projetos, tendo como tema transversal "trabalho e consumo" e como propósito didático-pedagógico o desenvolvimento de competências.

Como o próprio leitor pode perceber, trata-se de uma obra produzida por pesquisadores reconhecidos pela comunidade brasileira de Educação Matemática e que traz compreensões e contribuições importantes à transformação e ao desenvolvimento curricular do ensino da matemática nos últimos sete anos da educação básica.

As temáticas discutidas e investigadas nesta obra constituem, portanto, um rico material de estudo para os cursos de formação inicial e continuada de professores de matemática e para os cursos brasileiros de pós-graduação em Educação Matemática.

Por último, gostaria de manifestar ao GT de "Educação Matemática nas Séries Finais do Ensino Fundamental e no Ensino Médio" da SBEM, nosso reconhecimento e agradecimento pela produção desta obra.

*Dario Fiorentini*, FE/Unicamp
Campinas, março de 2009

# PARTE I

# INTRODUTÓRIA

# CAPÍTULO 1

## O LIVRO *EDUCAÇÃO MATEMÁTICA NOS ANOS FINAIS DO ENSINO FUNDAMENTAL E NO ENSINO MÉDIO* – PESQUISAS E PERSPECTIVAS: PROCESSO DE ELABORAÇÃO

Cristina Maranhão

O grupo "Educação Matemática nas Séries Finais[1] do Ensino Fundamental e no Ensino Médio", (GT 2-3), reunido no III SIPEM[2], decidiu elaborar um livro baseado nos trabalhos apresentados na segunda e terceira edição do evento. A intenção da constituição de tal obra foi contribuir para a divulgação e ampliação das discussões sobre os temas abordados durante essas reuniões.

Desta forma, o presente livro destina-se a pesquisadores e profissionais de Educação Matemática. Serve, particularmente, a cursos de Licenciatura em Matemática e a cursos de Formação Continuada de Professores como os de Extensão, Especialização e Pós-Graduação em Educação Matemática.

Para a feitura do livro os membros do GT 2-3 elegeram uma comissão editorial encabeçada e gerenciada pela coordenadora do grupo. Essa comissão estabeleceu um prazo para que os membros do grupo enviassem seus trabalhos revisados e até mesmo complementados para avaliação. Esta se deu segundo os critérios da figura 1, tendo em mente a edição de um livro científico cuja forma fosse ao mesmo tempo acessível a todos os membros da comunidade de educadores matemáticos.

Após a recepção dos trabalhos, a coordenadora os enviou a pareceristas *ad hoc* do próprio grupo, respeitando as normas éticas empregadas na avaliação dos artigos do III SIPEM. Estes avaliaram os trabalhos à luz dos critérios estabelecidos, e enviaram seus pareceres à coordenadora.

---

1 Atualmente a terminologia usada para este segmento de ensino é Anos Finais.

2 III Seminário Internacional de Pesquisa em Educação Matemática ocorrido de 11 a 14 de outubro de 2006 em Águas de Lindoia, SP.

| Título do Trabalho<br>Nome do Parecerista: | |
|---|---|
| Item avaliado | **Pontuação** |
| 1. Há argumento(s) sobre a relevância do trabalho para a Educação Matemática? Ele(s) convence(m)? | |
| 2. Há argumento(s) sobre a justificativa do trabalho para a Educação Matemática, em relação a outras pesquisas no tema? Ele(s) convence(m)? | |
| 3. Há coerência entre os objetivos, os procedimentos para persegui-los e as conclusões? | |
| 4. A explicitação de referencial(is) teórico(s) está adequada ao trabalho? Há coerência entre os referenciais empregados, ou, então, o autor explicita sua posição se mencionou referenciais não coerentes entre si? | |
| 5. A discussão dos resultados está bem fundamentada? Ou, ao contrário, há demasiados resultados sem argumentos convincentes, nem fundamentação em literatura da Educação Matemática? | |
| 6. Há articulação entre resultados e conclusões e o(s) referencial(is) teórico(s)? | |
| 7. Há coesão (clareza e correção da linguagem; interligação e coerência entre frases e tópicos do trabalho) no texto? | |
| 8. O trabalho traz resumo em português e resumo em inglês? | |
| 9. O trabalho está escrito na forma exigida pela ABNT 2004 e a bibliografia é pertinente e atualizada? | |
| 10. A linguagem é adaptada a capítulo de livro? | |
| **Observação:** para ser favorável, levar em conta que o trabalho deve atingir no mínimo 50 pontos entre os itens 1 e 7 (até 10 pontos por item). Os itens 8 a 10 constam desta avaliação para orientar as sugestões a serem enviadas aos autores no caso de não terem sido observadas por eles. | |

| **Favorável (   )** | **Favorável com Sugestões (   )** | **Desfavorável (   )** |
|---|---|---|

Parecer:

| |
|---|

Figura 1

Alguns textos foram aprovados sem sugestão de mudanças e outros o foram com sugestões. A coordenadora do grupo reenviou os textos cujos pareceres sugeriam alguma mudança aos seus autores, além de providenciar a resposta aos autores dos outros textos sobre o aceite ou não deles. A maior parte dos autores atendeu às sugestões dos pareceristas e, quando argumentaram que algumas delas não eram pertinentes, a comissão reconsiderou a sugestão. É importante salientar, portanto, que alguns textos publicados nos anais dos SIPEM II ou III sofreram alterações.

Durante este processo foram realizadas diversas discussões entre os membros da comissão editorial, encabeçadas pela coordenadora.

Dessa forma, julgamos que o resultado obtido pelo trabalho criterioso da comissão editorial faça desta obra um elemento destinado a contribuir para a melhoria do ensino de matemática e da pesquisa em Educação Matemática, principalmente no Brasil.

Pensamos que a obra atenda a esta meta, por abordar temas fundamentais para os segmentos de ensino fundamental e médio, como mostra seu sumário. É pertinente observar que alguns dos capítulos deste livro se originaram de trabalhos premiados pelo MEC ou pela Capes.

*Cristina Maranhão*

# CAPÍTULO 2

## O GRUPO GT2-3 DA SBEM: INTERESSES RECENTES

Cristina Maranhão e Silvia Machado

A cada três anos são realizados os Seminários Internacionais de Pesquisa em Educação Matemática (SIPEM), pela Sociedade Brasileira de Educação Matemática (SBEM). As atividades dos SIPEM são de fundamental importância para que a pesquisa nacional em Educação Matemática tenha cada vez maior qualidade e penetração nas salas de aula. Foi criado e é mantido com esse intuito, conforme o trecho a seguir:

> "Desde há muito, observava-se que os ENEM – Encontros Nacionais de Educação Matemática, embora cumprissem o papel fundamental de divulgar entre os membros da comunidade de educadores matemáticos as pesquisas que estão sendo desenvolvidas nas Universidades, não ofereciam espaço suficiente para a discussão mais aprofundada entre os pesquisadores. Num evento da natureza e abrangência dos ENEM nem sempre era possível realizar discussões dessa natureza pelo fato de o Encontro destinar-se a um público mais heterogêneo e com outras expectativas. Por outro lado, os grupos de pesquisa organizados nas diferentes IES brasileiras identificavam a necessidade de um intercâmbio maior com congêneres de outros países, não só para avaliar nossa produção em termos internacionais, mas também para gerar a possibilidade de formação de parcerias em projetos e/ou de grupos de estudos e pesquisas de caráter mais abrangente, tanto nacional como internacionalmente. O SIPEM mostra-se assim uma das atividades mais importantes da SBEM possibilitando que a produção brasileira seja mais conhecida." (Sítio do III SIPEM, 2006.)

Durante a realização do I SIPEM constituíram-se os grupos "Educação Matemática nas Séries Finais do Ensino Fundamental" (GT2) e "Educação Matemática no Ensino Médio" (GT3). No II SIPEM, esses grupos se juntaram, e o III SIPEM congregou pesquisadores dos dois grupos.

Durante a realização do III SIPEM, na organização para as discussões e síntese dos trabalhos formaram-se diversos subgrupos temáticos, pois a professora Célia

Maria Carolino Pires, que os coordenou, vislumbrava a possibilidade de abrir caminho para a constituição de novos grupos no SIPEM.

Após essa vivência de debates e trabalho conjunto, os participantes discutiram a reorganização do grupo. Dessa discussão, por meio de processo eletivo, consolidou-se o grupo designado de: **"Educação Matemática nas Séries Finais do Ensino Fundamental e no Ensino Médio"** (GT2-3) e foi indicado o nome da professora Maria Cristina S. de A. Maranhão para assumir sua coordenação.

Para avaliar a pertinência de sua subdivisão, o grupo decidiu formar os subgrupos temáticos: Educação Aritmética e Algébrica; Educação Geométrica e Organização e Desenvolvimento Curricular com os respectivos "coordenadores de subgrupo": José Luiz Magalhães de Freitas e Silvia Machado; Luiz Carlos Pais; Célia Maria Carolino Pires e Claudia Lisete Oliveira Groenwald. O incentivo de desenvolver trabalhos nessas temáticas pode viabilizar a formação de novos grupos no SIPEM.

É preciso, no entanto, esclarecer que a eleição desses subgrupos não caracteriza o interesse do grupo em receber trabalhos voltados apenas para essas temáticas. Ao contrário, no processo eletivo, o grupo manteve o objetivo de acolher pesquisas voltadas para as séries finais do ensino fundamental e ensino médio.

Em verdade, na discussão para o processo eletivo contemplou-se também a formação do subgrupo: "Argumentações e Demonstrações na Educação Básica" (que vivenciou debates durante o III SIPEM), mas ponderou-se que pesquisas neste tema poderiam ser acolhidas e debatidas nos subgrupos do GT2-3, ou ainda poderiam ser encaminhadas ao grupo "Ensino de Probabilidade e Estatística" (G12), conforme o assunto focalizado. O mesmo se deu na consideração de formação de outros subgrupos (que vivenciaram debates durante o III SIPEM): "O Desafio da Diversidade e da Inclusão"; "Propostas Didáticas para a Sala de Aula". Foi verbalizado, também, interesse em acolher e debater investigações sobre dilemas e encaminhamentos de professores das séries finais do ensino fundamental e médio, nas temáticas de interesse do grupo. Isso cabe porque o grupo tem recebido trabalhos nesta temática. Por vezes, estes trabalhos são direcionados ao G2-3, por coordenadores do grupo "Formação de Professores que Ensinam Matemática" (G7), dado que este focaliza os processos de formação profissional, conforme a última publicação[1] do G7 esclarece.

[1] *A formação do professor que ensina matemática*: perspectivas e pesquisas. Autentica Editora. 2006.

Em síntese, as investigações que vêm sendo discutidas e que interessam ao grupo tratam de aspectos epistemológicos, históricos, sociais, culturais, linguísticos, psicológicos, pedagógicos, curriculares ou didáticos (considerando o tripé aluno-professor-saber matemático ou recortes dele) pertinentes às séries finais do ensino fundamental e ensino médio, conforme se pode vislumbrar por seus títulos, no capítulo "Memória do Grupo G2-3 do SIPEM" e conferir pelos anais dos SIPEM.

Estão caracterizados, dessa maneira, os interesses atuais do grupo com relação às temáticas dos trabalhos que pretende acolher.

Por determinação legal, em 2009, o grupo passou a ser designado de: "Educação Matemática nos Anos Finais do Ensino Fundamental e no Ensino Médio". Neste e nos demais capítulos o leitor deve fazer o ajuste das séries finais (5ª a 8ª) para os anos finais (6º a 9º) correspondentes. Por se tratar de obra que representa a história do grupo, coube manter os títulos e conteúdos.

# CAPÍTULO 3

## MEMÓRIA DO GRUPO GT2-3 DO SIPEM

Célia Carolino e Cristina Maranhão

Os grupos GT2 e GT3 respectivamente denominados "Educação Matemática nas Séries Finais do Ensino Fundamental" e "Educação Matemática no Ensino Médio" constituíram-se durante a realização do I Seminário Internacional de Pesquisa em Educação Matemática – I SIPEM, realizado de 22 a 25 de novembro de 2000, em Serra Negra, pela Sociedade Brasileira de Educação Matemática – SBEM.

No I SIPEM, o GT2 contou com 14 trabalhos publicados nos anais e foi coordenado pela professora Célia Maria Carolino Pires; o GT3 contou apenas com 4 trabalhos nos anais e foi coordenado pela professora Maria Ignez de Souza Diniz.

As discussões do grupo GT2 foram realizadas em torno dos seguintes trabalhos selecionados:

1. A ordenação no tempo: evolução de conhecimento por uma situação didática. Cristina Maranhão. Silvia Sentelhas e Sonia Igliori (PUC-SP).
2. A relação entre a linguagem da ciência e a linguagem matemática. Fernanda Viola Trinta e Estela Kaufman Fainguelernt (IEM-USU/RJ).
3. Álgebra: exagerada ou sumida? Ivanete Batista dos Santos (Centro Educacional Presidente Vargas/Aracaju/SE).
4. Aprendendo e ensinando geometria com a demonstração: uma contribuição para a prática pedagógica do professor de matemática no ensino fundamental. Filomena Aparecida Teixeira Gouvêa (PUC-SP).
5. As operações de multiplicação e divisão junto a alunos de 5ª e 7ª séries. Maria Carolina C. da Cunha Carneiro (PUC-SP).
6. Currículos de matemática: da organização linear à ideia de rede. Célia Maria Carolino Pires (PUC-SP).
7. Estudo de fenômenos de ensino, aprendizagem de noções geométricas pelos alunos de 5ª a 8ª séries do ensino fundamental. Saddo Ag Almouloud (PUC/SP).
8. Gráficos no ensino fundamental e médio. Jorge Bria (UFF-RJ).

9. O jogo como metodologia do ensino de matemática. Luziane Beyruth Schwartz. (IEM/USU-RJ).
10. Parâmetros Curriculares Nacionais de matemática: um estudo dos pareceres. Ruy César Pietropaolo (PUC-SP).
11. Regras: o limite do pode e não pode em atividades lúdicas matemáticas. Eva Maria Siqueira Alves (UFS).
12. Sobre a introdução do conceito de número fracionário. Maria José Ferreira da Silva (PUC-SP).
13. Um estudo sobre as atitudes e o desempenho em matemática. Márcia Regina Ferreira de Brito e Miriam Cardoso Utsumi (Unicamp-SP).
14. Uma nova abordagem do Teorema de Tales, utilizando o Cabri-Géomètre. Maria Célia Leme da Silva (PUC-SP).

As discussões do grupo GT3, por sua vez, foram realizadas em torno dos seguintes trabalhos selecionados:

1. A capacidade de argumentação e a familiarização com as demonstrações no ensino médio. Lucia Tinoco e Lílian Nasser (UFRJ).
2. A matemática e o novo ensino médio. Marcelo Lellis e Luiz Márcio Imenes.
3. O conceito de função: os conhecimentos prévios e as interações sociais como desencadeadores da aprendizagem. Vanessa Moretti (FEUSP).
4. Resolução de equações de terceiro grau através de cônicas. Rosana Nogueira de Lima (PUC-SP).

No II SIPEM, realizado de 29 de outubro a 1º de novembro de 2003, na cidade de Santos/SP, os grupos GT2 e GT3 se fundiram em virtude do número reduzido de trabalhos inscritos para o GT3 e a reunião durante esse encontro foi coordenada pela professora Célia Maria Carolino Pires. Contou com 20 trabalhos publicados nos anais do evento. Os debates no grupo foram feitos em torno dos seguintes trabalhos:

1. Conceito de volume: referências de diferentes cotidianos para a escola. Neiva Ignês Grando (UPF) e Méricles Thadeu Moretti (UFSC).
2. Um estudo sobre a posição de educadores sobre a resolução de problemas e História da matemática como meios de ensinar e aprender matemática nas séries finais do EF. Ruy César Pietropaolo (PUC-SP).

3. Generalização de padrões geométricos: caminho para construção de expressões algébricas no ensino fundamental. Olga Yayoi A. Nakamura (PUC/SP) e Anna Franchi (PUC-SP).
4. O uso da reconfiguração em problemas de cálculo de área no ensino fundamental. Claudia Regina Flores (UFSC) e Méricles Thadeu Moretti (UFSC).
5. Um estudo dos afazeres e dizeres de uma professora que ensina matemática numa sala de 8ª série do ensino fundamental. Marcos Antonio Gonçalves Junior e Regina Luzia de Cório Buriasco (UEL).
6. A aprendizagem das relações entre comprimento e área no ensino fundamental. Paula Moreira Baltar Bellemain (UFPE).
7. Régua e compasso nos livros didáticos de matemática: o início de uma nova história na prática escolar. Elenice de Souza Lodron Zuin (PUC-MG).
8. Significados atribuídos a relações em problemas de ordenação. Maria Cristina S. A. Maranhão, Sonia B. Camargo Igliori e Elizabeth Soares (PUC-SP).
9. Um estudo sobre o desempenho de alunos do ensino fundamental em álgebra: algumas considerações para um debate teórico. Alessandro Jacques Ribeiro (UNIP-Guarulhos).
10. A passagem da 4ª para a 5ª série: o que pensam os professores dessas séries sobre os conteúdos essenciais de matemática. Angelita Minetto Araújo e Maria Tereza Carneiro Soares (UFPR).
11. Resultados de um estudo sobre aprendizagem de números irracionais no ensino fundamental. Gratuliano E. Alves da Silva (UFRN).
12. Alguns problemas de programação linear e a importância dos registros de representação no processo ensino-aprendizagem de sistemas de inequações do 1º grau. Armando Traldi Junior (FFCL).
13. Sobre novas configurações para o Tri-Hex de T. H. O'Beine como jogo pedagógico. Luciana Aparecida Ferrarezi (Unesp/RC) e Ruy Madsen Barbosa (FAFICA).
14. As possibilidades do texto jornalístico na aula de matemática. Roseli de Alvarenga Correa (UFOP-MG).
15. Aulas de matemática e utilização de um jogo: um contexto para resolução de problemas. Fabiana Fiorezi de Marco, Anna Regina Lanner de Moura e Rosana Giaretta Sguerra Miskulin (Unicamp-SP).

16. Percepção dos estudantes sobre o Teorema de Pitágoras no ensino fundamental. Luiz Henrique Ferraz Pereira (UPF).
17. Um estudo sobre desempenho de alunos do ensino médio em tarefas envolvendo o conceito de polígono e poliedro. Nelson Antonio Pirola, Luciane de C. Quintiliano e Marcelo Carlos de Proença (Unesp/Bauru).
18. Educação matemática no ensino médio – uma alternativa para o estudo de funções no ensino médio. Élen Patrícia Alonso e Mara Sueli Simão Moraes (UNESP/Bauru).
19. Análise interpretativa das produções escritas e orais de estudantes do ensino fundamental na resolução de problemas. Mário Oliveira Tomaz Neto (U. E. do Pará) e Cleide Farias de Medeiros (UFRPE).
20. Professores do ensino médio e suas concepções. Elenilton Vieira de Godoy (UniABC).

A reunião do III SIPEM, realizada de 11 a 14 de outubro de 2006, na cidade de Águas de Lindoia /SP foi coordenada pela professora Célia Maria Carolino Pires. Contou com 34 trabalhos publicados no *CD-ROM* do evento.

Para discussões durante o evento foi evitada a separação dos trabalhos por etapa da escolaridade – eles foram agrupados por temáticas afins. Nessa organização tinha-se em mente a possibilidade de abrir caminho para a constituição de novos grupos no SIPEM que focalizassem pesquisas em algumas dessas temáticas. Graças à participação de muitos autores durante todo o período de discussões, após os debates sobre os trabalhos em subgrupos, elaboraram-se e apresentaram-se sínteses dos subgrupos. Os trabalhos aprovados e constantes nos subgrupos temáticos foram:

1. Argumentação no ensino da geometria em livros didáticos nas séries finais do ensino fundamental. José Luiz Magalhães de Freitas e Luiz Carlos Pais (UFMS).
2. Demonstrações e educação matemática – uma análise de pesquisas existentes. Ruy César Pietropaolo (PUC-SP).
3. Estratégias de ensino do Teorema de Pitágoras em livros didáticos das séries finais do ensino fundamental. Luiz Carlos Pais (UFMS).
4. A geometria dedutiva em livros didáticos das escolas públicas do estado de São Paulo para o 3º e 4º ciclos do ensino fundamental. Marisa Carlovich e Saddo Ag Almouloud (PUC-SP).

5. Educação matemática: um processo de pesquisa em sala de aula. Neiva Ignês Grando e Sandra Mara Marasini (UPF/RS).
6. Investigação sobre as dificuldades no uso das estratégias para a resolução verbal de problemas de análise combinatória. Auxiliadora Baraldi Pacheco (EAFS) e Cleide Farias de Medeiros (UFRE).
7. Estilos cognitivos na matemática manifestados na resolução de problemas. Gladys Denise Wielewski (UFMT).
8. Um mapeamento das ideias fundamentais do cálculo no ensino básico. Wanderley Moura Rezende (IM-UFF).
9. Um olhar sobre aspectos do conceito de fração por meio de situações-problema. Wilson Roberto Rodrigues e Tânia Maria Mendonça Campos (PUC-SP).
10. Teoria dos números no ensino básico – desenvolvendo o pensamento aritmético. Rosvita Fuelber Franke e Giovanni da Silva Nunes (ULBRA/RS).
11. A complementaridade entre os aspectos intensional e extensional do conceito de número. Rogério Ferreira Fonseca (PUC-SP).
12. A construção dos conceitos de função polinomial do 1º grau na realidade do mundo agrário: numa visão educacional inclusiva através de métodos de projetos. José Roberto Linhares de Matos e Márcia Maria Paes Santos (UFRJ).
13. Educação algébrica. Lucia Arruda de Albuquerque Tinoco (Projeto Fundão IM/UFRJ).
14. Um estudo sobre o desempenho de alunos do ensino fundamental em tarefas envolvendo os conceitos de equações e expressões algébricas. Luciane de Castro Quintiliano e Márcia Regina Ferreira de Brito (Unicamp-SP).
15. Discutindo a noção de equação: uma análise considerando as ideias da transposição didática. Alessandro Jacques Ribeiro (UNIP/PUC-SP).
16. O livro didático do ensino médio contempla as equações diofantinas lineares? Silvio Barbosa de Oliveira e Silvia Dias Alcântara Machado (PUC-SP).
17. Tradições e contradições no ensino da relação de Euler. Marcio Antonio da Silva (UMESP).
18. Os conhecimentos prévios dos alunos de 5ª série do ensino fundamental: um caminho para a aprendizagem significativa de conceitos geométricos. Elaine de Almeida Oliveira e Maria Raquel Miotto Morelatti (FCT/Unesp).

19. Ensino e aprendizagem de razões trigonométricas no triângulo retângulo: um estudo sobre os conhecimentos de estudantes do ensino médio. Dilvana Maria Melo da Silva (SEDUC) e Mario Oliveira Thomaz Neto (UEPA).
20. O desempenho de alunos formandos e recém-egressos de ensino fundamental em problemas envolvendo conceito de área. Andréia Aparecida da Silva Brito; Hugo Leandro do Nascimento e Nelson Antonio Pirola (Unesp/Bauru).
21. Resolução de problemas com informações supérfluas: uma análise do desempenho de alunos sob a ótica da teoria de Krutetskii. Nelson Antoni Pirola et al. (Unesp/Bauru).
22. A formação conceitual em geometria: uma análise sobre polígonos e poliedros. Marcelo Carlos de Proença (Unesp/Bauru); Nelson Antonio Pirola (Unesp/Bauru).
23. Ensino de matemática na 5ª série do ensino fundamental: uma proposta com o tema transversal trabalho e consumo. Sandra Berndt (ULBRA) e Claudia Lisete Oliveira Groenwald (ULBRA).
24. Currículo de matemática e perfil social do aluno. Maria Isabel Ramalho Ortigão (PUC-RJ/UERJ).
25. Reflexo da evolução da didática portuguesa na educação matemática no Brasil na década de 90: uma matemática não tão de hoje. Ana Paula Bezerra da Silva e José Menezes da Silva Filho (PPGEC/UFRPE).
26. Ubiratan D'Ambrósio e a matemática moderna no ensino secundário brasileiro. Rosimeire Aparecida Soares (PUC-SP e UVS/Pouso Alegre).
27. Os limites e possibilidades da abordagem por competência nas reformas educacionais do ensino médio dos anos 1990. José Carlos Oliveira Costa (CUFSA); Vinício de Macedo Santos (FEUSP).
28. A matemática na formação de uma aluna de um curso técnico de enfermagem: a relação do sujeito com o conhecimento matemático. Cícera Maria dos Santos Xavier e Bárbara Lutaif Bianchini (PUC-SP).
29. Desenvolvendo conceitos matemáticos no curso técnico em Zootecnia. Maria das Graças Pereira (PPGEA); José Roberto Linhares de Matos (UFF) e Eulina Coutinho Silva do Nascimento (UFRRJ).
30. O processo de inclusão de alunos cegos nas aulas de matemática: as vozes dos atores. Solange Hassan Ahmad Ali Fernandes e Lulu Healy (PUC-SP).

31. Calculadora em sala de aula: uma experiência no ensino de números relativos. Pedro Franco de Sá; Antonio José de Barros Neto (UEPA) e Sandra Maria Correa; Hellen Christiane de Araújo Silva (SEPA).
32. Proporção no ensino de jovens e adultos. Angela Marta Pereira das Dores Savioli (UEL). Elizeu Carlos de Oliveira (CEEBJA/Londrina).
33. Jogos e brinquedos na construção de conceitos fundamentais matemáticos. Carmem Lúcia Kohl Martinez Paz; Tereza de Jesus Ferreira Scheide (UNOESTE).
34. Classificação geral dos jogos matemáticos. Valdir Bezerra dos Santos Júnior et al (UFRPE – PIC/CNPq – LACAPE).

Sobre os encaminhamentos para a próxima gestão, através de votação dos presentes, o grupo decidiu que iria: (a) publicar um livro; (b) fomentar uma sessão no site da SBEM e (c) participar de dois fóruns e discussões eletrônicas. Mesmo essas realizações tendo sido consideradas da responsabilidade do grupo, foram eleitas comissões para viabilizá-las. O grupo também se comprometeu: (d) a fazer indicações para mesas-redondas e palestras no IX ENEM e em outros eventos regionais da SBEM, divulgando seu trabalho. Ainda, frisou ser interessante: (e) desenvolver investigações compartilhadas entre seus participantes.

Quanto à sua reorganização, o grupo decidiu manter a designação: "Educação Matemática nas Séries Finais do Ensino Fundamental e no Ensino Médio", formando os subgrupos temáticos: (I) Aritmética e Álgebra; (II) Geometria e (III) Organização e Desenvolvimento Curricular. Realizado um processo eletivo, foi indicado o nome da professora Maria Cristina S. de A. Maranhão para assumir a coordenação do grupo: "Educação Matemática nas Séries Finais do Ensino Fundamental e no Ensino Médio". Nesse mesmo processo eletivo foram indicados também coordenadores dos subgrupos: José Luiz Magalhães de Freitas e Silvia Machado (do subgrupo I); Luiz Carlos Pais (do subgrupo II); Célia Maria Carolino Pires e Claudia Lisete Oliveira Groenwald (do subgrupo III). Foram indicados ainda: Alessandro Ribeiro e Rogério Fonseca, como organizadores da sessão no site da SBEM; Márcio Silva como criador do primeiro fórum eletrônico do grupo e Ruy Pietropaolo como moderador deste fórum. Pelas tarefas assumidas e o grande número de participantes dos subgrupos, ficou estabelecida a colaboração de todos com a coordenação do grupo.

# PARTE II

# EDUCAÇÃO ARITMÉTICA E ALGÉBRICA

# CAPÍTULO 4

## TEORIA DOS NÚMEROS NO ENSINO BÁSICO – DESENVOLVENDO O PENSAMENTO ARITMÉTICO

Claudia Lisete Oliveira Groenwald; Giovanni da Silva Nunes; Lisandra de Oliveira Sauer; Rosvita Fuelber Franke – ULBRA/RS

### Resumo

Neste trabalho apresentamos a pesquisa "Teoria dos Números e suas aplicações no processo de ensino e aprendizagem", que vem sendo desenvolvida desde 2001, na Universidade Luterana do Brasil – ULBRA, campus de Canoas, Rio Grande do Sul. A Teoria dos Números é a área da matemática que estuda as relações entre os números inteiros e que tem aplicações em diversos campos da matemática. Investigamos os conceitos da Teoria dos Números que são apresentados no ensino básico, sugerindo atividades didáticas que promovam o desenvolvimento do pensamento aritmético, despertando nos alunos o interesse por essa área da matemática com o objetivo de verificar se: "A introdução e o desenvolvimento de atividades didáticas da Teoria dos Números possibilitam ao aluno o desenvolvimento de estratégias de pensamento que melhorem seu raciocínio lógico e algébrico". Os temas abordados foram: números primos, divisibilidade, algoritmo da divisão, máximo divisor comum, entre outros. Também apresentamos os resultados de dois experimentos de ensino, um aplicado em uma turma da 6ª série do ensino fundamental e outro em alunos do curso de Licenciatura em matemática da ULBRA.

**Palavras-chave:** Teoria de Números; Pensamento Aritmético; Atividades Didáticas; Experimento de Ensino.

### Abstract

In this paper we present the research "Theory of Numbers and its application in the process of teaching and learning", which is being developed since 2001, at Universidade Luterana do Brasil – ULBRA, in the Canoas campus, in Rio Grande do Sul. The Theory of Numbers is the mathematics area which studies the relations between integers numbers and has applications in many fields of Mathematics. We investigated the concepts of the Theory of Numbers that are presented in the elementary levels, suggesting activities which promote the development of the arithmetical thinking, raising students' interest in this Mathematic field and aiming at establishing if: "The introduction and development of educational activities of the Theory of Numbers enable the student the development of thinking strategies which improve their logical and algebraic thinking". The approached subjects were: prime numbers, divisibility, division algorithm, maximum common divisor, among others. In this paper we present the results of two guideline experiments, one applied to a 6th grade class of the elementary level and the other applied to students of Mathematics graduation course at ULBRA.

**Keywords:** Theory of Numbers; Arithmetic Thinking; Educational Activities; Guideline Experiments.

## Introdução

Este trabalho apresenta os resultados da investigação "Teoria dos Números e suas aplicações no processo de ensino e aprendizagem", desenvolvida desde 2001 e que está ligada ao Grupo de Estudos Curriculares de Educação Matemática, GECEM, da Universidade Luterana do Brasil, em Canoas, no estado do Rio Grande do Sul.

A Teoria dos Números é uma área da matemática cujo desenvolvimento influenciou outras partes da ciência e serviu como trampolim para o progresso da civilização humana. Seu estudo é, ao mesmo tempo, muito antigo e muito atual, já que está multiplicando-se rapidamente em vários campos da matemática, tanto pura como aplicada, servindo de ferramenta nas áreas de probabilidade, álgebra, sistemas dinâmicos etc. Os problemas da Teoria dos Números se caracterizam pela simplicidade do enunciado, mas que exigem, frequentemente, grande engenhosidade e virtuosidade técnica na sua demonstração.

Na matemática "moderna", tanto a geometria como a Teoria dos Números ficaram relegadas a segundo plano nos currículos da matemática do ensino fundamental e médio. Nos últimos anos, a geometria voltou a recuperar sua força e importância nos currículos, não ocorrendo o mesmo com a Teoria dos Números, talvez por não ter sido encontrada uma forma mais simples para sua apresentação, de maneira que as dificuldades de compreensão, tanto para os professores como para os alunos, fossem superadas.

O estudo desenvolvido objetivou estudar os conceitos elementares da Teoria dos Números, analisando o processo de ensino e aprendizagem de conceitos importantes nessa área, que devem ser desenvolvidos no ensino básico, servindo de base para pensamentos matemáticos mais elaborados.

Nossa preocupação foi propor atividades didáticas que exijam dos alunos a elaboração de estratégias de pensamentos que melhorem seu raciocínio lógico e algébrico, através de conceitos básicos da Teoria dos Números. Esta proposta, ao mesmo tempo em que se faz necessária, também aparece como motivadora, uma vez que faz com que os alunos identifiquem aplicações de conceitos que parecem, em geral, muito abstratos e sem qualquer vínculo com situações reais.

De acordo com Groenwald, Sauer e Franke (2005), as relações da Teoria dos Números podem ser desenvolvidas de forma a estimular nos alunos o interesse pela Matemática, aprimorando o raciocínio lógico e ampliando a compreensão dos conceitos básicos para o refinamento do pensamento aritmético, fazendo com que eles desenvolvam a capacidade de manipular conceitos e propriedades de forma clara e objetiva.

Justifica-se essa investigação pelas dificuldades que os alunos apresentam em aplicar os conceitos de número par e ímpar, número primo, mínimo múltiplo comum, máximo divisor comum, divisibilidade, entre outros, na resolução de problemas.

## Questão Norteadora

Nos últimos anos, um dos problemas apresentados pelos alunos egressos do ensino básico, nas universidades, é a carência de competências, que exige deles habilidades com o raciocínio lógico e aritmético.

A questão que norteou a realização dessa investigação foi: "A introdução e o desenvolvimento de atividades didáticas da Teoria dos Números possibilitam ao aluno o desenvolvimento de estratégias de pensamento que melhorem seu raciocínio lógico e algébrico?".

Procuramos responder a essa questão analisando dois experimentos de ensino realizados durante a investigação: Teoria dos Números e suas aplicações no processo de ensino e aprendizagem.

## Objetivos

São três os principais ramos em que se divide a Teoria dos Números: Teoria Elementar, Teoria Analítica e Teoria Algébrica. A pesquisa realizada limitou-se à parte elementar, com os seguintes objetivos:

1. investigar atividades didáticas envolvendo os conceitos elementares da Teoria dos Números, tais como número par e número ímpar, número primo, mínimo múltiplo comum, máximo divisor comum, múltiplos e divisores;
2. aprofundar a compreensão de algoritmos, tais como o algoritmo da divisão e o algoritmo de Euclides, para determinar o máximo divisor comum entre inteiros não nulos;
3. pesquisar atividades e recursos que permitam ao aluno conjecturar, comparar e estabelecer estratégias mentais na resolução de situações-problema que decorrem de outras áreas do conhecimento;
4. propor atividades baseadas na metodologia "Resolução de Problemas", que exijam dos alunos do ensino básico o desenvolvimento de estratégias de pensamento e se utilizem do seu raciocínio lógico e algébrico para apresentar suas conclusões e resoluções de forma clara e compreensível;
5. aplicar e avaliar um experimento de ensino com alunos de uma turma do ensino básico;
6. aplicar e avaliar um experimento de ensino com alunos de uma turma do primeiro semestre do Curso de Licenciatura em Matemática da ULBRA.

## A Metodologia Resolução de Problemas na Educação Matemática

Salientamos a importância da utilização de métodos de ensino adequados para o desenvolvimento de raciocínios típicos da matemática, como o uso de regularidades e generalizações, bem como da capacidade de resolver problemas, que é um dos objetivos dos Parâmetros Curriculares Nacionais do Ensino Médio (Brasil, 1998).

O avanço da tecnologia e as rápidas mudanças sociais impedem que seja feita uma previsão exata de quais habilidades, conceitos e algoritmos matemáticos seriam úteis, hoje, para preparar um aluno para a vida futura. Por isso, é necessário preparar o aluno para resolver situações novas, em que iniciativa, espírito explorador, criatividade e habilidade para resolver problemas são competências fundamentais.

Para Garcia e Garcia (1993), problema é algo que não pode ser resolvido automaticamente, mediante os mecanismos que normalmente utilizamos, mas que exige a utilização de diversos recursos intelectuais. Um problema não precisa ser uma pergunta explicitamente formulada (mesmo que, em última instância, sempre se reduza a uma modalidade de pergunta), mas pode ser uma situação incerta que estimula a curiosidade científica, um conjunto de dados difíceis de combinar com conclusões anteriores e que, por isso, obriga a buscar mecanismos de reajuste e compatibilização.

Segundo Polya (1995), um problema não deve ser nem muito difícil nem muito fácil e certo tempo deve ser dedicado a sua apresentação natural e interessante.

A resolução de problemas é uma atividade complexa que envolve diferentes processos, tais como compreensão, inferências, dedução, recuperação do conhecimento prévio, interpretação de premissas e raciocínio (Sanchez, Escudero e Massa, 2001).

Na metodologia resolução de problemas, buscamos desenvolver as habilidades de argumentação, observação, dedução e, principalmente, o espírito crítico do aluno, por meio do desenvolvimento de atividades de ensino e aprendizagem sob forma de desafios e pela proposição de problemas interessantes.

## O Pensamento Aritmético no Ensino Básico

O enorme desenvolvimento da matemática nas últimas décadas não impediu que crescessem as dificuldades em ensinar os conteúdos matemáticos. Um dos problemas apresentados pelos alunos está em aplicar os conceitos de aritmética, nos tópicos de divisibilidade, máximo divisor comum e congruência com números inteiros.

Entre os obstáculos apontados pelos professores de matemática, na transposição didática[1] dos conceitos aritméticos está a falta de modelos, pois, para cada problema, o método utilizado na sua resolução é diferente e, além disso, nos livros didáticos existem poucas atividades metodológicas que levam os alunos à ampliação do pensamento aritmético, reduzindo-se a exercícios repetitivos (Groenwald, Sauer e Franke, 2005).

Para Lins e Gimenez (1997), a aritmética escolar propõe um sentido integrador que permite resolver problemas diversos. Assim, as técnicas e regras deveriam servir para solucionar problemas.

Concordamos com Lins e Gimenez (1997), que afirmam que um bom trabalho aritmético, para a prática do professor é: reconhecer a necessidade de uma mudança curricular que sirva para desenvolver um sentido numérico; integrar diversos tipos de raciocínios na produção de conjecturas; assumir o papel dos distintos cálculos, que não se reduzam à obtenção de resultados e contribuam para

[1] Transposição didática é o trabalho que de um objeto de saber a ensinar faz um objeto de ensino (Chevellard citado por Pais, 2002).

aprimorar processos como planificar, desenvolver estratégias diferentes, selecionar as mais adequadas; fomentar uma avaliação que contemple a regulação e o controle constante do processo de ensino proposto.

## Metodologia

Essa pesquisa foi desenvolvida em duas etapas: estudo exploratório em torno dos conceitos de múltiplos, divisores, números primos, máximo divisor comum e algoritmo da divisão; implementação de dois experimentos de ensino.

A primeira etapa para atender aos objetivos propostos se constituiu em um estudo exploratório em torno do tema estudado. Esse tipo de estudo, segundo Triviños (1987), permite aos investigadores envolvidos aumentar sua experiência em torno do problema, aprofundando seus estudos nos limites de uma realidade específica, buscando antecedentes e maiores conhecimentos para, em seguida, planejar uma pesquisa do tipo experimental.

Essa fase foi desenvolvida com reuniões semanais para discussão do trabalho a ser desenvolvido. Durante essa etapa, foi realizada a pesquisa bibliográfica e estudo da realidade educacional nas escolas do município de Canoas/RS, a fim de verificar quais são os conteúdos abordados no ensino básico.

Com o objetivo de verificar se a introdução e o desenvolvimento de atividades didáticas da Teoria dos Números possibilitam ao aluno o desenvolvimento de estratégias de pensamento, que melhorem seu raciocínio lógico e algébrico, foram pesquisadas atividades didáticas fundamentadas na metodologia resolução de problemas, pois ela permite o desenvolvimento de estratégias de pensamento que melhoram o raciocínio lógico e algébrico, possibilitando aos alunos apresentarem suas conclusões de forma clara e compreensível.

As atividades foram planejadas de forma que permitissem a reflexão sobre a importância de estudar e desenvolver atividades relativas à Teoria de Números ao longo do ensino básico, bem como a análise do processo de ensino e aprendizagem desses conceitos, oportunizando o conhecimento de atividades didáticas que envolvam essa teoria. É importante ressaltar que os problemas propostos não se limitaram a assuntos isolados, mas foram tratados de forma integrada, objetivando uma melhor compreensão dos conceitos.

Procuramos, por meio das atividades, investigar se os alunos tinham um raciocínio aritmético de alto nível. Para Resnick, citado por Lins e Gimenez (1997), um raciocínio aritmético de alto nível é aquele que estabelece relações e faz com que o sujeito estabeleça processos não algoritmos. Na aritmética, é o estabelecimento de generalizações e a dedução de regras com base em observações de padrões numéricos.

Na segunda etapa, foram aplicados dois experimentos de ensino. De acordo com Borba (2004), esse é o tipo de pesquisa em que as atividades pedagógicas são propostas a estudantes, de forma que o pesquisador-professor possa "ouvir", de forma detalhada, a matemática desenvolvida por eles. Entendemos, também, que os experimentos de ensino buscam criar um espaço de discussão, onde os alunos, trabalhando em grupos, possam refletir e buscar soluções para os problemas apresentados, e o professor, pela análise das conjecturas levantadas pelos alunos, possa auxiliá-los a alcançar sucesso no desenvolvimento do trabalho proposto.

A implementação dos experimentos de ensino contou com a participação de duas alunas de iniciação científica[2], que desenvolveram as atividades com os alunos, enquanto as observações eram realizadas por um professor do grupo de pesquisa.

Os dados foram coletados por meio da observação participativa, registrando os eventos. Estes posteriormente, foram descritos e analisados em quatro categorias: estratégia individual de resolução de problemas, estratégias do grupo na resolução dos problemas, motivação para a realização das atividades e capacidade de trabalho em grupo.

## Experimento de Ensino na 6ª série do Ensino Fundamental

O primeiro experimento de ensino foi realizado sob a forma de observações e prática de 10h/a com os alunos de uma turma de 6ª série do ensino fundamental de uma escola estadual do município de Canoas/RS.

A turma era composta por 42 alunos, com idade média de 12 anos. Para o desenvolvimento das atividades, contamos com o auxílio de uma bolsista do curso de Licenciatura em Matemática da ULBRA[3].

Primeiramente, foram realizadas duas horas/aulas de observações, para o conhecimento da realidade da turma. Durante a realização do experimento (10h/a), os alunos foram organizados em seis grupos de sete alunos com o objetivo de viabilizar a observação dos trabalhos desenvolvidos por eles e propiciar a troca de ideias, bem como socializá-los.

As atividades foram realizadas com a utilização de material concreto e a avaliação das situações-problema foi feita individualmente, em grupos e por meio de trabalhos escritos.

---

[2] Financiamento CNPq e ULBRA.

[3] Graziela Simonetti Imperatori, bolsista do CNPq.

As atividades foram desenvolvidas por meio de situações-problema que envolveram os conceitos de números primos, mínimo múltiplo comum, máximo divisor comum e divisibilidade.

Um exemplo de situação-problema desenvolvida no experimento de ensino foi: "Uma camponesa levava uma cesta de ovos. Quando questionada sobre quantos ovos levava, respondeu: são menos que 100. Se os divido de 2 em 2, me sobra 1; se os divido de 3 em 3, me sobram 2; dividindo de 4 em 4, me sobram 3; de 5 em 5, sobram 4. Quantos ovos levava?". (Groenwald, Sauer e Franke, 2005). Todas as atividades foram desenvolvidas, primeiramente individualmente e, em um segundo momento, em grupo.

Nesse experimento, observamos que os alunos tendem a ser criativos, ou seja, criam situações em que o problema poderia ser encaixado, comparando com o seu cotidiano ou com outros problemas mais simples e realizando diálogos com os demais integrantes do grupo.

Em muitas situações, um aluno chegava a uma conclusão e era estimulado a informá-la para todo o grupo, sintetizando os procedimentos para a realização da tarefa.

Durante a avaliação dos trabalhos, verificamos que os alunos têm dificuldades na escrita, apresentando, em alguns momentos, erros ortográficos que dificultam a interpretação.

Nas atividades dirigidas pela bolsista, muitas vezes, os alunos se mostraram organizados, mas, na resolução de problemas, nem sempre organizavam as suas ideias, apresentando soluções "soltas", isto é, muitos problemas só apresentavam as respostas finais e não mostravam os procedimentos utilizados para chegar a determinada resposta e, nas atividades em que apresentavam justificativas, muitas vezes, estas eram expressas por símbolos matemáticos (números, algoritmos etc.), que, na maioria dos casos, eram expressos de forma incorreta. Apresentamos, a seguir, um exemplo de uma situação-problema desenvolvida no experimento.

"Eu e meu irmão caçula temos idades entre 10 e 20 anos e, hoje, nossas idades são expressas ambas por números primos, fato que se repetirá, na próxima vez, daqui a 18 anos. Determine minha idade, sabendo que a idade de nosso irmão mais velho, que, hoje, também é um número primo, é uma unidade maior do que a soma das nossas idades" (Nery e Possani, 2002, p. 27).

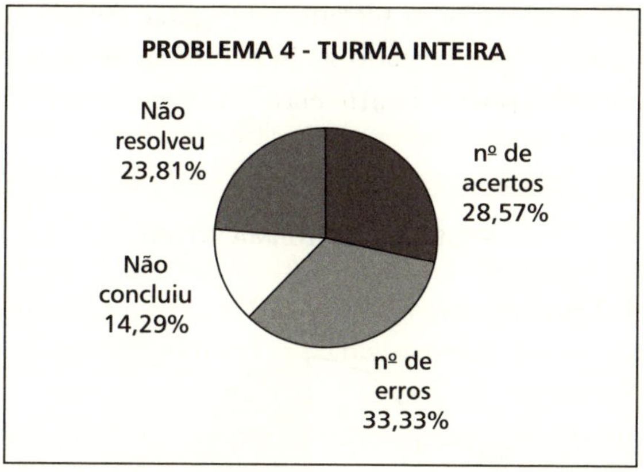


Figura 1: Gráfico da análise dos acertos de um problema do experimento, resolvido individualmente.

Esse problema exige uma interpretação detalhada, devendo ser resolvido por meio de combinações entre os dados e eliminação dos que não satisfazem as condições estabelecidas. Na figura 1, podemos verificar que houve um grande número de erros, ocasionados pela dificuldade de interpretação dos alunos.

Com relação aos acertos, as estratégias utilizadas foram:

- não apresentaram desenvolvimento, somente a resposta final: 50% ou seis alunos;
- especificaram os dados que o problema apresentava: 50% ou seis alunos.

Com relação aos erros, as estratégias utilizadas foram:

- não apresentaram desenvolvimento, somente a resposta final: 57,14% ou oito alunos;
- erraram ao interpretar o problema: 14,29% ou dois alunos;
- utilizaram a tentativa e erro como estratégia: 28,57% ou quatro alunos.

Observamos que os alunos têm dificuldade em se expressar matematicamente, pois não conseguiram obter uma interpretação adequada e, consequentemente, não conseguiram fazer a relação entre os conceitos trabalhados e a aplicação desses quando resolveram os problemas individualmente.

Como exemplo, temos: “Um terreno retangular de 221 m por 117 m será cercado. Em toda a volta desse cercado serão plantadas árvores igualmente espaçadas. Qual o maior espaço possível entre elas?” (Oliveira, 1995).

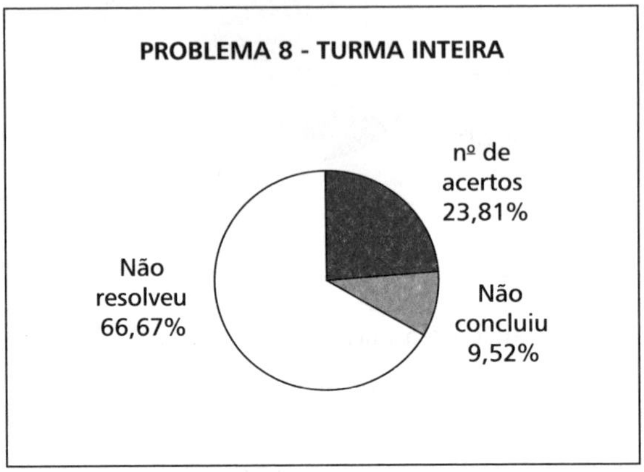


Figura 2: Gráfico do número de acertos de um problema do experimento de ensino.

Na resolução desse problema, utiliza-se o cálculo de máximo divisor comum. Com relação aos dez alunos que acertaram o problema, as estratégias utilizadas foram:

- tentativa e erro: 50%;
- utilização de conceitos matemáticos vistos em sala de aula: 50%.

Os alunos, durante o experimento de ensino, apresentaram atitudes positivas em relação ao trabalho em grupo, demonstrando motivação. Quanto aos resultados, na resolução dos problemas em grupo, obtiveram uma melhora significativa.

O exemplo seguinte foi: “Em uma excursão ao parque, viajaram dois ônibus: um com 42 pessoas e outro com 30 pessoas. Os guias queriam organizar grupos com o mesmo número de pessoas, mas sem misturar as que vieram nos dois ônibus. Eles queriam, também, que esse número por grupo fosse o maior possível. Quantos grupos e de quantas pessoas havia em cada ônibus?” (Di Pierro Netto, 1998).

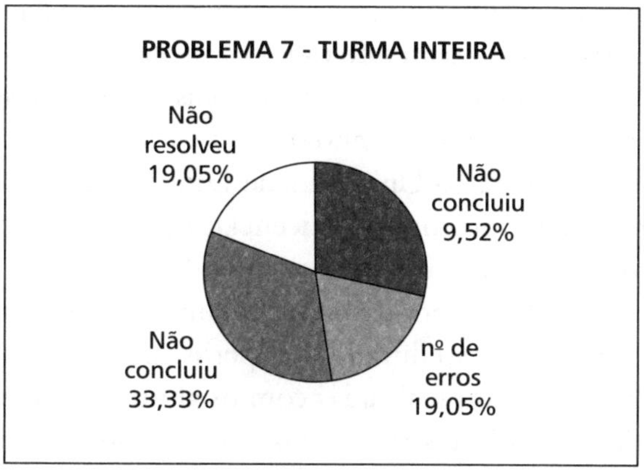


Figura 3: Gráfico do número de acertos do problema, resolvido individualmente.

Esse problema exige uma interpretação detalhada, pois apresenta um dado essencial para a sua resolução, que é não misturar os passageiros dos dois ônibus; é um problema de aplicação do máximo divisor comum. Na figura 3, podemos verificar um grande percentual de erros, ocasionado pela dificuldade de interpretação e a falta de relação entre o conceito de MDC e o que pedia o problema.

Com relação aos acertos, as estratégias utilizadas foram:

- não apresentou desenvolvimento, somente a resposta final: 25% ou seis alunos;
- especificou os dados que o problema apresentava: 75% ou seis alunos.

Com relação aos erros, as estratégias utilizadas foram:

- erro ao interpretar o problema: 100% ou oito alunos.

Mas ao resolverem o problema em grupo, todos os alunos conseguiram acertar o problema.

## Experimento de Ensino com Alunos de Licenciatura em Matemática

Esse experimento de ensino teve como objetivo proporcionar, aos futuros professores de matemática, um espaço para discussão e reflexão, durante o curso de Licenciatura em Matemática, sobre a importância de estudar e desenvolver atividades relativas à Teoria dos Números, para que essa área da matemática ganhe mais espaço nos currículos escolares de todos os níveis.

Foi constituído de cinco encontros de 4 horas/aulas, que se deram ao longo dos meses de setembro e outubro do ano de 2005, sempre às terças-feiras à noite, nos quais uma aluna bolsista da Universidade Luterana do Brasil[4] esteve reunida com 11 alunos voluntários do curso de Licenciatura em Matemática da ULBRA, com a finalidade de aplicar as atividades pesquisadas.

Nesse experimento de ensino, os alunos foram observados individualmente e em grupo, pela sua participação durante o experimento de ensino.

As observações que foram realizadas com os alunos do curso de Licenciatura em Matemática da ULBRA nos permitiram concluir que, assim como ocorreu com os alunos da 6ª série, os alunos tiveram dificuldades em relacionar os conceitos matemáticos com a resolução dos problemas. Outro fator que ocasionou erros foi a falta de interpretação, porém, nesse caso, verificamos que essas dificuldades se tornaram agentes motivadores na realização das atividades, tendo em vista que os alunos se sentiam desafiados a superar essas adversidades.

Os alunos participaram ativamente do experimento, demonstrando interesse, disposição e concentração no desenvolvimento das atividades.

Além disso, demonstraram desenvoltura no trabalho em grupo, propiciando um clima de discussão e troca de ideias, bem como um ambiente favorável ao levantamento de dúvidas em todas as atividades propostas, o que é fundamental para a aplicação de uma metodologia que busca a resolução de problemas.

Os participantes, com poucas exceções, não se conheciam antes do experimento. Mesmo assim, verificamos um bom relacionamento entre os componentes dos grupos. Quando havia divergência quanto à resolução de um problema, cada aluno expunha o seu raciocínio e a estratégia utilizada. Em seguida, o grupo optava pela resolução que considerava mais adequada.

Alguns alunos concluíram que suas dificuldades estão relacionadas à forma como lhes foram transmitidos esses conceitos no ensino fundamental e médio, pois aprenderam somente algoritmos, sem relacioná-los a situações práticas, o que impossibilitou a compreensão exata dos importantes conceitos matemáticos que foram trabalhados ao longo desse experimento.

Observamos que os alunos com mais disciplinas concluídas no curso de Licenciatura em Matemática e os que já lecionaram obtiveram maior êxito na resolução dos problemas e, muitas vezes, colaboraram com o grupo, esclarecendo as dúvidas de outros colegas, proporcionando uma intensa troca de experiências, que resultou no crescimento de todos os participantes.

[4] Luci Talita Gross Lautert, bolsista da ULBRA.

Apresentamos, a seguir, um exemplo de uma situação-problema desenvolvida, individualmente, pelos alunos do Curso de Licenciatura em Matemática, participantes do experimento.

"Um programa de computador foi desenvolvido para listar os números inteiros na tela, em quatro colunas, de forma que, em cada coluna, apareça a soma do número com seu sucessor, consecutivamente:

11 + 22 + 33 + 4
4 + 55 + 6...

Sabendo-se que o algoritmo está programado para parar no primeiro primo maior que 625, pergunta-se:

a) Qual será o último número que aparecerá na lista?
b) Qual coluna receberá o último valor programado?
c) Qual a soma dos números recebidos pela coluna onde está o último número?
d) Em qual coluna aparecerão os números que são quadrados perfeitos?
e) Se no programa for inserido um acumulador, o qual armazena a soma de todos os números que já apareceram na tela, que resultado estaria armazenado após as *n* iterações?" (Groenwald, Nunes, 2007).

A resolução dessa atividade exige que os alunos apliquem os conhecimentos do ensino básico que já possuem e os relacionem a uma situação nova.

A resolução desse problema está apresentada a seguir.

Utiliza-se o Crivo de Erastóstenes para verificar qual é o primeiro inteiro maior que 625 e que não é múltiplo de números primos entre 2 e 25. Excluem-se, então, os números 626, 628, 630 e 632, pois são múltiplos de 2. Exclui-se o 627, pois é múltiplo de 3 e o 629, pois é múltiplo de 17.

Analisando o número 631, verificamos que ele não é divisível por 2, 3, 5, 7, 11, 13, 17, 19, 23. Logo, 631 é o número procurado.

Observa-se que a primeira coluna possui os números 1, 9, 17, ..., 8k + 1,...; a segunda possui os números 3, 11, 19, ..., 8k + 3,...; a terceira, os números 5, 13, 21, ..., 8k + 5,... e a quarta, os números 7, 15, 23, ...,8k + 7.

Para descobrir em qual coluna aparecerá o número 631, é necessário descobrir qual é o resto da divisão euclidiana de 631 por 8. Como 631 = 8 . 78 + 7, o número 631 aparecerá na quarta coluna.

Na quarta coluna, encontram-se os números 7, 15, 23, ..., 8k + 7,... Seus termos formam uma progressão aritmética. A soma finita dos termos de uma progressão aritmética é dada por: $S = \frac{n(a_1 + a_n)}{2}$, onde $a_1 = 631$, $a_n = 7$ e $n$ é a quantidade de termos de $a_1$ até $a_n$. Daí $n = \frac{a_n - a_1}{8} + 1$, ou seja, $n = \frac{631 - 7}{8} + 1$, o que significa que $n = 79$ e $S = \frac{19(7 + 631)}{2}$. Portanto, $S = 79(319) = 25.201$.

Os quadrados perfeitos que aparecem na lista resultam de números ímpares ao quadrado e, além disso, todos deixam resto 1 quando divididos por 4, pois: $(2n + 1)^2 = 4(n^2 + n) + 1$, onde $n^2 + n$ é um inteiro par. Assim, analisando as colunas, temos: na primeira coluna, 8q + 1 = 4(2q) + 1; na segunda, 8q + 3 = 4(2q) + 3; na terceira, 8q + 5 = 4(2q + 1) + 1 e, finalmente, na quarta coluna temos 8q + 7 = 4(2q + 1) + 3. Então, vemos que a única coluna que deixa resto 1 quando dividida por 4 e cujo quociente é um número par é a primeira coluna. Logo, todos os números quadrados perfeitos aparecerão na primeira coluna.

A soma dos números que aparecem na tela é dada por $1 + 3 + 5 + 7 + 9 + ... + (2n - 1) = n^2$, fato que pode ser demonstrado por indução finita.

Base de Indução

P(1) é verdadeira

$2 . 1 - 1 = 1^2$

$2 - 1 = 1$

Conclusão: P(1) é verdadeira

Hipótese de Indução

Suponhamos que P(k) é verdadeira para $k \geq 1$, ou seja,

$1 + 3 + 5 + 7 + 9 + ... + (2k - 1) = k^2$

Tese de Indução

Queremos mostrar que P(k + 1) é verdadeira, ou seja,

$1 + 3 + 5 + 7 + 9 + ... + (2k - 1) + (2k + 1) = (k + 1)^2$

Demonstração

Sabemos que $1 + 3 + 5 + 7 + 9 + ... + (2k - 1) = k^2$

e $1 + 3 + 5 + 7 + 9 + ... + (2k - 1) + (2k + 1) =$

$k^2 + (2k + 1) =$

$k^2 + 2k + 1 =$

$(k + 1) . (k + 1) =$
$(k + 1)^2$

Logo a afirmação é verdadeira.

Esse problema aborda vários conteúdos do ensino básico: números primos, quadrados perfeitos, divisibilidade, sequências e progressão aritmética. Os participantes tiveram dificuldade para reconhecer esses conceitos ao longo da resolução do problema.

Durante o desenvolvimento desse experimento nove alunos estavam presentes e os resultados estão expostos a seguir.

No item "a", apenas três alunos concluíram corretamente a questão enquanto os outros seis apresentaram como resultado números que não são primos. A estratégia utilizada pelos nove alunos foi tentativa e erro.

Na resolução do item "b", apenas dois participantes acertaram a questão, porém ambos tiveram dificuldades em justificar a resposta.

Quanto ao item "c", apenas um aluno utilizou a fórmula da soma dos termos de uma progressão aritmética, porém cometeu um erro no cálculo, logo, não encontrou a resposta correta. Dois participantes somaram os dois últimos números da coluna, os restantes, oito alunos, somaram os quatro números da última linha e não identificaram a existência de uma progressão aritmética.

No item "d", quatro alunos apresentaram o resultado correto, mas não resolveram a estratégia utilizada, os demais alunos não resolveram o problema. Convém observar que apenas um aluno percebeu que apareceriam somente quadrados de números ímpares.

No último item, sete alunos não conseguiram resolver, e os dois que resolveram, não acertaram, ou seja, nenhum dos nove alunos que estavam presentes conseguiu resolver a questão corretamente.

O desenvolvimento dessa atividade exige operações de pensamento. Para formulá-las, necessitamos da capacidade de abstração matemática, indo além do conhecimento de conteúdos matemáticos, ou seja, o resolvente tem de aplicar seus conhecimentos aritméticos em uma situação desconhecida. Para Cantoral et al. (2000), o pensamento matemático que deve ser desenvolvido nos estudantes inclui conhecimento de tópicos matemáticos e processos avançados de pensamento, como justificação, formulação de hipóteses e conclusão.

O que esperamos de um estudante que tenha concluído o ensino básico é que tenha desenvolvido estratégias de pensamento que permitam a resolução dessas atividades, sem o uso de tentativas aleatórias, mas usando os conhecimentos adquiridos em aritmética e raciocínio lógico, ou seja, elaborando raciocínios de alto nível. Entretanto, no experimento de ensino com alunos do curso de Licenciatura, observou-se que eles não desenvolveram estratégias de pensamento de alto nível, pois na maioria das situações a estratégia utilizada foi a de tentativa e erro.

Cerca de 70% dos investigados afirmaram que perceberam progresso nos seus estudos no curso de Licenciatura em Matemática após a participação no experimento.

A motivação dos alunos também foi considerada positiva, embora reconhecendo suas limitações quando o assunto era resolução de problemas e Teoria dos Números. Todos se mostraram interessados em desenvolverem-se nesse sentido, pois concluíram que, como futuros professores do ensino básico, o tema estudado é de extrema importância.

## Conclusão

Durante a investigação, pesquisamos atividades com os tópicos básicos da Teoria de Números que levassem o aluno do ensino básico a ampliar a compreensão dos conceitos e seu pensamento aritmético.

Com a realização dos experimentos de ensino foi possível aplicar as atividades pesquisadas e perceber que é necessário apresentar ao aluno problemas que envolvem os conceitos pesquisados, uma vez que estes desenvolvem competências significativas para a formação do aluno, pois consideramos que a falta de desenvolvimento de estratégias de pensamento faz com que os alunos não consigam apresentar soluções claras de situações-problema.

Os alunos que participaram do experimento de ensino e estão ingressando no curso de Licenciatura em matemática demonstraram dificuldades de se expressarem matematicamente, cometeram erros de interpretação, não aplicaram os conteúdos já aprendidos em uma situação nova e suas estratégias de resolução de problemas foram, na maioria das vezes, tentativa e erro.

Esse experimento de ensino permitiu que os alunos investigados refletissem sobre a importância do tema e da necessidade de realizar uma adequada transposição didática para o ensino básico.

Os alunos demonstraram nunca terem desenvolvido atividades didáticas com os conceitos apresentados, o que remete a uma reflexão de que habilidades como argumentação, observação, dedução e espírito crítico não foram plenamente desenvolvidas. Mas nos dois experimentos que foram realizados, os alunos concluíram que as atividades apresentadas os auxiliou na compreensão de outros conceitos, principalmente na resolução de problemas.

Os experimentos de ensino foram avaliados pelo grupo de pesquisa como muito positivos nos seus resultados, pois em ambos os casos os alunos estiveram, durante o trabalho de grupo, motivados e interessados na realização das atividades.

Com base nos resultados obtidos respondemos de forma positiva à pergunta sobre a introdução e o desenvolvimento de atividades didáticas da Teoria dos Números, a fim de possibilitar ao aluno o desenvolvimento de estratégias de pensamento que melhorem seu raciocínio lógico e algébrico. Observamos, ainda, que é importante que o aluno se defronte com atividades que o levem a conjecturar, comparar e estabelecer estratégias mentais na resolução de situações-problema que decorrem de outras áreas do conhecimento.

## Referências

BORBA, M. C. *A pesquisa qualitativa em educação matemática.* In: Reunião anual da ANPED, 27ª, 2004, Caxambu, MG. Anais.

BRASIL. *Parâmetros Curriculares Nacionais:* Matemática. Brasília: MEC/SEF, 1998.

CANTORAL, R. et al. *Desarrollo del pensamiento matemático.* México: Trillas, 1996.

DI PIERRO NETTO, Scipione. *Matemática:* conceitos e histórias – 5ª série. São Paulo: Scipione, 1998.

DOMINGUES, H. H.; IEZZI, G. *Álgebra moderna.* São Paulo: Atual, 2003.

GARCIA, J. E.; GARCIA, Francisco F. *Aprender investigando* – una propuesta metodológica basada en la investigación. Sevilla: Díada, 1993.

GROENWALD, C. L. O.; SAUER, L. de O.; FRANKE, R. F. *Desenvolvendo o pensamento aritmético utilizando os conceitos da Teoria dos Números.* Acta Scientiae, Canoas. v. 7, n.1, p. 93-101, jan./jun., 2005.

_________. *A história da matemática como recurso didático para o ensino da Teoria dos Números e a aprendizagem da matemática no ensino básico.* PARADIGMA – Revista del Centro de Investigaciones Educacionales. Venezuela. v. XXVI, n. 2, p. 35-55, dezembro de 2005.

GROENWALD, C. L. O.; NUNES, G. S. *Currículo de Matemática no ensino básico:* a importância do desenvolvimento dos pensamentos de alto nível. RELIME – Revista Latinoamericana de Matemática Educativa. México. v. 10, n. 1, 2007.

LINS, R. C.; GIMENEZ, J. *Perspectivas em aritmética e álgebra para o século XXI.* São Paulo: Papirus, 1997.

NERY, C.; POSSANI, C. *Soluções dos problemas dos primos esquecidos.* RPM. n. 48, p. 27-30, 2002.

OLIVEIRA, Z. C. *Uma interpretação geométrica do MDC.* RPM. n. 29, p. 24-26, 1995.

POLYA, G. *A arte de resolver problemas:* um novo aspecto do método matemático. 2ª reimpressão. Rio de Janeiro: Interciência, 1995.

SANCHEZ, N.; ESCUDERO, C.; MASSA, M. *Modelos de situaciones problemáticas propuestos en los textos escolares de Biologia.* Revista Brasileira de Pesquisa em Educação em Ciências. v. 1, n. 1, p. 31-40, jan./abr. 2001.

TRIVIÑOS, A. N. S. *Introdução à pesquisa em Ciências Sociais.* São Paulo: Atlas, 1987.

# CAPÍTULO 5

## ESTILOS COGNITIVOS NA MATEMÁTICA MANIFESTADOS NA RESOLUÇÃO DE PROBLEMAS

Gladys Denise Wielewski – UFMT


### Resumo

O presente artigo pretende indicar características do pensamento matemático, evidenciando estilos cognitivos revelados na resolução de problemas matemáticos. Esses estilos cognitivos são retratados com base em pesquisas envolvendo estudantes, sendo uma de literatura, que é o livro de Krutetskii (1976) (com estudantes na faixa etária de 8 a 12 anos), e outra uma pesquisa exploratória qualitativa realizada para a Tese de Doutorado da autora (com 13 estudantes universitários do Curso de Licenciatura Plena em Matemática e do Curso de Ciências da Computação da UFMT). A questão de pesquisa surgiu do estudo da obra de Krutetskii, na qual ele identificou, dentre 34 estudantes pesquisados, certa predominância na forma de pensar matematicamente ao resolver problemas, o que podemos denominar de estilos cognitivos. A nossa questão foi: "Ao resolver problemas matemáticos, os estudantes universitários podem revelar estilos cognitivos diferentes, considerando que tiveram um longo trajeto escolar e de certa forma similar, viabilizado pelo currículo de Matemática?". Essa pesquisa pode auxiliar professores no que se refere aos processos de ensino, sobretudo na resolução de problemas matemáticos, bem como identificar estilos cognitivos de seus estudantes.


**Palavras-chave**: Pensamento Matemático; Resolução de Problemas; Estilos Cognitivos.


### Abstract

The present article intends to indicate characteristics of the mathematical thought, evidencing cognitive styles revealed in the resolution of mathematical problems. Those cognitive styles are portrayed with base in researches involving students, being one of the literature, that is the book of Krutetskii (1976) (involving students with age group varying from 8 to 12 years) and other a qualitative exploratory research accomplished for my Thesis of Doctorate (involving 13 university students of the Course of Full Degree in Mathematics and of the Course of Sciences of the Computation of UFMT). The research question appeared of the study of the work of Krutetskii, in which he identified, among 34 researched students, certain predominance in the form of think mathematically to solve problems, that we can denominate of cognitive styles. Our question was: "When solving mathematical problems, the university students they can reveal different cognitive styles, considering that they had a long school itinerary and in a certain similar way, done make possible by the curriculum of Mathematics?" That research can aid teachers in what refers to the teaching processes, above all in the problem solve mathematicians, as well as to identify their students' cognitive styles.

**Keywords:** Mathematical Thought; Problem Solve; Cognitive Styles.

## Problemática

Nos últimos anos, a resolução de problemas tem sido inserida nas aulas de matemática de forma mais intensa, no entanto, nem sempre todas as possibilidades de resolução são discutidas com os estudantes, às vezes, apenas um processo é abordado. Entretanto, os estudantes podem ter suas preferências por certos processos de resolução.

Historicamente há alguns exemplos de certa predominância no ato de pensar matematicamente. Poincaré (1995) afirmou que a educação não influencia as tendências do pensamento, porque "o indivíduo nasce matemático, não se torna matemático, e parece também que nasce geômetra ou analista" (Poincaré, 1995, p. 13). Para exemplificar, ele comparou dois cientistas franceses, Bertrand e Hermite. Ambos estudaram na mesma escola, na mesma época, tiveram a mesma educação, as mesmas influências, porém, eram completamente diferentes, tanto nas obras escritas como no ensino e até no modo de falar. Bertrand, enquanto falava, tentava representar as figuras que estudava desenhando-as por meio de gestos, agindo de forma intuitiva. Já Hermite agia como se seus olhos parecessem "fugir ao contato do mundo; não é fora, é dentro que procura a visão da verdade" (Ibidem, p. 14). Essa predominância na forma de pensar pode estar associada aos estilos cognitivos.

O termo estilo cognitivo foi estabelecido por Allport em 1937 e se refere ao modo preferido no processo de informação individual, descrevendo o pensamento típico de uma pessoa, lembrando-se ou resolvendo problemas.

O estudo acerca de estilos cognitivos originou a seguinte questão de pesquisa: "Ao resolver problemas matemáticos, os estudantes universitários podem revelar estilos cognitivos diferentes, considerando que tiveram um longo trajeto escolar e de certa forma similar, viabilizado pelo currículo de matemática?".

## REFERENCIAL TEÓRICO

Krutetskii e sua equipe, formada por 50 pessoas, realizaram um longo e extenso estudo acerca de habilidades matemáticas evidenciadas durante a resolução de problemas, envolvendo no total 201 estudantes com habilidades matemáticas diferentes (estudantes muito capazes em matemática, capazes, médios e menos capazes) e idade variando de 6 a 17 anos. Esse estudo foi desenvolvido por meio de um programa de pesquisa que começou em 1955 e terminou em 1966, culminando na publicação de um livro no ano de 1968.

Seu livro teve repercussão internacional, despertando o interesse de diversos pesquisadores. Kilpatrick (da Universidade de Geórgia) e Wirszup (da Universidade de Chicago) em 1976 editaram a tradução do livro de Krutetskii do russo para o inglês, feita por J. Teller, intitulada *The psychology of mathematical abilities in schoolchildren.*

Um dos resultados da pesquisa de Krutetskii tendo como parâmetro 34 estudantes muito capazes em matemática, com idade entre 6 e 14 anos, foi a identificação de diferenças tipológicas manifestadas durante a resolução de problemas. Ele considerou que a existência de estilos matemáticos está relacionada com o papel relativo dos componentes verbal-lógico e visual-pictórico na atividade mental dos estudantes. Para tanto, respaldou-se em Borisova (1956), que pesquisou a correlação entre os componentes visual-pictórico e verbal-lógico em condições de memorização visual.

Krutetskii (1976) identificou três estilos diferentes: *estilo analítico*, *estilo geométrico* e *estilo harmônico* (que foi dividido em estilo abstrato-harmônico e estilo pictórico-harmônico). Dos 34 estudantes muito capazes em matemática, 6 pertenceram ao estilo analítico, 5 ao estilo geométrico, 13 ao estilo abstrato-harmônico e 10 ao estilo pictórico-harmônico.

O autor afirma que esses estilos de pensamento matemático não são mutuamente excludentes, respaldando-se no estudo de Hadamard (1945), o qual comprovou que algumas pessoas permanecem analistas mesmo quando estão trabalhando com geometria, enquanto outras são geômetras mesmo quando estão envolvidas com Análise Pura.

Essa constatação já havia sido feita por Poincaré em 1908, no livro *L'invention mathématique*, e também no livro *O valor da ciência* (1995). Poincaré ressaltou que não era o assunto que os matemáticos estudavam que determinava uma ou outra tendência de pensamento, mas a própria natureza de seu espírito que os tornavam lógicos ou intuitivos, e faziam uso desse espírito quando estudavam algo novo. Ele denominou os lógicos de analistas e os intuitivos de geômetras.

Para elucidar quais características tornavam esses estilos distintos, apresentamos a seguir a descrição feita por Krutetskii (1976).

## 1. Estilo Analítico

O pensamento dos estudantes desse estilo era marcado pela predominância de um bem desenvolvido componente verbal-lógico em contraposição a um fraco componente visual-pictórico. Eles operavam facilmente com esquemas abstratos e na resolução de problemas não sentiam a necessidade de um apoio visual, tais como diagramas, figuras geométricas etc., mesmo quando as relações matemáticas fornecidas pelo problema sugeriam conceitos visuais.

Por não possuírem uma habilidade para conceituação visual-pictórica, utilizavam um método lógico-analítico de resolução mais difícil, enquanto se eles recorressem a uma imagem poderiam obter uma resolução mais simples. Eles tinham êxito trabalhando problemas de forma abstrata, por isso, na medida do possível, tentavam traduzir problemas representados sob a forma visual em um nível abstrato.

Krutetskii (1976) descreveu algumas resoluções de problemas para exemplificar os estudantes que se enquadraram nesse estilo.

Dado o **Problema (1)** "Quanto pesa um tijolo se ele pesa 1 kg mais meio tijolo?" (Krutetskii, 1976, p. 320, tradução da autora). Todos os estudantes representativos do estilo analítico o resolveram por meio do raciocínio lógico e de forma verbal. Nenhum deles recorreu a imagens, mesmo quando estimulados a descrever visualmente as relações dadas pelo problema.

Ao estudante **G.** (12 anos) foi dado o **Problema** (2) "Um pai tem 35 anos e o seu filho tem 2. Em quantos anos o pai terá quatro vezes a idade de seu filho?" Ele o resolveu utilizando a aritmética da seguinte maneira: "Ele tem 33 anos a mais, isso significa que uma parte será 11, e o filho ainda precisa de mais 9 anos. Em 9 anos" (Ibidem, p. 208, tradução da autora).

## 2. Estilo Geométrico

Krutetskii (1976) afirmou que o pensamento desses estudantes era marcado pela predominância do componente visual-pictórico em contraposição ao componente verbal-lógico, possuindo um alto desenvolvimento de conceitos espaciais. Faziam operações relacionadas com a análise de diagramas, de desenhos e de gráficos mais facilmente do que operações relacionadas com a análise de conceitos e definições.

Eles sentiam necessidade de interpretar visualmente uma relação matemática abstrata. O aspecto figurativo normalmente substituía a lógica e, se não progredissem na visualização de objetos ou diagramas para resolver problemas, tinham dificuldades de operar com esquemas abstratos.

A seguir, são expostos alguns exemplos de estudantes representativos do estilo geométrico.

No Problema 1 (tijolos), estudantes pertencentes ao estilo geométrico o resolveram por meio de desenho (Figura 1) ou pela concepção mental, respondendo que o tijolo pesava 2 kg.

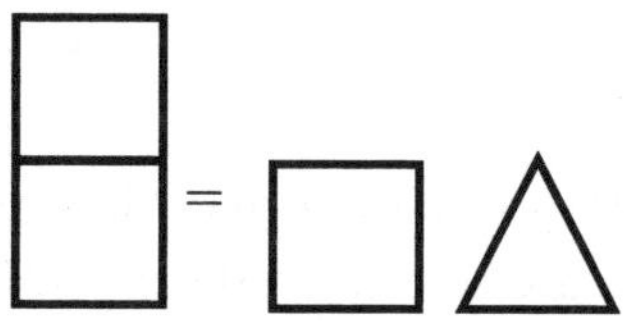

Figura 1 – Representação geométrica do problema dos tijolos

**Problema** (3) "Agora, eu sou duas vezes tão velho quanto meu irmão era quando eu era tão velho quanto ele é agora. Nós dois juntos somamos 63. Quantos anos cada um de nós tem?" (Ibidem, p. 323, tradução da autora).

Geralmente, esse problema é resolvido por meio de um sistema de equações, no entanto, o estudante **D.** apresentou uma resolução original, começando com o desenho da Figura 2.

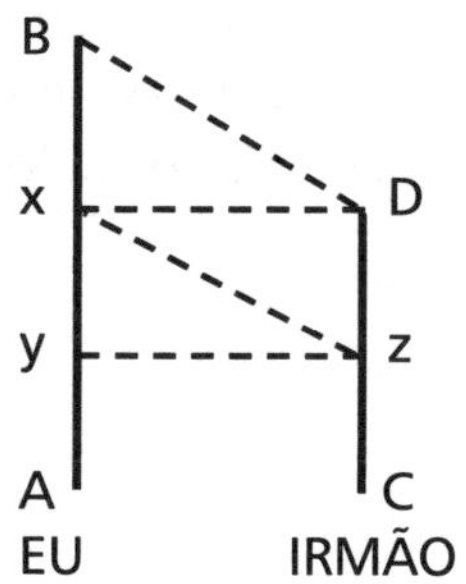


Figura 2 – Representação geométrica das idades dos irmãos

Em seguida, exclamou:

Bx é a diferença entre nossa idade: Quando eu tinha Ax, ele tinha Cz; Cz = $\frac{AB}{2}$ (pela condição) e Ay = $\frac{AB}{2}$. Mas Bx = Dz. Isso significa que By = 2Bx; AB =

4 × B e CD = 3 × B; 63 anos = 7 partes; Bx = 9 anos. Resposta: 36 anos e 27 anos (Ibidem, p. 324, tradução da autora).

Krutetskii (1976) informou que encontrou muitos casos em que uma fórmula tornou-se clara e convincente somente quando o pesquisado conseguiu obter uma interpretação geométrica. Constatou ainda que o estudante desse estilo sentia necessidade de interpretar um problema em um plano geral, contudo, esse plano continuava apoiado por imagens. Nem todos os esquemas visual-pictóricos utilizados por eles eram relativamente generalizados, muitos eram imagens visuais particulares e concretas.

### 3. Estilo Harmônico

Krutetskii (1976) ressaltou que uma maioria significante dos estudantes capazes (23 dos 34) pertenceu a esse estilo. Eles possuíam como característica um equilíbrio relativo dos componentes verbal-lógico e visual-pictórico, ambos sendo bem desenvolvidos.

Os estudantes eram muito engenhosos nas interpretações visuais de relações abstratas, porém, seus esquemas estavam subordinados à análise verbal-lógica. Quando operavam com imagens visuais, percebiam que o conteúdo da generalização não se esgotava em casos particulares. Ao resolver muitos problemas, tinham êxito implementando tanto a abordagem analítica como a pictórico-geométrica.

A observação de Krutetskii (1976) quanto ao estilo harmônico deu origem a outros dois estilos que ele identificou como modificações: a modificação **A** (estilo *abstrato-harmônico*) se referia a uma inclinação para operações mentais sem o uso de meios visual-pictóricos; e a modificação **B** (estilo *pictórico-harmônico*) se caracterizava por uma inclinação para operações mentais com o uso de esquemas visual-pictóricos. O Quadro 1 evidencia as principais diferenças entre esses dois estilos.

Quadro 1 – Diferenças entre as modificações A e B do estilo harmônico

| | Abstrato-harmônico | Pictórico-harmônico |
|---|---|---|
| Ambos podem descrever relações matemáticas igualmente bem por recursos visual-pictóricos, porém, | não sente essa necessidade e não se esforça para fazer dessa forma | sente necessidade e muitas vezes depende de esquemas gráficos durante a resolução. |
| O apoio de meios visual-pictóricos | é de pouco auxílio | simplifica a resolução. |
| Se necessário pode | recorrer à ajuda de imagens visuais | resolver um problema sem o apoio de modelos visual-pictóricos. |
| Analisando conteúdo matemático prefere iniciar com | formulações verbal-lógicas. | recursos visual-pictóricos. |

A seguir, apresentamos resoluções de alguns problemas desenvolvidos pelos estudantes **S.** (menina de oito anos) e **V.** (menino de dez anos), expostos por Krutetskii em seu livro publicado no ano de 1968.

### *3.1. Estilo Abstrato-Harmônico*

Foi dado a **S.** o **Problema** (4) "Um pastor diz a outro: dê-me 8 ovelhas e então nós teremos um número igual. O outro responde: não, você me dá 8 ovelhas e então eu terei o dobro do que você tem". A sua solução, obtida em 40 segundos, foi a seguinte:

> Se um der ao outro oito ovelhas e eles passam a ter um número igual, então, isso significa que eles têm uma diferença de 16 ovelhas. Se, por outro lado, o outro der oito, então, a diferença torna-se 32 (desde que um perde oito e o outro ganha oito ovelhas). E então, obtemos que um tem duas vezes mais, ou 32 ovelhas a mais. Isso significa que haverá 32 e 64, e antes da troca havia 40 e 56 (Ibidem, p.196, tradução da autora).

**Problema** (5) "Um pai e seu filho trabalham na mesma fábrica. Eles fazem o percurso de casa até a fábrica caminhando. O pai percorre a distância em 40 minutos, o seu filho em 30 minutos. Em quantos minutos o filho alcançará o pai se o pai sair de casa 5 minutos antes do que o filho?".

**S.**: "O pai partiu cinco minutos mais cedo do que o filho; então, ele chegará cinco minutos depois. Logo, o filho o alcançará exatamente no meio do caminho, quer dizer, em 15 minutos" (Ibidem, p. 284, tradução da autora).

Quando a estudante **S.** sentia necessidade de recorrer a um recurso visual-pictórico, ela o fazia com facilidade, porém, isso não era muito frequente. Por exemplo, depois de provar que a soma dos ângulos internos de um triângulo é igual a 2d (180º), a pedido do pesquisador, provou que a soma dos ângulos internos de um quadrilátero é igual a 4d (360º) e de um pentágono 6d (540º), desenhando polígonos e dividindo-os em triângulos. Por generalização, **S.** chegou à fórmula 2d(n–2), que corresponde à soma dos ângulos internos de qualquer polígono.

Krutetskii (1976) inseriu S. no estilo abstrato-harmônico, porque, embora tivesse um excelente desenvolvimento de conceitos espaciais, ela não gostava de resolver problemas que exigissem esses conceitos.

### *3.2. Estilo Pictórico-Harmônico*

O estudante **V.** recebeu um problema similar ao dado à estudante **S.** cujo enunciado era: "Dois irmãos vivem juntos e trabalham na mesma fábrica. Para Ivan a viagem ao trabalho leva 30 minutos, e para Peter 40 minutos. Peter deixou o trabalho 5 minutos antes de Ivan. Qual o segmento da viagem em que Ivan alcança Peter?" (Ibidem, p. 203, tradução da autora). O estudante **V.** o resolveu em 32 segundos utilizando frações, no entanto, muitas vezes não conseguiu explicar sua resolução ao pesquisador. Em seguida, resolveu-o novamente utilizando dois segmentos divididos em intervalos de cinco minutos, como ilustra a Figura 3.

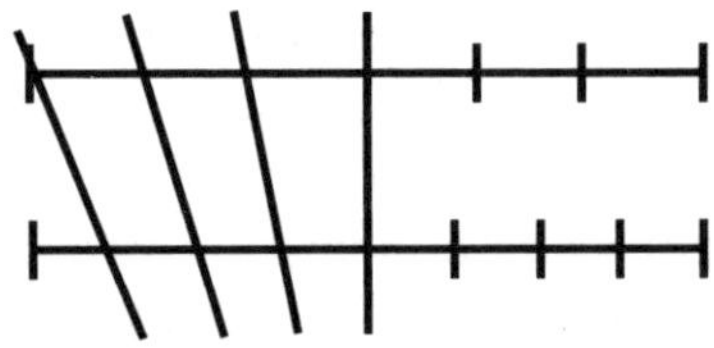

Figura 3 – Representação geométrica por meio de segmentos

No **Problema (6)** "Um menino diz à sua irmã: Se você me der oito nozes, então nós teremos um número igual. Mas ela responde: Se você me der oito nozes, eu terei duas vezes mais. Quantas nozes cada um possuía?" (Ibidem, p. 204, tradução da autora). O estudante V. apresentou a resolução utilizando o diagrama da Figura 4.

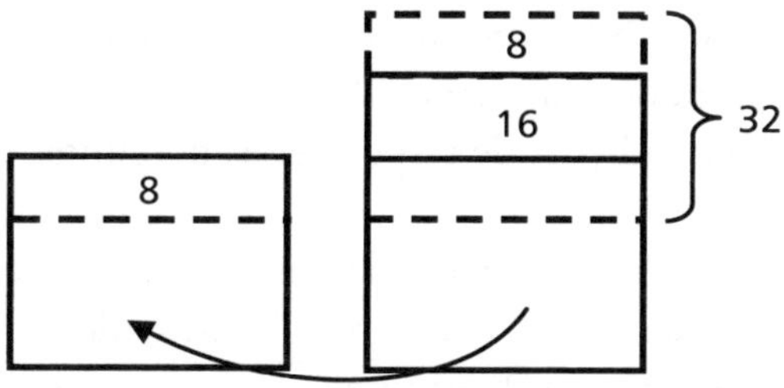


Figura 4 – Representação geométrica do problema das nozes

Os distintos pensamentos manifestados pelos estudantes de Krutetskii durante os processos de resolução de problemas revelaram certa predominância na forma de pensar matematicamente. Isso foi mais marcante em S. e V., pois ambos dispunham de um bom desenvolvimento dos componentes verbal-lógico e visual-pictórico contudo, suas opções por certos procedimentos foram bem acentuadas.

S. em alguns problemas fez uso de imagens visuais, porém, isso não era uma condição necessária. Na medida do possível, ela os resolvia por meio de um pensamento analítico utilizando a lógica e os conceitos presentes no problema, mesmo os de geometria. V. também conseguia resolver problemas sem recurso visual, no entanto, geralmente necessitava de imagens.

## Pesquisa Exploratória

### Procedimentos metodológicos

Para estudar estilos cognitivos expressos no decorrer da resolução de problemas realizamos uma pesquisa exploratória qualitativa[1] envolvendo 13 estudantes da UFMT, sendo nove do Curso de Licenciatura Plena em Matemática (codificados como SM, tendo o índice variando de 1 a 9) e quatro do Curso de ciências da computação (codificados como SC, com índice variando de 1 a 4). Professores de matemática e de estatística fizeram o convite para algumas de suas turmas, porém, participaram da pesquisa os estudantes que manifestaram interesse e disponibilidade de tempo para ela.

Krutetskii investigou estudantes russos do ensino fundamental com idades variando de 6 a 17 anos. No entanto, decidimos selecionar estudantes universitários, pela maturidade do pensamento matemático em relação aos nossos estudan-

[1] As orientações metodológicas relacionadas à pesquisa exploratória qualitativa, utilizando estudos de caso, respaldaram-se em Alves-Mazzotti & Gewandsznajder (1999), Triviños (1987) e Mattar (1994).

tes do ensino fundamental. Nessa perspectiva, por terem mais experiências com a atividade matemática, poderiam gerar diferentes resoluções para os problemas propostos e teriam mais condições de responder às perguntas dos dois questionários elaborados.

A pesquisa exploratória foi desenvolvida por meio de entrevistas estruturadas[2] e organizada em três momentos. O primeiro foi destinado a responder um questionário (*a priori*) com perguntas subjetivas acerca da matemática e de preferências na forma de pensar e de lidar com ela. O segundo foi reservado para a resolução de 13 problemas matemáticos, sendo oito de aplicação da matemática (no cotidiano e em um tabuleiro de xadrez) e cinco teóricos (uso de fórmulas, demonstrações etc.). O último momento foi destinado a responder a outro questionário (*a posteriori*) com perguntas subjetivas que buscavam obter informações sobre a experiência dos estudantes na atividade de resolução dos problemas propostos.

## Análise dos resultados

Tomando como referência a classificação utilizada por Krutetskii, os sujeitos dos dois cursos pesquisados foram inseridos no estilo harmônico. Por serem universitários, pressupomos que tiveram acesso aos diferentes símbolos verbal-lógico e visual-pictórico, podendo fazer uso deles quando necessário.

Dentre os problemas matemáticos selecionados para a nossa pesquisa alguns forneceram indícios de um pensamento matemático característico entre os sujeitos pesquisados. Por exemplo, os do curso de matemática codificados como $SM_3$, $SM_5$, $SM_6$ e $SM_9$ revelaram predominância no uso de relações algébricas para resolver esses problemas, evidenciando um pensamento analítico. Por isso, foram inseridos no estilo abstrato-harmônico.

Esse pensamento analítico foi confirmado pelos sujeitos $SM_3$ e $SM_6$ no questionário *a priori*, no qual eles responderam que gostam mais de utilizar o raciocínio matemático, de pensar de forma mais analítica e preferem a matemática pura em detrimento da Resolução de Problemas. Já os estudantes $SM_5$ e $SM_9$, mesmo tendo utilizado um pensamento analítico na resolução dos problemas, responderam que gostam mais de resolver problemas matemáticos e de pensar de forma intuitiva.

Outros, como $SM_1$, $SM_2$, $SM_4$, $SM_7$ e $SC_3$, revelaram a predominância por um pensamento visual-pictórico ou mais experimental (no sentido de buscar relações ou valores numéricos para compará-los e obter suas respostas), por isso foram

2 O termo entrevista foi utilizado porque houve diálogos entre pesquisadora e estudantes no decorrer da pesquisa exploratória, principalmente durante a resolução dos problemas matemáticos. Ao constatar certas dificuldades por parte dos estudantes, a pesquisadora fazia perguntas referentes às informações dadas pelo problema e, às vezes, discutia suas resoluções, buscando entender seus processos de raciocínio e estratégias adotadas.

considerados como pertencentes ao estilo pictórico-harmônico. No questionário, a *priori*, não responderam às questões de forma a confirmar seus processos de pensamento durante a resolução dos problemas. O estudante $SC_3$, por exemplo, respondeu que gosta mais de utilizar o raciocínio matemático e de pensar de forma analítica, porém, na resolução de alguns problemas empregou procedimentos de caráter experimental, ou seja, verificando casos particulares.

Os demais estudantes pesquisados ($SM_8$, $SC_1$, $SC_2$ e $SC_4$) não evidenciaram um pensamento tão predominante de modo que pudessem ser classificados em um dos dois estilos harmônicos. A forma de pensar deles variou de acordo com os problemas propostos e com os conhecimentos disponíveis no momento.

A título de exemplo, são apresentados a seguir dois problemas e os respectivos processos de resolução de dois estudantes, um da matemática ($SM_3$) e outro da computação ($SC_3$).

**Problema 1**: De todos os retângulos que têm o mesmo perímetro, qual o que tem maior área?

**Problema 2**: Dois trabalhadores, um mais velho e outro mais jovem, moram na mesma casa e trabalham na mesma fábrica. Caminhando até a fábrica o homem mais jovem leva 20 minutos. O homem mais velho percorre a mesma distância em 30 minutos. Quando o trabalhador jovem alcançará o homem mais velho, se esse partir cinco minutos antes do jovem?

## Estilo abstrato-harmônico (Resolução do Sujeito $SM_3$)

**Problema 1**. Antes de resolver o problema ele já sabia que a resposta era o quadrado, porém, estava ciente de que precisava demonstrar. Pensou por um tempo, depois desenhou o retângulo de lados x e y e escreveu:

Área = x.y, supor x > y,

O perímetro é x + x + y + y = 2 (x + y) = P

$SM_3$ tentou resolver o problema de forma abstrata pensando na variação dos lados do retângulo. Ele disse "para manter o mesmo perímetro se aumenta 1 em y, diminui 1 em x", porém, não conseguiu desenvolver a demonstração. Após outras tentativas de resolução procedeu da seguinte forma:

$$\text{Área} = x.\left(\frac{P}{2} - x\right)$$ [o segundo fator surgiu de P = 2(x+y) acima]

$$A(x) = -x^2 + \frac{Px}{2}$$

A = 0 quando x = 0 ou quando

$$-x + \frac{P}{2} = 0 \rightarrow x = \frac{P}{2}$$

$$\text{Ponto médio } x = \frac{P}{4} \rightarrow P = 4x,$$

como se trata de um retângulo, os lados são todos iguais quando se tem a maior área (Wielewski, 2005, p.137).

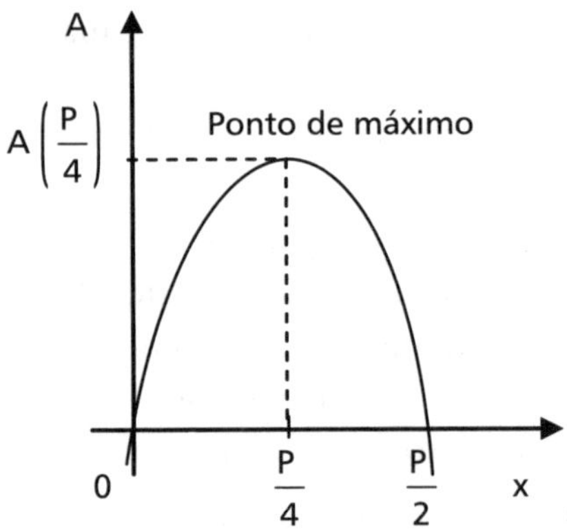


Figura 5 – Gráfico associando lados de retângulos com suas respectivas áreas.

Esse estudante tentou outros processos de resolução antes de interpretar o problema como uma função; recorreu à representação gráfica (Figura 5) para obter a resposta.

**Problema 2.** Ele começou sua resolução utilizando relações algébricas envolvendo conceito de Física, sem recorrer a qualquer recurso visual-pictórico, entretanto, obteve o resultado (– 10) para o tempo. No encontro seguinte, retomou o problema esboçando a representação geométrica da Figura 6.

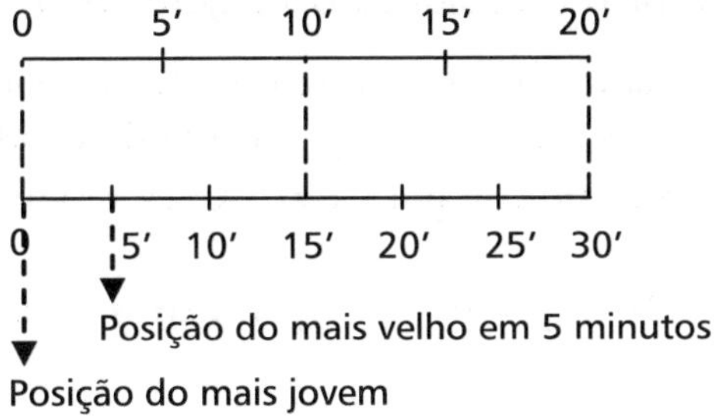


Figura 6 – Representação geométrica por meio de segmentos

Em seguida, resolveu-o utilizando fórmulas da Física envolvendo velocidade, obtendo como resposta dez minutos. Sua resolução foi desenvolvida da seguinte forma:

Se considerarmos o tempo começando quando estiverem nessa posição.

$$x_2(t) = 5V_2 + V_2 t \qquad V_2 = \frac{2}{3} V_1$$

$$x_1(t) = V_1 t$$

$$x_1 = x_2$$

$$\frac{10}{3} V_1 + \frac{2}{3} V_1 = V_1 t \quad \left( \frac{10}{3} + \frac{2}{3} t - t \right) V_1 = 03$$

$$\left( \frac{10 - t}{3} \right) V_1 = 0, \text{ com } V_1 \neq 0$$

$t = 10$ min (Wielewski, 2005, p. 135)

A representação geométrica por si só já fornecia a resposta, no entanto, aparentemente para ele não era suficiente; o problema tinha que ser resolvido por meio da álgebra. Essa resolução de $SM_3$ confirma o que Krutetskii mencionou, ou seja, os representantes do estilo harmônico possuem um bom desenvolvimento dos componentes verbal-lógico e visual-pictórico, podendo utilizá-los sem dificuldades. Para alguns, o visual-pictórico vem em segundo plano, isto é, ele é empregado quando o verbal-lógico não é suficiente em um primeiro momento.

## Estilo pictórico-harmônico (Resolução do Sujeito $SC_3$)

**Problema 1.** O estudante $SC_3$ iniciou sua resolução desenhando dois retângulos, no qual revelou a compreensão de que o lado do quadrado (x) é diferente dos lados do retângulo (que indicou por y e z). $SC_3$ escreveu:

$$yz \qquad 2z + 2y = 4x \qquad \text{[perímetros iguais: R = Q]}$$

$$x = \frac{2z}{4} + \frac{2y}{4} \quad \rightarrow \quad x = \frac{1}{2}z + \frac{1}{2}y \quad \rightarrow \quad x = \frac{z + y}{2}$$

Em seguida, pensou na área do quadrado e escreveu:

$$x^2 \quad \rightarrow \quad x = \frac{z^2 + 2zy + y^2}{4}$$ (Wielewski, 2005, p. 144).

Depois, atribuiu medidas para os lados do retângulo (2 e 4), obteve áreas 8 (retângulo: 2 . 4 = 8) e 9 (quadrado: $\frac{4 + 16 + 16}{4} = \mathbf{9}$), concluindo que o quadrado é o retângulo de maior área.

**Problema 2:** Neste problema, o estudante $SC_3$ identificou que poderia aplicar conceitos da Física; até tentou, porém, sem concluir sua resolução. Pensou por um tempo e, em seguida, estabeleceu uma comparação entre os tempos de cada irmão até conseguir uma igualdade, que ocorreu em 15 minutos. Depois, disse que teria que descontar os cinco minutos que o mais velho saiu antes do mais jovem, obtendo dez minutos. Seu esquema no papel foi o seguinte:

Velho = 30
Jovem = 20 → $\frac{1}{3}$ mais rápido
Trajeto = d

$$v = t \,.\, d \qquad t = \frac{v}{d} \qquad \text{e} \qquad d = \frac{v}{t}$$

$$d_v = d_j \qquad \frac{Vv}{tv} = \frac{Vj}{tj} \quad \rightarrow \quad \frac{Vv}{30} = \frac{Vj}{20}$$

| | Jovem | | Velho |
|---|---|---|---|
| | 40 | - | 30 |
| | 0 | - | 150 |
| 10 | – 400 | - | 450 |
| 11 | – 440 | - | 480 |
| 12 | – 480 | - | 510 |
| 13 | – 520 | - | 540 |
| 14 | – 560 | - | 570 |
| 15 | – 600 | - | 600 |

(Wielewski, 2005, p. 146).

Quando a pesquisadora pediu para que ele explicasse como resolveu o problema ele disse que definiu 40 e 30 sendo o quanto cada trabalhador percorre em 1 minuto. O 40 surgiu da condição estabelecida por ele em que o mais jovem é

$\frac{1}{3}$ mais rápido que o mais velho

$(30 + \frac{1}{3}.30 = 40)$. Com isso, calculou algumas distâncias percorridas, contadas em passos, nos tempos 10 min, 11 min, ..., 15 min, na qual encontrou uma igualdade na distância percorrida sendo de 600 passos.

Esses problemas e seus processos de resolução desenvolvidos pelos universitários revelaram certa predominância por um pensamento matemático característico, tendo como parâmetro o referencial utilizado por Krutetskii (1976), o que pode ser denominado estilo cognitivo.

## Conclusão

Krutetskii (1976) retratou um estudo do pensamento matemático e de estilos cognitivos diferentes constatados em estudantes entre 6 e 17 anos. Na nossa pesquisa com universitários os resultados também apontam certa preferência por uma forma de pensamento, destacando-se ou o estilo abstrato-harmônico ou o pictórico-harmônico, embora todos esses universitários pudessem se mobilizar entre um e outro, considerando que tiveram condições escolares similares.

Os processos de resolução dos problemas desenvolvidos pelos universitários revelaram que alguns, às vezes, não necessitavam de recursos visual-pictóricos, usando-os somente quando não conseguiam resolver o problema de forma analítica, como $SM_3$. Outros, utilizavam esses recursos, porém, nem sempre. E outros tentavam resolver o problema de forma algébrica e, não conseguindo, optavam por observar um caso particular, como, por exemplo, atribuindo um valor numérico, como fez o estudante $SC_3$.

A presente pesquisa, ao apontar a existência de diferentes estilos cognitivos na resolução de problemas matemáticos, tanto entre estudantes que estão no início do processo escolar como entre aqueles que estão concluindo o ensino superior, nos conduz a pensar no processo ensino e aprendizagem que ocorre na sala de aula.

Esse tema pode contribuir para a Educação Matemática fornecendo subsídios teóricos e práticos que poderão desencadear discussões nos cursos de formação de professores de matemática, entre os professores que já atuam na rede de ensino e entre pesquisadores da área.

Entre os professores, a contribuição mais relevante num primeiro momento se refere à possibilidade de gerar reflexões sobre a prática docente, no sentido de planejar e desenvolver atividades matemáticas que possam contemplar e aperfeiçoar os diferentes estilos cognitivos que, pela classificação de Krutetskii, estão respaldados pelos componentes visual-pictórico e verbal-lógico Por exemplo, ao se discutir um problema matemático mediante diferentes processos de resolução, o professor poderá proporcionar aos estudantes a escolha de processos de resolução que considerar mais conveniente, de acordo com seu estilo cognitivo mais predominante, além de desenvolver um perfil de estilos cognitivos mais articulado.

Porém, se na sala de aula o estudante não for confrontado com atividades matemáticas nas quais estratégias de aprendizagens distintas são exploradas, provavelmente, ele fornecerá apenas os processos esperados pelo professor, que são resultados do trabalho desenvolvido em sala de aula, visto como um modelo. Temos, portanto, que repensar a ação do professor enquanto organizador e mediador de atividades matemáticas, além de proporcionar meios e ambientes apropriados para estimular e orientar essas atividades.

Entre os pesquisadores, a contribuição mais imediata também é em termos teóricos e práticos, que podem desencadear pesquisas similares com sujeitos pertencentes a outros contextos escolares, em outros estados, países etc. Ou ainda gerar outros questionamentos, tais como: a) Estilos cognitivos são inatos ou são desenvolvidos durante o processo escolar? b) Será que existem outros fatores que influenciam os diferentes estilos cognitivos? c) Se existem outros fatores, quais serão eles? d) De que forma eles influenciam? e) Como investigar suas influências?

Este tema merece outras investigações que possam elucidar essas e outras indagações e trazer contribuições para a Educação Matemática em várias instâncias.

## Referências

ALLPORT, G. W. *Personality:* a psychological interpretation. Nova York: Holt&Co, 1937. Citado em: Pilkington, R. & Groat, A. (2002) Styles of Learning and Organizational Implications, (Disponível em: http://cbl.leeds.ac.uk/rachel/papers/styles.html).

ALVES-MAZZOTTI, A. J.; GEWANDSZNAJDER, F. *O método nas ciências naturais e Sociais:* pesquisa quantitativa e qualitativa. São Paulo: Pioneira Thomson Learning, 2002.

BORISOVA, M. N. Methods of determining the interrelation of the first and second signal systems in conditions of visual recall. In.: B. M. Teplov (Ed.). *Typological characteristics of man's higher nervous Activity*. v. 1. Moscow: APN Press, 1956.

HADAMARD, J. *An essay on the Psychology of invention in the Mathematical field.* Princeton: Princeton University Press, 1945.

KRUTETSKII, V. A. *The Psychology of Mathematical abilities in schoolchildren.* Translated from the Russian by Joan Teller. Edited by Jeremy Kilpatrick and Izaak Wirszup. USA: The University of Chicago, 1976.

MATTAR, F. N. *Pesquisa de marketing*. São Paulo: Atlas, 1994.

POINCARÉ, H. L'invention mathématique. *Revue du Mois,* 1908.

__________. A intuição e a lógica na matemática. In.: *O valor da Ciência*. Rio de Janeiro: Contraponto, 1995.

TRIVIÑOS, A. N. S. *Introdução à pesquisa em Ciências Sociais:* a pesquisa qualitativa em educação. São Paulo: Atlas, 1987.

WIELEWSKI, G. D. *Aspectos do pensamento matemático na resolução de problemas:* uma apresentação contextualizada da obra de Krutetskii. São Paulo: Pontifícia Universidade Católica de São Paulo, Tese de Doutorado, 2005.

# CAPÍTULO 6

## DISCUTINDO A NOÇÃO DE EQUAÇÃO: UMA ANÁLISE CONSIDERANDO AS IDEIAS DA TRANSPOSIÇÃO DIDÁTICA

Alessandro Jacques Ribeiro – UNIBAN – PUC-SP


### Resumo

Este trabalho tem por objetivo discutir se o termo equação é concebido como uma noção matemática ou como uma noção paramatemática, segundo as ideias da *Transposição Didática de Chevallard*. O presente estudo utilizou-se de resultados preliminares dos trabalhos de Kieran, Cotret, Ribeiro, dentre outros. Traz um estudo de caráter teórico no qual foi verificado *se* e *como* a noção de equação é apresentada na literatura nacional e internacional. As análises e considerações apresentadas conduziram à conclusão de que, em primeiro lugar, não há consenso entre os autores escolhidos quanto à apresentação de "definição" para a noção de equação; e, em segundo lugar, a ideia de equação não é concebida como uma noção matemática, mas sim, como uma noção paramatemática. Como consideração final, é apresentada a seguinte reflexão: "Como discutir os diversos significados para a noção de equação no processo de ensino e aprendizagem da matemática?".


**Palavras-chave:** Equação; Álgebra Elementar; Didática da Álgebra; Transposição Didática.


### Abstract

This paper has for objective to discuss if the term equation is conceived as a mathematical notion or as a paramathematical notion, according to the ideas of the *Didactic Transposition* by Chevallard. The present study used the preliminary results of the works of Kieran, Cotret, Ribeiro, amongst others. It brings a study of theoretical character in which it was verified *if* and *how* the equation notion is presented in the national and international literature. The analyses and considerations presented have lead to the conclusion that, in a first place, there is no consensus among the authors chosen in relation to the presentation of a "definition" for the equation notion; and, in a second place, the equation idea is not conceived as a mathematical notion, but as a paramathematical notion. As final consideration it is presented the following reflection: "how do we discuss the diverse meanings for the notion of equation in the process of learning and teaching Mathematics?".

**Keywords:** Equation; Elementary Algebra; Algebra Didactic; Didactic Transposition.

## INTRODUÇÃO

Neste capítulo, quero compartilhar com os leitores, resultados de uma pesquisa bibliográfica realizada com a finalidade de investigar se a noção de equação é apresentada na literatura como uma noção matemática, segundo as ideias de Chevallard. Assim, desenvolvo a análise de um material bibliográfico em busca de resposta à questão: "A noção de equação é apresentada na literatura como uma noção matemática?".

Durante minha carreira como professor da educação básica pude perceber, por diversas vezes, as dificuldades que alunos apresentam quando estão trabalhando com questões que envolvem equações. Essas dificuldades, em menor ou maior grau, são corroboradas por pesquisas na área de Educação Matemática.

Algumas dessas pesquisas, que reforçam as observações feitas em minha prática, podem ser exemplificadas em:

- Kieran (1992), que levanta o fato de se trabalhar em demasia com o aspecto processual da álgebra;
- Booth (1984), que discute a presença constante e excessiva da ideia de álgebra como aritmética generalizada;
- Rojano (1985), que apresenta iniciativas tomadas no sentido de dar um caráter menos formal e estrutural à álgebra, tentando destacar o seu grande valor como um potente meio para resolução de problemas;
- Cotret (1997) em sua pesquisa sobre as dificuldades que surgem no equacionamento de problemas escritos.

Além desses resultados, em pesquisa anterior, pude observar que alunos de 13-14 anos obtiveram resultados pouco expressivos quando estavam trabalhando com questões envolvendo equações, Ribeiro (2001).

Aliando minha experiência na educação básica e os resultados de pesquisa apresentados anteriormente às inquietações resultantes de meu ingresso no ambiente científico, meu foco de investigação direcionou-se a observar como os alunos de cursos superiores e professores em formação continuada lidavam com a ideia de equação.

Com essas inquietações em mente, passei a observar em minha prática as ideias e concepções de equação que professores em formação continuada e alunos de Licenciatura em Matemática traziam em seus discursos, ou demonstravam, quando realizavam alguma tarefa que envolvia essa ideia matemática.

Com isso, percebi muitas vezes que, além da ênfase dada na busca da solução da equação, ou seja, na aplicação de métodos e técnicas para a sua resolução, eles traziam ideias e concepções bastante diferentes a respeito da noção de equação.

Nesse sentido, procurava sempre observá-los e investigá-los acerca de seus conhecimentos, procedimentos e estratégias quando deparavam com questões matemáticas que envolviam a ideia de equação, tanto em situações contextualizadas, como em situações não contextualizadas.

Resolvi então me debruçar na busca por compreender e desemaranhar toda a teia de ideias, conceitos e concepções presentes toda vez que o termo equação era evocado. Com isso, minhas leituras encaminharam-se na direção de tentar compreender por que uma ideia aparentemente tão simples, como a de equação, gera tantas dúvidas e dificuldades entre os estudantes.

As leituras, estudos e discussões apresentados no cenário da Educação Matemática mundial, no que se refere ao ensino e aprendizagem da álgebra, e o objetivo declarado aqui, para este trabalho, indicaram a necessidade de se fazer um estudo bibliográfico sobre como a noção de equação é tratada no material analisado.

Nessa análise busco compreender se existe relação entre as indicações apresentadas nessa problemática e a forma como essa noção é apresentada na literatura, seja como noção matemática – objeto do saber que deve ser ensinado – ou como noção paramatemática – noções úteis na atividade matemática, mas que não devem ser ensinadas. Para compreender melhor essa discussão, estudaremos a seguir as ideias de Chevallard, sobre *objetos do saber* e *outros objetos*, na perspectiva da *Transposição Didática*.

## Considerando os Aspectos Teórico-Metodológicos da Pesquisa

Levando-se em conta a natureza teórica do presente trabalho, iniciei minha investigação com um levantamento bibliográfico no qual selecionei algumas pesquisas nacionais e internacionais na área da Educação Matemática, como as apresentadas anteriormente, pesquisas essas que apontaram para a necessidade de uma investigação bibliográfica que pudesse elucidar as indagações que foram surgindo, as quais já foram apresentadas na seção anterior.

Nesse sentido, prossegui minhas investigações com um levantamento e um estudo feito em obras de diferentes naturezas, como: livros de fundamentos da matemática, dicionários matemáticos e livros didáticos, sempre buscando compreender como são apresentadas as "ideias" relacionadas com o termo equação, não perdendo de vista a questão norteadora deste trabalho.

As "ideias" que encontrei nas obras investigadas, as quais apresentarei em seguida, são analisadas considerando o estudo de Chevallard (1991) – *Sobre a noção de Transposição Didática* – trabalho que me forneceu elementos teóricos no sentido de buscar uma resposta para a questão de pesquisa anunciada neste capítulo.

As discussões propostas por Chevallard (1991), trazem à tona questões referentes aos objetos do saber e outros objetos, principalmente os objetos a ensinar. Chevallard destaca que "um 'objeto do saber' somente passa a existir como tal, no campo da consciência dos agentes do sistema de ensino, se a sua inserção no sistema dos 'objetos a ensinar' parece útil à economia do sistema didático" (Chevallard, 1991, p. 49).

Mas isso não quer dizer que um objeto do saber seja somente identificado e designado como objeto a ensinar, a partir do momento em que a transposição didática esteja potencialmente concluída, pois, na verdade, esta continua mesmo depois da introdução didática do objeto do saber.

Mas, de fato, o que é um objeto do saber? Para o professor de matemática, por exemplo, é necessário que se coloque nessa categoria certamente as noções matemáticas, como a adição, o círculo, a derivação, as equações diferenciais lineares de primeira ordem com coeficientes constantes, dentre outros, lembrando-se que esses exemplos fazem sentido numa mesma comunidade de professores de matemática.

Contudo, ao lado das noções matemáticas, colocam-se as que Chevallard chama de **noções paramatemáticas**, como, por exemplo, a noção de parâmetro, a **noção de equação**, a noção de demonstração. Essas noções são úteis para a atividade matemática, mas não são normalmente objetos de estudo para o matemático.

É importante que fique bem entendido que não há uma divisão absoluta entre os dois domínios: a noção de equação e a noção de demonstração são hoje objetos matemáticos em lógica matemática, por exemplo, e essa distinção então deve sempre se referir a uma prática de ensino precisa (nível do curso, lugar, tempo, setor da matemática etc.).

Em geral, as noções matemáticas são construídas e sua construção pode tomar a forma de uma definição ou de uma construção propriamente dita, seguida de uma demonstração. Além dessa construção – que é muitas vezes uma definição

– as noções matemáticas têm propriedades e têm também aplicações intra e extramatemática.

A propósito, Chevallard chama a atenção para:

> "(...) dos objetos do saber que são as *noções matemáticas*, o professor espera que o aluno saiba (eventualmente):
> - dar a *definição* (ou retraçar a construção);
> - dar as *propriedades* ("principais"), *demonstrá-las;*
> - *reconhecer* um certo número de *ocasiões de emprego;*
> - etc." (Chevallard, 1991, p. 51).

Ele afirma, ainda, que somente os objetos do saber podem vir a se tornar objetos de ensino, e que as noções paramatemáticas não se tornam objetos de ensino, porém, são necessárias no processo de ensino e aprendizagem dos objetos matemáticos propriamente ditos, funcionando como objetos de saber auxiliares. Ele diz: "Eles devem ser 'aprendidos' (ou ainda: 'conhecidos'), mas não são 'ensinados' (segundo o plano de ensino das noções matemáticas)" (Chevallard, 1991, p. 51).

Outro ponto importante que Chevallard cita, faz referência ao fato de que, normalmente, somente as noções matemáticas são objetos de uma avaliação direta por parte do professor. Vejamos na citação a seguir, exemplos dessa afirmação:

> "O professor solicitará, por exemplo, ao aluno para 'resolver a equação: $x^2 - 8x + 9 = 0$'. As noções paramatemáticas são normativamente excluídas de uma avaliação direta. O aluno que não consegue responder à questão: 'Resolver e discutir a equação $x^2 - \lambda x + (\lambda + 1) = 0$', o professor poderá concluir que o aluno 'não compreendeu a noção de *parâmetro*'. Em um outro nível, ele dirá, por exemplo, que o aluno 'não compreendeu a noção de *demonstração*'. O professor de matemática que, numa festa mundana, encontra um convidado que lhe declara: 'Ah, você é professor de matemática! Eu, eu nunca compreendi por que $ax^2 + bx + c = 0$', poderá concluir que este último 'não compreendeu a noção de *equação*'" (Chevallard, 1991, p. 51).

Além das noções matemáticas e das noções paramatemáticas existe uma camada mais profunda de noções, as quais são mobilizáveis implicitamente pelo contrato didático (Brousseau, 1986), que Chevallard chamou de noções protomatemáticas, como, por exemplo, a noção de padrão.

Por fim, as noções matemáticas, as noções paramatemáticas e as noções protomatemáticas constituem camadas cada vez mais profundas e complexas no funcionamento didático do saber. Faz-se necessária uma profunda análise didática que leve em conta as diferenças de natureza cognitiva existentes entre essas noções:

> "(...) é assim que a análise da transposição didática de tal noção matemática (por exemplo, a identidade $a^2 - b^2 = (a+b)(a-b)$) supõe a consideração de noções paramatemáticas (por exemplo, as noções de *fatoração* e de *simplificação*), que por sua vez devem ser vistas à luz de certas noções protomatemáticas (a noção de 'padrões', de 'simplicidade' etc.)" (Chevallard, 1991, p. 55).

Segundo o próprio Chevallard (1992), as primeiras análises propostas em sua Teoria da Transposição Didática – publicada em 1991, só foram inicialmente concebidas nos anos 80 e:

> "(...) limitavam-se a distinguir objetos matemáticos, paramatemáticos e protomatemáticos. O alargamento do quadro, levado a cabo por necessidades de análise, conduziu-me a propor uma teorização em que qualquer objeto pudesse aparecer. (...) Assim se passa de uma máquina restrita para pensar um universo didático *restrito* para uma maquinaria de mais vasto alcance, apta, em princípio, a permitir-nos situar imediatamente a *didática no seio da antropologia*" (Chevallard, 1992, p. 86-87).

Com isso, é importante compreender em que sentido Chevallard caracteriza e diferencia as noções matemáticas e as noções paramatemáticas. Pode-se notar que, em algumas situações, é necessário que se eleve, a certo nível superior de explicitação, certas noções paramatemáticas, como, por exemplo, a noção de equação ou de demonstração, as quais podem ser objetos de definição precisa em lógica matemática. Assim, certa noção paramatemática pode se tornar, num discurso didático explícito, uma noção matemática.

A partir dessa discussão – a respeito do que é noção matemática e noção paramatemática – passo a analisar as "ideias" apresentadas na literatura consultada acerca da noção de equação. Essas "ideias" serão analisadas sob à luz da teoria da Transposição Didática, apresentada nesta seção.

## Discutindo Algumas "Ideias" Sobre a Noção de Equação na Literatura

Dentre as leituras feitas, e mais especificamente no que diz respeito ao termo equação, encontrei algumas definições e considerações apresentadas por especialistas da área de matemática e de Educação Matemática que subsidiam o desenvolvimento deste trabalho.

Primeiramente apresento as "ideias" discutidas em dois livros de fundamentos da matemática: Caraça (2003 – 1ª edição, 1941) e Rogalski (2001); em seguida em dois dicionários matemáticos: Warusfel (1969) e Süggakai (1977); e em três livros didáticos: Bourdon (1897), e outros dois de autores nacionais, os quais serão representados aqui somente como LD1 e LD2.

A razão pela qual identificarei ambos dessa forma é para preservar, assim, sua autoria, visto que o objetivo é apresentar e analisar a forma como eles discutem a noção de equação. Eles foram escolhidos, dentre outros, por fazerem parte do Plano Nacional do Livro Didático (PNLD) do Ministério da Educação e Cultura, no ano de 2005.

Inicio a apresentação dos livros de fundamentos da matemática por Bento de Jesus Caraça, professor português que, em sua obra *Conceitos fundamentais da matemática*, não traz definição para o termo equação, mas define equação algébrica como:

> "Toda igualdade da forma $a_0x^n + a_1x^{n-1} + ... + a_{n-1}x + ... + a_n = 0$; n, número inteiro e positivo, chama-se grau da equação; à variável x chama-se incógnita e aos números $a_0$, $a_1$, ..., $a_n$, coeficientes da equação" (Caraça, 2003, p. 144).

A seguir, Caraça apresenta em sua obra o que entende por raiz da equação como: "todo número $\alpha$ tal que $a_0\alpha^n + a_1\alpha^{n-1} + ... + a_{n-1}\alpha + ... + a_n \equiv 0$" (Caraça, 2003, p. 144), afirmando claramente que: "o problema fundamental da teoria das equações algébricas é a determinação de suas raízes, ou seja, a resolução da equação" (Caraça, 2003, p. 144).

Marc Rogalski, matemático francês, em sua obra *Carrefours entre analyse, algèbre, géomètrie* declara que não concebe equação como um objeto da matemática, ao contrário, por exemplo, de função, triângulo, integral ou grupo, por exemplo. Ele acredita que: "o termo equação é evocado **quando existe a intenção, por parte de alguém, de se resolver certo tipo de problema**" (Rogalski, 2001, p.18). De modo bastante preciso e formal, ele apresenta qual o tipo de problema que acaba por evocar a palavra "equação":

> "Seja f: E → F uma aplicação e y um elemento de F. Dizemos que queremos resolver a **equação** ($e_{f,y}$), e notamos ($e_{f,y}$): **f(x) = y, quando estamos à procura** de um elemento x de E cuja imagem por f é y (podemos dizer que estamos à procura de um antecedente x de y). Dizemos que x é a **in-**

**cógnita**, e que y é **dado**. Um elemento x de E que responde à questão é chamado de uma **solução** da equação. Quando o dado y está destinado a variar em F, satisfazemo-nos algumas vezes em notar ($e_f$) a equação f(x) = y; quando não há risco de ambiguidade, satisfazemo-nos algumas vezes em notar (e) tal equação. **Uma equação está assim ligada a uma aplicação f** e, portanto a dois conjuntos E e F: y é dado em F, e procuramos a incógnita x em E" (Rogalski, 2001, p. 18).

Segundo esse autor, com essa noção bastante geral de equação, pode-se unificar, generalizar e formalizar numerosos exemplos de equações já discutidas e adotadas em inúmeras situações. O principal interesse dessa noção é poder englobar, sob um mesmo formalismo, equações muito diferentes, cujas incógnitas podem ser números (inteiros, reais, complexos...), ou funções (contínuas, deriváveis, reais, complexas...), ou polinômios, ou sequências numéricas, até mesmo aplicações ou conjuntos quaisquer.

Discuto agora as ideias sobre equações encontradas em dicionários matemáticos. André Warusfel, matemático francês, em seu *Dictionnaire raisonné de mathémathiques*, traz a seguinte explicação quando se refere ao termo equação em sua obra:

> "Problema que consiste em procurar, dado um conjunto E, os elementos x que satisfazem a uma relação R(x); x é a **incógnita**, e $x_i$, tal que R($x_i$), é um valor aceitável para a incógnita se $x_i \in E$. Dessa forma, o problema é bastante amplo, e contém os conceitos de **inequação** numérica e de pesquisa de lugar geométrico, por exemplo. Também é reservado, geralmente, o nome de equação ao caso particular onde E = R, C, $R^n$ ou $C^n$, e que R(x) pode ser escrita na forma: f(x) = 0 (...). **Resolver** uma equação é encontrar todas as raízes dela, e se necessário determinar a ordem de cada uma" (Warusfel, 1966, p.168).

Nihon Sügakkai, matemático japonês, também não apresenta em sua obra, *Encyclopedic dictionary of mathematics*, definição para o termo equação, mas traz a seguinte definição para equação algébrica:

> "Seja $F_1$ ($x_1$, ... , $x_m$), ... , $F_r$ ($x_1$, ... , $x_m$) os r polinômios em m variáveis $x_1$, ..., $x_m$, sobre um corpo k. Então, as equações $F_1$=0, ... , $F_r$=0, são chamadas equações algébricas em m incógnitas.
>
> (...)

Por várias razões, é importante considerar uma equação na forma f(x)=0, onde $f(x) = a_0x^n + a_1x^{n-1} + ... + a_n$, $a \neq 0$. Isso dá a forma geral da equação algébrica com uma incógnita" (Sügakkai, 1977, p. 38).

Acredito ser pertinente destacar o fato de que Sügakkai não apresenta uma definição para equação, porém, ao longo de seu dicionário, apresenta definições para tipos específicos de equação, como equação algébrica, equação diferencial, dentre outras.

Apresento a seguir as ideias sobre equação que aparecem em livros didáticos. A primeira obra investigada é *Éléments d'algèbre*, de M. Bourdon. Essa obra, datada de 1897, traz em seu bojo uma vasta discussão sobre equações, que vai desde suas noções preliminares até a teoria das equações.

No capítulo sobre as noções preliminares de equação, o autor apresenta a seguinte ideia para o termo:

> "(...) escrevemos algebricamente as relações que o enunciado estabelece entre as quantidades conhecidas e as desconhecidas. Chega-se assim a uma expressão de duas quantidades iguais que é chamada de *equação*" (Bourdon, 1897, p. 45).

O livro didático de LD1 apresenta uma definição de equação na unidade *"Estudando as equações"* trazendo, no item *"Equação"*, uma resposta para a questão: *"O que é uma equação?"*:

> "Toda sentença matemática expressa por uma igualdade, na qual exista uma ou mais letras que representam números desconhecidos dessa sentença, é denominada equação. Cada letra que representa um número desconhecido chama-se incógnita" (LD1, 2000, p. 151).

Em seguida, no item *"Raízes de uma equação"* é apresentada uma resposta à questão: "O que é raiz ou solução de uma equação?":

> "Sabemos que um número de um dado conjunto universo é raiz de uma equação quando, ao ser colocado no lugar da incógnita, torna verdadeira a equação" (LD1, 2000, p. 155).

A seguir, apresento a obra identificada por LD2. Esse livro traz a noção de equação no capítulo *"Equações"*. Essa ideia é apresentada, acompanhada da ideia de resolver as equações, no item *"Resolvendo equações"*:

> "A álgebra nos proporciona um novo recurso para resolver certos problemas: representamos o número desconhecido por uma letra e traduzimos o enunciado do problema, obtendo uma sentença chamada equação. (...) Equações são igualdades, ou seja, nelas aparece o sinal de =. O número desconhecido representado pela letra é chamado incógnita. Ao resolver a equação, estamos procurando o número desconhecido, ou seja, o valor da incógnita" (LD2, 2002, p. 230).

De posse desses dados, é possível observar que não há um consenso entre as ideias e considerações apresentadas na literatura nacional e internacional em relação à forma como a noção de equação é tratada na literatura analisada.

Partindo das "ideias" de equação discutidas nas obras apresentadas, desenvolvo uma análise e levanto algumas questões para reflexão sobre as diferentes situações encontradas na literatura consultada. Essas reflexões e discussões são conduzidas sob a luz das ideias de Chevallard. Apresento ainda algumas conclusões e indagações que gostaria de deixar para reflexão neste trabalho.

Inicio a discussão levantando alguns aspectos relevantes a respeito das ideias apresentadas por Rogalski e Warusfel. Observei que a ideia geral que ambos têm sobre equação, certamente é não considerá-la como uma noção matemática, deixando claro que **o termo equação está ligado a um problema no qual** se tem um valor a determinar, a partir de um valor dado.

Fazendo uma análise comparativa entre Rogalski, Warusfel, Sügakkai e Caraça, pude observar que enquanto Rogalski e Warusfel procuram tratar a noção de equação de maneira mais ampla, mais genérica, sem defini-la e sem relacioná-la a algum tipo específico de equação, Sügakkai e Caraça particularizam a situação e apresentam definição para o termo equação algébrica, sem definir ou discutir uma ideia mais global de equação.

Baseadas nas justificativas apresentadas e na fundamentação teórica utilizada, concluo que: **Os autores citados ao não apresentarem definição para a noção de equação estão considerando, mesmo que implicitamente, essa noção como uma noção paramatemática.**

Bourdon em seu *Éléments d'Algèbre,* logo no capítulo sobre as noções preliminares de equação, faz um alerta para o fato de que nem sempre se considera em Álgebra que, os problemas cujos enunciados podem ser traduzidos algebricamente, estão ligados à ideia de equação.

Ele ressalta que situações em que problemas são colocados na forma de equação são divididas em duas partes: a primeira, destinada à escrita algébrica do problema, a qual podemos entender como equacionamento do problema, e a segunda parte, em que se deduz uma série de equações equivalentes, na qual a última delas fornece o valor da incógnita. Essa segunda parte entendo como a resolução da equação.

Um fato que me chamou a atenção na obra de Bourdon é que o autor anuncia, logo no início do capítulo analisado, que: "como as regras a serem seguidas para se colocar um problema numa equação são um pouco vagas, começaremos por nos ocupar com a segunda parte, que é submissa a regras fixas e invariáveis" (Bourdon, 1897, p. 45).

Depois disso, o autor discute por várias páginas as transformações algébricas utilizadas para a resolução de equações, para só então retomar o que ele chama de "primeira parte", ou seja, partindo de problemas escritos chegarmos às equações.

Essa obra de Bourdon, conforme apresentado em Valente (1999), foi reimpressa mais de vinte vezes até o fim do século XIX. Ela foi bastante importante para a educação brasileira e especificamente para o ensino de álgebra em nossas escolas. Podemos constatar isso no trecho a seguir:

> "A parte da álgebra, cujo ensino pertence à minha cadeira, compreende as operações e cálculos algébricos, as equações e problemas de 1º grau, as do 2º a uma só incógnita; aplicações do binômio de Newton e o complemento das teorias de progressões e logaritmos, começadas a tratar na aritmética. Limitei-me a este programa, deixando de lado a teoria geral das equações, que compete ao segundo ano" (Ottoni apud Valente, 1999, p. 152).

> "(...) o texto de Bourdon abarca todo o programa da álgebra ensinada na Politécnica francesa (...) Ottoni, como se viu, compilou apenas a álgebra que era ensinada no 1º ano da Academia de Marinha. Isso trará, posteriormente, profundos reflexos, dado que será essa limitação de conteúdos que vai constituir a álgebra a ser ensinada nas escolas secundárias brasileiras. Em outras palavras, os conteúdos de álgebra elementar vão até a Teoria Geral das Equações, exclusive. Noutros termos, Ottoni define a álgebra secundária a ser ensinada posteriormente nos colégios e liceus" (Valente, 1999, p. 153).

Uma vez que a obra de Bourdon pode ter influenciado significativamente o ensino brasileiro no que se refere à Álgebra ensinada nas escolas de educação básica, quero levantar aqui uma importante questão para reflexão: "A maneira como é abordado o ensino de equações na obra de Bourdon pode nos dar uma pista sobre as origens da ênfase que é dada aos procedimentos e técnicas de resolução de equações, atualmente no processo de ensino e aprendizagem da matemática?".

Nesse sentido, observa-se o que Kieran (1992) discutiu em suas pesquisas, sobre o trabalho em demasia com o aspecto processual da álgebra, colocando foco somente nos procedimentos e técnicas de resolução, e deixando de lado situações que discutam, por exemplo, o ponto de vista estrutural da álgebra.

Retomando a discussão principal desse trabalho, ao investigar se a noção de equação é tratada como uma noção matemática, pude verificar que em LD1 e LD2 são apresentadas, direta ou indiretamente, definições para a noção de equação. Considerando as discussões de Chevallard, concluo então que essas obras tratam equação como uma noção matemática.

Finalmente, quero destacar o fato de que as definições apresentadas por Bourdon, LD1 e LD2, embora não deem essa ênfase, estão definindo, na verdade, equação algébrica, pois consideram que o valor a ser encontrado – as incógnitas – são números.

Nesse aspecto, vão em desencontro à proposta de Rogalski, ao reduzir a ideia de equação à equação algébrica, deixando de lado outros tipos de equação – trigonométricas, exponenciais, logarítmicas, por exemplo – em que as incógnitas não são necessariamente números.

## Conclusão

É possível constatar, a partir das obras analisadas, que não há consenso na literatura consultada sobre a "definição" de equação. Aliás, não se pode encontrar um consenso na apresentação ou não de definição para essa ideia matemática. Enquanto alguns nem definem equação, outros, quando o fazem, definem de forma explícita ou implicitamente, equação algébrica.

Considerando-se que, das sete obras analisadas, quatro delas não definem equação e as três que definem, na verdade, mesmo que de forma implícita, estão definindo equação algébrica, respondo à minha questão de pesquisa **concluindo que a noção de equação é apresentada na literatura consultada como uma noção paramatemática.**

Outro ponto que pude perceber é que, algumas das "definições" apresentadas para equação, como em Bourdon ou em LD1, estão diretamente associadas a problemas, que a meu ver só vem ratificar a concepção de Rogalski, ou seja, relacionar a noção de equação à resolução de problemas.

Dando ênfase nessa perspectiva – relacionar à ideia de equação a resolução de problemas – corrobora-se com os resultados das pesquisas de Rojano (1985) e Cotret (1997), as quais discutem a importância de se trabalhar com problemas, quando se está discutindo álgebra e, nesse caso em particular, as equações.

Num outro sentido, eu gostaria de destacar também o fato de que algumas das "definições" apresentadas para equação, e que na verdade estão ligadas à equação algébrica, como as apresentadas em LD1 e LD2, por exemplo, podem gerar obstáculos didáticos posteriores, quando do estudo de equações, se o valor a determinar não forem números, como nas equações trigonométricas ou diferenciais, por exemplo.

Além disso, ao definir equação recorrendo à ideia de igualdade, contudo sem discutir essa importante ideia no bojo de sua obra, como é feito, por exemplo, em LD2, abre-se espaço para a seguinte questão: "Se 2 + 3 = 5 é uma igualdade, ela é também uma equação? Porém, ela não tem número desconhecido, então ela não é uma equação? Afinal, essa expressão é, ou não, uma equação?".

De certa forma, observo nas análises e conclusões discutidas neste trabalho, situações que certamente influenciam no aprendizado dos alunos em relação à ideia de equação, sendo que essas situações puderam ser constatadas nos resultados da pesquisa de Ribeiro (2001), que observou um baixo desempenho dos alunos quando trabalham com questões envolvendo a ideia de equação.

Com isso, eu gostaria de ratificar a conclusão apresentada nessa pesquisa, corroborando as ideias de Chevallard, no sentido de não se definir equação, considerando assim, por esse aspecto, que a noção de equação é uma noção paramatemática.

Contudo, por outro lado, deixo como reflexão final deste capítulo, o seguinte desafio: "Ainda que a ideia de equação não seja uma noção matemática, não podendo assim tomar lugar entre aos objetos de ensino, devemos discutir sim, essa ideia, no processo de ensino e aprendizagem da matemática".

## Referências

BOOTH, L. R. *Algebra*: Children's strategies and errors. Berkshire: NEFR–Nelson, 1984.

BOURDON, M. *Éléments d'Algèbre*. Paris: Gauthier-Villars et Fils, 1897.

BROUSSEAU, G. Fondements et méthodes de la didactique des mathématiques. In: *Recherches em Didactique des Mathématiques*. v. 7, n. 2. Grenoble, p. 33-115, 1986.

CARAÇA, B. de J. *Conceitos fundamentais da matemática*. 5. ed. Lisboa: Gradiva Publicações Ltda., 2003.

CHEVALLARD, Y. *La transposition didactique*. Cap. 4. Grenoble: La Pensée Sauvage, p. 49-56, 1991.

CHEVALLARD, Y. Concepts fondamentaux de la didactique: perspectives apportées par une approche antropologique. *Recherches en Didactique des Mathématiques*. v. 12, n. 1. Grenoble, p. 73-112, 1992.

COTRET, R. S. Problématique à propos de la mise en équation de problèmes écrits. In: *IX Séminaire Franco-Italien de Didactique de l'Algèbre*, IX-23 – IX-37, 1997.

KIERAN, C. *The learnig and teaching of school algebra*. Handbook of Research on Mathematics Teaching and Learning, 1992.

RIBEIRO, A. J. *Analisando o desempenho de alunos do ensino fundamental em álgebra, com base em dados do SARESP.* São Paulo, 116 p., 2001. Dissertação (Mestrado em Educação Matemática). São Paulo: Pontifícia Universidade Católica de São Paulo.

__________. Discutindo a noção de equação: uma análise considerando as ideias da Transposição Didática. In: *III Seminário Internacional de Pesquisa em Educação Matemática, 2006, Águas de Lindoia*. Anais do III Seminário Internacional de Pesquisa em Educação Matemática, 2006.

ROGALSKI, M. *Carrefours entre analyse, algèbre et géomètrie*. Paris: Ellipses, 2001.

SÜGAKKAI, N. *Encyclopedic dictonary of mathematics*. Massachusetts: The MIT Press, 1977.

VALENTE, W. R. *Uma história da matemática escolar no Brasil*. São Paulo: Annablume/ FAPESP, 1999.

WARUSFEL, A. *Dictonnaire raisoné de mathématiques*. Paris: Éditions du Seuil, 1969.

## Livros Didáticos Nacionais Analisados

LD1. São Paulo, 2000.

LD2. São Paulo, 2002.

# CAPÍTULO 7

## UMA INVESTIGAÇÃO SOBRE AS DIFICULDADES NO USO DE ESTRATÉGIAS PARA A RESOLUÇÃO DE PROBLEMAS VERBAIS NO CAMPO DA ANÁLISE COMBINATÓRIA

Auxiliadora Baraldi Pacheco – EAFS/ Satuba–AL
Cleide Farias de Medeiros – UFRPE/Recife-PE

### Resumo

As pesquisas em Educação Matemática apontam muitas dificuldades na aprendizagem dos estudantes, particularmente na área de resolução de problemas. Investigar algumas destas dificuldades é a proposta central deste presente estudo do qual participamos focalizando algumas etapas do processo de construção do conhecimento de alguns estudantes no campo da Análise Combinatória Introdutória. Em uma etapa prévia à coleta de suas abordagens escritas, trabalhamos o conceito de *arranjo* e de *combinação* e orientamos os estudantes em diferentes formas de sistematizar suas respostas incorporando gráficos, tabelas, diagramas e fórmulas. Após a nossa intervenção, solicitamos que eles resolvessem alguns testes escritos. Analisamos, então, as suas abordagens e categorizamos os erros apresentados procurando explicá-los. O tipo de problemas abordados é o de *problemas verbais inseridos em contextos da vida real.* Nos resultados encontrados, observamos que a maior parte dos estudantes, ao abordar problemas verbais, escolheu a estratégia do *uso de fórmulas* e que, para estes, também foi muito frequente os tipos de "erro primário" ou "erro estrutural".

**Palavras-chave:** Problema Verbal; Análise Combinatória; Contexto Verbal; Contexto Real.

### Abstract

The mathematics education studies usually point out several difficulties in the student's learning of Mathematics, particularly in the problem solving area. Investigating some of these difficulties is the central aim of this present study we developed by focusing some stages of some students' knowledge construction in the Combinatory Analysis area. Previously gathering their written approaches we have attempted to construct with those students in classroom the mathematical concept of arrangement and the mathematical concept of combination and have given them some instruction about different ways of getting resolutions of problems usually found in textbooks. The instruction given incorporated tables, graphics, diagrams and formulas. After our intervention, we have asked them to solve some written tests. Then, we have analyzed their approaches and categorized the errors they presented looking for possible mathematical explanation for them. The kind of problems we utilized is that usually named verbal problems imbedded in real contexts. The results found showed that most of students approached the verbal problems by straightly utilizing the "use of formula" strategy and the more common type of errors presented falls into the 'structural' or "primary error" category.

**Keywords:** Word Problem; Combinatory Analysis; Verbal Context; Real Context.

## Introdução

O termo *problema* pode fazer referência a situações problemáticas muito diferentes entre si em função das características das pessoas que nelas se encontram dependendo tanto de suas expectativas quanto do contexto em que se produz cada situação (Echeverria et al, 1994). Assim, psicologicamente, o que pode ser problema para um indivíduo em um contexto poderá não ser assim considerado por um outro indivíduo nesse mesmo contexto. Pode-se ter, ainda, psicologicamente, um indivíduo lidando com um contexto e uma situação que em certo momento sejam encarados como um problema enquanto em outros o mesmo indivíduo não os encare como tal.

Para Saviani (1980), um problema carrega dentro de si um componente psicológico. Esse autor estabelece que há uma diferenciação entre um *problema* e uma mera *questão*. Ele aponta que a essência de um problema reside na consideração da necessidade de sua solução pelo sujeito e não apenas no desconhecimento de sua resposta. Nesta mesma perspectiva, Medeiros (1987) considera:

> "Um problema só é problema quando o indivíduo se apropria dele e é apropriado por ele, deseja pensar a respeito dele, estabelece uma busca contínua para a compreensão e solução do mesmo. Para que estas surjam, é preciso que o sujeito se correlacione intencionalmente com o objeto de investigação" (Medeiros, 1987, p. 25-26).

A resolução de problemas como uma alta forma de pensamento reflexivo é defendida por Grossinckle (1968) que destaca como base efetiva para tal o pensamento quantitativo. Esse pensamento quantitativo, dentre outras funções, envolve a conversão da expressão oral e escrita em ideias numéricas.

Para Lester (1982), "um problema é uma situação a qual um indivíduo ou grupo quer ou necessita resolver e para a qual não dispõe de um caminho rápido e direto que o leve à solução" (p. 18). Para o autor, a resolução de problemas *refere-se ao* "... processo de coordenação de experiências prévias, conhecimento e intuição em um esforço para determinar um resultado de uma situação para a qual não é conhecido um procedimento para determinar esse resultado" (1982, p. 93*)*. Nessa perspectiva, o ato de resolver um problema envolveria um grupo de execuções de ações para se chegar à solução de uma situação para a qual quem resolve não dispõe de caminhos diretos para resolvê-la.

As taxas de insucesso em tarefas escolares com resolução de problemas são abordadas por investigações realizadas por diversos autores. Pérez e Torregrosa (1987) colocam que os interesses dessas investigações devem estar voltados, dentre outras coisas, para o conteúdo, para a estrutura do problema, para a sintaxe, para os problemas escolares e os problemas da vida cotidiana. Pérez et al (1988) investigaram orientações para proporcionar um bom desempenho dos estudantes em situações problemáticas denominadas *abertas*. Uma situação aberta é uma proposição em que o enunciado apresenta o mínimo possível de dados numéricos caracterizando-se como uma situação ambígua. Segundo Pérez et al, o exagero que ocorre no enunciado das tarefas relativo à indicação dos dados, como também todas as condições de existência, responde a concepções tradicionais que "orientam incorretamente a resolução" e as práticas de ensino com situações abertas "constituem um passo essencial para desbloquear o ensino de resolução de problemas e suas limitações" (1988, p. 134*)*.

Assim, dificuldades na forma de expressão em resolução de problemas levam ao desenvolvimento de atividades equivocadas.

A existência de erros é um problema frequente na aprendizagem matemática e é, muitas vezes, perpetuada pelos próprios professores. Para boa parte desses profissionais, geralmente, o erro é um sinal de fracasso na aprendizagem e pode ser revertido a partir de uma mera explanação de exercícios sobre o tópico ou com a prática de exercícios adicionais e repetitivos. Isso acarreta um efeito negativo sobre a habilidade de resolver problemas, pois o estudante tem, muitas vezes, apenas a oportunidade de desempenhar, sob condições punitivas, um conjunto de testes e exercícios (Fisher e Lipson, 1986).

A literatura em Educação Matemática apresenta várias considerações sobre o erro tal como a possibilidade de permitir o diagnóstico das dificuldades na aprendizagem dos estudantes, podendo trazer, em decorrência, pistas para a sua *reabilitação* (Borasi, 1980). Os erros cometidos pelos estudantes nas atividades matemáticas em sala de aula têm sido interpretados, tradicionalmente, como sinal de insegurança, de desinteresse ou de incapacidade para a aprendizagem dessa disciplina (Radatz, 1980). Enfocando este tema, Enriques afirma que o erro:

> "Não é um mal e quando explorado mais amplamente consiste em um verdadeiro trabalho intelectual [...] quando os erros são resultados de afirmações gratuitas, sem nenhum esforço de pensamento, o entendimento não serve para nada" (apud Bachelard, 1996, p. 298).

Nesher (1987) focalizou a contribuição do erro no processo de aprendizagem, defendendo que o erro não ocorre por acaso; ao contrário, origina-se em consistentes trabalhos baseados no conhecimento adquirido anteriormente na escola. Embora essa autora tenha trazido certamente uma boa contribuição para a valorização do erro na Educação Matemática, ao que parece, como aponta Medeiros (1992), nem todo erro apresentado pelo estudante é necessariamente consistente ou apresenta uma alternativa baseada em um pensamento elaborado. Assim, o *erro* pode também apresentar-se como mero palpite e sem uma coerência interna ou um compromisso intelectual. Nesher, entretanto, conclui acertadamente que um bom programa instrucional deveria prever tipos de erros e propõe a sua utilização no processo de ensino e aprendizagem da matemática.

Uma forte defesa do papel epistemológico do *erro* na Educação Matemática é encontrada em Medeiros (1987), que sugere ao professor que, em sua prática de ensino, procure não apenas respeitar, mas também *resgatar* os erros apresentados pelos alunos, contribuindo para fazê-los perceberem a possível parcialidade de suas visões e fazendo surgir a criticidade necessária à construção do conhecimento matemático. Para essa autora, "tratar-se-ia em última instância de resgatar a heurística do que é tido como um simples erro. Ao invés de extirpá-lo, partir dele" (p. 34). Dando continuidade a esta concepção, o trabalho de Medeiros (1992) incorporou não apenas um levantamento das percepções alternativas (erros) de estudantes ingleses ao tentarem resolver problemas verbais inseridos em contextos reais e matematizáveis através do modelo da Análise Combinatória; mas, também, investigou onde poderiam residir as dificuldades cognitivas surgidas na resolução de problemas que conduziram aos erros apresentados.

Informal e frequentemente, ouve-se que os estudantes não resolvem os problemas matemáticos porque não sabem matemática básica (equações, algoritmos e fórmulas). Nesta visão, há os que ainda acreditam que preparar os estudantes para a resolução de equações, algoritmos e fórmulas, seria o suficiente para eles resolverem os problemas em geral e, inclusive, os verbais.

Quando o estudante resolve um problema matemático "não-verbal" (equações, algoritmos e fórmulas), ele pode parecer possuir uma habilidade para a resolução de qualquer tipo de situação matemática. Entretanto, estudos comprovam que este procedimento ou a mera posse de alguns conhecimentos anteriores obtidos de forma mecânica pode não ser suficiente para a resolução de "problemas verbais". Para Lester (1982), habilidades em algoritmos fornecem ao estudante procedimentos para procurar a resposta correta dos algoritmos. Esse autor aponta, ainda, que muitos estudantes que não estejam familiarizados com algoritmos e equações podem determinar a resposta correta para uma questão que realmente possua uma natureza complexa, visto que resolver um problema não é apenas traduzir as palavras do problema para equações matemáticas ou simplesmente aplicar uma fórmula.

A frequência dos erros nas tarefas desenvolvidas pelos estudantes conduz a pensar-se que muitas dessas concepções inadequadas são tão constantes que chegam a ser previsíveis. É comum, por exemplo, percebermos como dificuldades apresentadas pelos estudantes na resolução de problemas envolvendo Análise Combinatória, uma confusão entre os significados do conceito de *arranjo* com o de *combinação*. Medeiros (1992) relatou esse tipo de troca conceitual na abordagem desses problemas em seu estudo envolvendo adolescentes ingleses.

A relação entre *símbolo* e *significado* e a *sintaxe* da matemática poderia ser um outro caminho de busca de interpretação para tais erros. Citando Thom, Pimm (1987) aponta que a noção de significado é muito complexa e contém muito mais problemas do que se possa pensar à primeira vista. Para ele, a construção do significado, antes de qualquer questão mais rigorosa, é o problema central da educação matemática. A busca de significado visa a dar sentido a tudo o que se lê, se escuta ou se escreve e pode guiar as interpretações feitas tanto pelos adultos como pelas crianças. Quando isso não acontece, trata-se de uma repetição de procedimentos, resultado de uma aprendizagem mecânica (Thom, apud Pimm, 1987).

A forma de o sujeito relacionar-se com o texto não é nem direta nem mecânica e passa "*por mediações, por determinações de muitas e variadas espécies que são a sua experiência de linguagem*" (Orlandi, 1988, p. 144).

Segundo Orlandi (1988), os textos, expressos em linguagens verbais ou não-verbais, envolvem leitura. Essa leitura pode ser vista sob um ponto de vista mais amplo como "*atribuição de sentidos*", um *sentido* que se supõe ser o do texto (dado pelo autor) ou uma atribuição de *múltiplos sentidos* ao texto feita pelo leitor

(Orlandi, 1988). Sendo assim, é interessante ressaltar-se que "ninguém lê num texto o que quer, do jeito que quer e para qualquer um" (Orlandi, 1988, p. 12) ou, pelo menos, acrescentaríamos, que o ato de ler deveria ser assim visto se a comunicação humana for um objetivo a ser atingido.

Tendo em vista os estudos até aqui apresentados, o nosso objetivo neste presente trabalho – ao analisar as performances escritas dos estudantes ao abordarem alguns *problemas verbais*, na esfera da Análise Combinatória Introdutória – foi confrontar as abordagens dos estudantes em diferentes tipos de problemas e buscar algumas explicações para as possíveis performances nos diferentes casos e para os possíveis erros apresentados.

Como questionamento central do problema de pesquisa, temos o seguinte: quais as estratégias que os estudantes preferencialmente adotam na resolução de problemas e quais os erros mais comuns apresentados na adoção de tais estratégias?

Buscamos, assim, analisar como os estudantes lidam com as situações problemáticas envolvendo *arranjo* e *combinação* em uma repetição parcial do estudo desenvolvido por Medeiros (1992), em nosso presente caso, utilizando outro conjunto de problemas e envolvendo alguns estudantes brasileiros. Na esfera desses problemas, focalizamos as estratégias adotadas buscando uma *tipificação* elas, bem como algumas *possíveis causas* para os possíveis erros.

## Abordagem Metodológica

O estudo aqui apresentado foi realizado por Pacheco (2001) – com jovens (entre 17 e 20 anos) alagoanos e concluintes do Curso Técnico em Agropecuária – semelhantemente ao estudo de Medeiros (1992) *que envolveu* adolescentes na Inglaterra na faixa etária entre 12 e 13 anos. Tal como no estudo de Medeiros (1992), a abordagem metodológica deste estudo insere-se na esfera da *pesquisa qualitativa*, com uma inspiração na modalidade *fenomenológica*, onde foram construídos, primeiramente, *mapas idiográficos* (*vide* Medeiros, 1992; Danyluk, 1998*)* em que as características das abordagens individuais dos sujeitos foram registradas e, posteriormente, produzidos quadros que exibem os possíveis *invariantes* existentes no todo das abordagens dos sujeitos em cada teste. Esses mapas são resultados de uma análise interpretativa dos registros escritos dos estudantes que resultaram em erros diante dos quesitos propostos nos testes e que foram fundamentais para a categorização apresentada nos quadros de invariantes. Estamos apresentando aqui apenas uma parte do estudo desenvolvido por Pacheco (2001), o qual foi bem mais amplo e envolveu uma quantidade maior de problemas.

Procuramos categorizar os erros apresentados pelos alunos aqui abordados utilizando as denominações propostas por Medeiros no estudo acima citado. Dessa forma, os erros serão *estruturais* ou *primários* se forem relativos à estrutura matemática combinatória envolvida no problema, ou seja, quando relacionados à *natureza* matemática do agrupamento; os erros serão *secundários* quando situados na esfera das estratégias utilizadas e os erros serão *terciários* quando referentes a "pequenos" deslizes apresentados pelos estudantes, tais como erros em cálculos em operações aritméticas, esquecimentos de termos (não estruturais) etc. A partir dessa categorização, pudemos inferir algumas explicações sobre a construção dos significados dos conceitos de *arranjo* e de *combinação* e que critérios conduziram os estudantes a adotarem uma ou outra estratégia para resolverem os problemas.

Essa comparação recorrente no presente estudo, referente a esses dois trabalhos (Medeiros, 1992; Pacheco, 2001), em particular, inclusive do ponto de vista metodológico, deve-se mais a uma preocupação de situar esta proposta, ora apresentada, na literatura da resolução de problemas, dada a proximidade de intenção e abordagem metodológica dos dois estudos.

Em Análise Combinatória, os problemas são propostos verbalmente para que os estudantes percebam, pela leitura, que se trata de um problema de *contagem de agrupamentos,* que existe um total de elementos a serem agrupados e um total de elementos em cada agrupamento. No entanto, como defendido por Medeiros (1992, Medeiros, 2001) e Pacheco (2001), a decisão quanto à natureza do agrupamento, isto é, se trata-se de um *arranjo* ou de uma *combinação*, é um resultado *dependente* da interpretação realizada sobre o enunciado do problema e essa interpretação depende de um trabalho intelectual, envolvendo tanto o *contexto verbal* que é colocado explicitamente em tal enunciado para o leitor quanto o *contexto real* subjacente ao problema. Dessa forma, a compreensão e a adequada resolução de problemas expressos *em uma linguagem escrita (ou falada) dependem* paralelamente de determinados *contextos reais* que poderão ou não estar fazendo parte das experiências prévias de quem pretende resolvê-los.

Os estudantes submetidos aos testes foram orientados previamente pela primeira autora desta investigação em aulas expositivas por ela ministradas, em leituras de textos e também por consulta a livros didáticos diversificados. Nessa orientação prévia, que teve duração de seis semanas, foram resolvidos problemas de Análise Combinatória e exercícios por meio de diversas estratégias de resolução. Tal intervenção visou, única e exclusivamente, fornecer um *substrato teórico* mínimo para que os sujeitos investigados pudessem expor seus pensamentos no teste escrito a que foram posteriormente submetidos.

Em outra fase da orientação prévia aos testes, houve a veiculação de algumas possíveis estratégias. Basicamente, eles foram orientados no uso de três tipos de estratégias: a listagem de agrupamentos usando quadros, a listagem dos agrupamentos usando a *árvore de possibilidades* e o tradicional uso de fórmulas.

Depois de muito explorar esses dois primeiros tipos de estratégias, foi apresentada a alternativa de resolução por fórmulas. Os estudantes foram introduzidos previamente nas notações específicas das fórmulas como, por exemplo, a do desenvolvimento do *fatorial*. Esta foi a última das estratégias apresentadas aos estudantes. Percebendo que eles já estavam em um nível que apresentava um substrato teórico mínimo para que pudessem expor seus pensamentos, propusemos, então, os problemas para a resolução, por escrito. Nessa fase, a investigadora interferiu o mínimo possível na tentativa de reproduzir uma situação de avaliação por testes escritos tal como acontece rotineiramente em muitas escolas do país. Os dados assim coletados constituem-se em resultados das produções escritas individuais dos estudantes numa tentativa de busca dessas produções tão idiossincráticas quanto possível após as orientações dadas pela professora em classe.

Os problemas verbais de Análise Combinatória muito comumente não trazem claramente uma distinção quanto à natureza matemática combinatorial do problema a ser resolvido à exceção de quando o problema proposto apresenta no seu contexto verbal a expressão do tipo: "este problema é um arranjo simples" ou "este problema é uma combinação". Assim, o resolvedor terá que utilizar algum critério para fazer tal distinção. E isso nem sempre é tarefa fácil, embora importante para a prática do pensamento e da criatividade. Que critério o sujeito utilizaria para distinguir problemas de estruturas combinatórias diferentes apesar de possuírem os mesmos "contextos reais", por exemplo?

Estamos comunicando nesta investigação o resultado das performances de 20 estudantes (representados aqui pela letra E seguida de índices numéricos), sendo que dez deles abordaram o Teste 1 (problemas I e II) e os outros dez restantes abordaram o teste 2 (problemas III e IV), a seguir apresentados. Tendo em vista o objetivo deste estudo, a ênfase na comunicação dos resultados e na análise dos quadros está colocada aqui nas abordagens insatisfatórias, isto é, apenas breves comentários são feitos acerca das abordagens bem-sucedidas.

Problemas com *um mesmo contexto verbal* (ou muitíssimo semelhante) e *estruturas* matemáticas combinatórias *diferentes* (Problemas I e II):

> **Problema I:** *Em uma classe com seis estudantes, um professor deseja selecionar grupos de dois estudantes para realizar uma atividade em sala de aula. De quantas maneiras diferentes os grupos poderão ser selecionados?*

**Problema II:** *Em uma classe com seis estudantes, um professor deseja selecionar grupos de dois estudantes para realizar uma atividade em sala de aula, sendo que cada estudante terá uma posição definida no grupo: um será presidente e o outro será secretário. De quantas maneiras diferentes, os grupos poderão ser selecionados?*

Problemas com *contextos verbais diferentes* e uma *mesma estrutura* matemática combinatória (Problemas III e IV):

**Problema III:** *Em uma estante, encontram-se seis livros de matemática distintos. De quantos modos podemos dispô-los sobre a prateleira?*
**Problema IV:** *Anderson, Markus, Olga e Renata querem formar uma sigla com quatro símbolos, em que cada símbolo é a primeira letra de cada nome. Qual é o número total de siglas possíveis?*

Os problemas utilizados nesta investigação apresentam *predomínio* de *linguagem quotidiana não meramente matemática*, isto é, constituem-se em *problemas verbais* (Medeiros, 2001). Na verdade, é interessante observarmos que mesmo quando a linguagem utilizada é estritamente não-verbal, isto é, não expressa com termos da língua-mãe falada em certa comunidade, mas, numérica, por meio de numerais e outros símbolos, ela pode ser apresentada em forma escrita.

As abordagens insatisfatórias dos estudantes resultantes dos problemas verbais que apresentaram *inversões* na natureza combinatória percebida, e sendo, portanto, inadequadas, foram tipificadas de acordo com a seguinte categorização (denominada *erros primários* ou *erros estruturais*) onde houve as regularidades comuns a determinadas abordagens dos sujeitos: interpretação do problema de estrutura combinatória de *combinação como arranjo*; interpretação do problema de estrutura combinatória de *arranjo como combinação* ou, ainda, a representação do problema com o símbolo da *combinação usando* a fórmula do *arranjo*.

As abordagens *insatisfatórias* dos estudantes resultantes dos *problemas verbais* em que eles visualizaram suas naturezas combinatórias *adequadas*, mas refletiram uma inabilidade com a estratégia de resolução adotada foram tipificadas de acordo com a seguinte categorização denominada de *erros secundários* em que houve as regularidades comuns a determinadas abordagens dos sujeitos estudados: 1. a não identificação do nº de elementos do agrupamento (p); 2. a não identificação do nº de elementos a agrupar (n); 3. erros de contagem de agrupamentos; 4. a contagem dos agrupamentos sem elementos repetidos inadequadamente como agrupamentos com repetição.

As abordagens insatisfatórias dos estudantes dos problemas verbais não relacionadas diretamente à estrutura matemática do problema, mas a fatores menores já mencionados, foram tipificadas de acordo com a categorização denominada *erros terciários* em que houve operações inadequadas com algoritmos e omissão de termos.

Discutiremos a seguir os resultados das abordagens dos grupos de dez estudantes que participaram desta investigação. Após a discussão, apresentaremos em anexos (enumerados de 1 a 5) as abordagens de alguns estudantes submetidos aos testes. Em seguida, dois quadros (I e II) foram construídos com base nas categorizações feitas a partir de nossas interpretações e inferências sobre as abordagens insatisfatórias desses estudantes. Os tipos de erros encontrados em tais abordagens estão categorizados e exibidos nos quadros analisados.

## Análise Interpretativa do Quadro I (anexo 6)

No grupo, como um todo, não houve apenas *abordagens insatisfatórias,* e os estudantes que apresentaram abordagens *satisfatórias* estão destacados brevemente a seguir. No **problema I**, apenas

$\frac{2}{10}$ deles ($E_2$ e $E_3$) foram completamente bem-sucedidos e no que se refere ao **problema II** deste mesmo teste, apenas

$\frac{2}{10}$ dos estudantes ($E_2$, $E_3$, $E_4$ e $E_7$) apresentaram abordagens completamente satisfatórias.

Tanto no problema I quanto no problema II, a única estratégia adotada com um resultado final bem-sucedido foi a do *uso de fórmulas* para a resolução dos problemas verbais. Como já apontamos, esses estudantes não estão citados no quadro I, no qual somente estão mencionados aqueles que apresentaram abordagens insatisfatórias ou não responderam.

No quadro I mencionado e na análise que se segue há uma tipificação das abordagens insatisfatórias dos estudantes. Focalizamos, inicialmente, como os estudantes lidaram com as situações problemáticas envolvendo arranjo e combinação; uma tipificação das estratégias que eles utilizaram bem como os tipos de erros gerais que cometeram.

Na esfera do problema I, observamos que

$\frac{4}{10}$ dos estudantes apresentaram *erros estruturais* já mencionados, isto é, trocando a estrutura de *combinação* (esperada) pela de *arranjo*, em suas abordagens do problema I e

$\frac{3}{10}$ dos estudantes deixaram "em branco", totalizando

$\frac{7}{10}$ os que não atingiram resultados satisfatórios. No que se refere ao problema II, foram apenas dois estudantes que apresentaram o erro estrutural ou primário descrito (trocando, no caso, o arranjo simples esperado por uma combinação) na classificação dos agrupamentos quanto à sua natureza.

O problema I propõe, no que se refere ao *contexto verbal*, que "a partir de seis estudantes, determinem-se quantos agrupamentos de dois estudantes podem ser formados". Essa informação faz parte do *campo observacional* (Medeiros, 1992; 2001) do problema, o qual não fornece, necessária e diretamente, a natureza dos agrupamentos para o resolvedor. Para o estudante relacionar os agrupamentos seja com *arranjo* seja com *combinação*, ele precisa interpretar o texto escrito e isso requer, por outro lado, entender tanto o *contexto verbal* como o *contexto real* da situação problemática. Essa interpretação, nesse tipo de problema, não é relativamente simples, devido à ambiguidade existente, pelo fato de ser um problema aberto. Esse problema apresenta poucos dados numéricos e depende muito da imaginação e da criatividade de quem resolve para reconhecer os agrupamentos como *arranjo* ou *combinação*.

Essa natureza do agrupamento depende mais de uma interpretação, ou seja, requer que o estudante supere a estrita mensagem do texto e tome uma decisão ao classificar o agrupamento. Essa decisão de classificar o agrupamento como *arranjo* ou *combinação* depende, fundamentalmente, do *contexto real* que poderá ou não, fazer parte das vivências pessoais de quem se propõe a resolver o problema.

Observamos no desenvolvimento apresentado pelo estudante $E_{10,}$ na sua abordagem ilustrada no **anexo 1**, que a estratégia por ele adotada foi a do *uso* *de fórmulas*. Se considerarmos o nível *sintático*, não houve falha ao operar com a fórmula. Entretanto, percebemos que houve uma interpretação equivocada em ambos os problemas quanto à *natureza dos agrupamentos*. No problema I, os agrupamentos formados por dois estudantes requerem, de quem se propõe a resolvê-lo, que imagine o tipo de par de estudantes a ser agrupado no problema, isto é, que o par (A, B), de acordo com o *contexto real* do problema I é igual ao par (B, A). Essa tomada de decisão não está explicitada verbalmente no *campo observacional* do problema. Caso isso ocorresse, não seria um problema e, sim, uma parte da solução. Da mesma forma, no problema II, o par de estudantes (Ap, Bs) é diferente do par (Bp, As) de acordo com o *contexto real* do problema. Assim, essa tomada de decisão acerca da natureza dos agrupamentos a serem formados dependerá da interpretação do estudante relativa aos *contextos reais* dos problemas.

Focalizando as estratégias, pode-se observar que no referido grupo tem-se,

$\frac{7}{10}$ dos estudantes que abordaram o problema I e

$\frac{6}{10}$ dos estudantes que abordaram o problema II optaram pela estratégia do *uso direto de fórmulas*. Possivelmente, esse predomínio da estratégia formalizada pode ser resultado do ensino de resolução de problemas que tem enfatizado apenas a habilidade de "traduzi-los" da sua *linguagem simbólica verbal* para a *linguagem simbólica não-verbal*. No desenvolvimento do raciocínio do estudante, tomado aqui como um exemplo, observa-se que ele operou sintaticamente de forma aceitável; entretanto, ao classificar a natureza do agrupamento, que depende de sua interpretação, ele apresentou uma resposta equivocada.

No que tange às abordagens insatisfatórias, percebemos que prevaleceram os erros estruturais (primários) caracterizados pela inversão da natureza combinatória de arranjo para a de combinação e vice-versa. A estratégia que prevaleceu entre esses estudantes foi a da utilização de fórmulas.

### Análise Interpretativa do Quadro II (anexo 7)

Os estudantes que apresentaram erros em suas abordagens no teste II estão exibidos no quadro II. Observa-se que no problema III,

$\frac{3}{10}$ dos estudantes apresentaram erros e

$\frac{2}{10}$ não responderam, totalizando

$\frac{5}{10}$ de resultado que não atenderam o que era esperado. No problema IV,

$\frac{3}{10}$ dos estudantes e

$\frac{1}{10}$ não responderam totalizando, portanto,

$\frac{4}{10}$ de resultados que não atenderam o esperado.

Os problemas propostos (III e IV) têm a mesma natureza combinatória, apesar de os seus *contextos verbais* serem bastante diferentes, isto é, ambos os problemas apresentam a mesma estrutura matemática, a de *arranjo*, apesar de os problemas verbais relatarem situações problemáticas implícitas em contextos verbais bem distintos.

O *contexto verbal* apontado no problema IV propõe que se determinem "*quantas siglas podem ser formadas com as iniciais de quatro nomes dados*" e o *contexto verbal* do problema III propõe que se determinem "de quantos modos podem se dispor seis livros em uma estante". Essas informações fazem parte dos *campos observacionais* dos problemas, mas não fornecem diretamente a natureza dos agrupamentos para o estudante que tente resolvê-los. Além disso, até mesmo as palavras usadas para exprimir o problema não sugerem diretamente que o leitor deveria formar agrupamentos ou, ainda, até mesmo a decisão quanto ao problema ser de contagem de agrupamentos ou não, pode não ser imediata dependendo de sua interpretação. Pode-se dizer que os *contextos verbais* dos problemas apresentam apenas algumas pistas tais como: "Qual o número total de siglas" no problema III e, no problema IV, "De quantos modos podem se dispor livros distintos sobre uma estante".

A partir dessas pistas, poderão ser feitas relações com os agrupamentos nos quais a ordenação dos elementos deva ser levada em consideração.

Enquanto nos problemas I e II a indicação do problema é dada verbalmente pela expressão "De quantas maneiras diferentes grupos podem ser formados?", nos problemas III e IV isso não ocorre. Portanto, a ausência de palavras como *grupos*, *agrupar* ou *agrupamentos* pode exigir mais do potencial de interpretação do estudante.

No quadro II, observa-se, ainda, que não existe uma regularidade quanto às abordagens insatisfatórias, isto é, dentre as categorias tipificadas não houve uma que se destacasse repetindo-se em comparação com as demais.

Neste teste II, no problema III, apenas

$\frac{1}{10}$ dos estudantes apresentou o tipo de *erro primário* ou *estrutural*, isto é, no caso, uma "interpretação do problema de estrutura combinatória do tipo 'arranjo' como 'combinação'", como pode ser observado na abordagem de um único estudante, o $E_{19}$ (ilustração no anexo 2). Essa categoria em que o estudante se enquadra foi pouco observada dentre os estudantes que responderam ao teste II, o que se afasta do que foi observado nas abordagens dos estudantes que responderam ao teste I, nas quais todos os estudantes que não foram bem-sucedidos apresentaram o erro de tipo primário ou estrutural.

É interessante observarmos que a *estratégia* utilizada pelos estudantes que não tiveram sucesso em suas abordagens no *teste I* foi a estratégia do "uso direto de fórmulas", enquanto nas abordagens inadequadas dos estudantes que focalizaram o *teste II*, apenas um deles fez exclusivo "uso direto de fórmulas".

Possivelmente, esse tipo de estratégia estaria favorecendo, mas não necessariamente, determinando esse tipo de abordagem insatisfatória, isto é, as causas dos erros podem ter origens múltiplas e diferentes. O estudante, ao optar por uma fórmula para matematizar a situação problemática, poderia estar fazendo-o de forma aleatória e, talvez, sem compromisso cognitivo com a interpretação do texto.

Apenas

$\frac{1}{10}$ das abordagens dos estudantes foi tipificada como "não identificação do nº de elementos do agrupamento", como apresenta o estudante $E_{20,}$ ilustrado no anexo 3. Observa-se na sua abordagem que, ao invés de adotar como número de elementos do agrupamento (p) igual a quatro, ou seja, considerar agrupamentos de quatro elementos, o estudante considerou agrupamentos com apenas um elemento tornando a sua abordagem inadequada, pois a sigla é formada por quatro letras. Talvez tenha havido uma *conotação* inadequada da expressão "primeira letra" como correspondendo ao número 1.

A categoria *erro de contagem dos agrupamentos* foi observada no subitem (a) por apenas

$\frac{1}{10}$ dos estudantes e no subitem (b), também por

$\frac{1}{10}$ dos estudantes. A seguir, a abordagem do problema III pelo estudante $E_{14}$ e a abordagem do problema IV, pelo estudante $E_{19}$, que se encontram ilustradas no anexo 4.

No problema IV, a partir dos registros escritos do estudante, inferimos certas *operações inadequadas*. Nesses registros podem estar subentendidos pensamentos tais como: 6! = 6 ou 0! = 0. Além disso, esses dois estudantes apresentaram *erros terciários* relativos à operação aritmética da divisão "por zero" como

$\frac{6}{0} = 6$ e que se constitui em um tipo de erro de natureza também conceitual. Pode-se observar este tipo de erro na abordagem do estudante $E_{20}$, ilustrada no anexo 6.

Observa-se na abordagem do estudante $E_{20}$ que a natureza combinatória subjacente do agrupamento escolhido pode ser identificada como arranjo por sua opção da respectiva fórmula. Também o número de elementos a agrupar (n) e o número de elementos do agrupamento (p) estão adequados; entretanto, podemos inferir também que o estudante não utilizou adequadamente as regras e definições. No numerador, ao atribuir o valor 6! como 6 vai de encontro à definição de fatorial, pois $6! = 6 \times 5 \times 4 \times 3 \times 2 \times 1 = 720$. Ao escrever

$\frac{6}{(6-6)!} = 6$, possivelmente, o estudante considerou

$\frac{6}{0} = 6$, o que é inadequado, pois, não se define fração com denominador zero. Por outro lado, se o estudante considera a fração

$\frac{6}{0!} = \frac{6}{0} = 6$, novamente, não usou adequadamente a definição pois $0! = 1$. Também poderia admitir-se como possível explicação que ele poderia ter feito

$\frac{6}{0!} = \frac{6}{1} = 6$ e, neste caso, estaria adequado o seu desenvolvimento. Portanto, devido à ambiguidade de sua abordagem que torna possíveis diferentes formas factíveis de interpretação, não é possível explicar de uma forma plausível qual o caminho adotado pelo estudante.

## Conclusão

Os estudantes que participaram desta investigação são concluintes do Curso Técnico em Agropecuária e adotaram preferencialmente, como opção de estratégia para a resolução dos problemas de Análise Combinatória, as fórmulas matemáticas, mesmo tendo sido apresentados a outras estratégias para a resolução deste tipo de problemas. É possível que tal comportamento se constitua em um reflexo de uma formação que eles tenham recebido ao longo de sua vida escolar, que tem sido tão costumeiramente combatido e apontado como o ensino de fórmulas abstratas destituídas de significados. A resolução de problemas ainda é encarada por parte dos professores como uma passagem, por vezes mecânica, da linguagem informal traduzida para a linguagem matemática. É preciso que a instrução de resolução de problemas não seja feita por apenas uma estratégia, qualquer que seja ela, inclusive a da mera tradução da linguagem verbal para a linguagem não verbal. Não se trata, entretanto, de negar-se à importância de o estudante adquirir a linguagem formal, mas de apontar a sua deficiência de fecundidade cognitiva quando ela é introduzida muito cedo e/ou anteriormente à prática de utilização de outras estratégias variadas e que exijam a análise crítica dos contextos dos problemas a serem resolvidos. A resolução de problemas poderá ser muito mais significativa se o estudante desde cedo for orientado a resolver problemas por mais de uma estratégia até chegar ao uso de fórmulas e, principalmente, se for orientado a de fato entender o problema antes de simplesmente buscar a resposta.

Acreditamos que esta forma de analisar as produções escritas dos estudantes pode trazer, como sugerido por Medeiros (1987), contribuições educacionais para o *diálogo* em sala de aula e para a *busca da intersubjetividade* entre professores e alunos na aprendizagem de resoluções de problemas. Esta busca de *intersubjetividade* existiu, em certa proporção, na medida em que focalizamos respostas inadequadas dos estudantes, categorizamos e inferimos algumas respostas para o processo de construção de conhecimento no entendimento do discurso matemático envolvido nas questões sob análise. O erro que tem sido um fator excluído nas metodologias de ensino da matemática e socialmente excludente é redescoberto e passa ser uma grande contribuição para investigações em Educação Matemática. Uma reflexão sobre as produções inadequadas dos estudantes pode trazer respostas significativas para a produção do conhecimento e contribuir para diminuir, consideravelmente, a evasão escolar.

Entretanto, sabemos que ao buscarmos justificativas e explicações para as possíveis causas dos erros, nesta investigação, desenvolvemos uma atividade que requereu, dentre outras coisas, certo tempo para a análise das tarefas e para a categorização dos resultados obtidos confrontando-os com os de outras investigações. Talvez, um(a) professor(a) sobrecarregado(a) com horas-aula e com a responsabilidade de avaliar muitos estudantes, possa pensar que esse tipo de atividade aqui desenvolvida – que lida concomitantemente com a produção do conhecimento dos conteúdos matemáticos bem como com questões cognitivas como a percepção e a atribuição de significados pelos sujeitos – é utópico, e se sinta desmotivado para a realização desse tipo de *análise cognitiva* das tarefas escolares com tantos fatores desfavoráveis em sua profissão, preferindo optar por uma rápida e ineficiente "análise comportamental" de tarefas. Queremos assinalar que, certamente, a dificuldade existe, mas o conhecimento humano é uma produção social e coletiva e em assim sendo nem sempre estamos começando do início completo e desbravando os entraves sozinhos. Este estudo é uma tentativa de contribuição de um encaminhamento alternativo para encararmos o tratamento cognitivo do erro na Educação Matemática de forma produtiva.

## Referências

BACHELARD, G. *A formação do espírito científico*: contribuição para uma análise do conhecimento. Trad. Estela dos Santos Abreu do original *La Formation del'Esprit Scientifique*. Rio de Janeiro: Contraponto, 1996.

BORASI, R. Exploring mathematics through the analysis of errors. *For the Learning of Mathematics*. v. 7, n. 3, p. 2-8, novembro, 1987.

DANYLUK, O. *Alfabetização matemática:* as primeiras manifestações da escrita infantil. Porto Alegre: Sulina, 1998.

ECHEVERRIA, M. D. P. P.; MUNÍCIO, J. I. P. Aprender a resolver problemas y resolver problemas para aprender. In: MUNÍCIO, J. I. P. (Org.). *La solución de problemas.* Madrid: Santillana, cap. 1, p. 14-50, 1994.

FISHER, K.; LIPSON, J. Twenty questions about student's errors. *Journal of Research in Science Teaching*. v. 23, n. 9, p. 783-803, 1986.

GROSSINCKLE, F. *Mathematical sentences and problem solving*. In: GROSSINKLE, F. Teaching School Mathematics. Nova York: Holt, Rinehart and Winston. Cap. 17, p. 302-313, 1968.

LESTER, F. K. Jr. Issues in teaching mathematical problem solving in the elementary grades. *School Science and Mathematics*. v. 82, n. 2, p. 93-98, fevereiro, 1982.

MEDEIROS, C. F. Por uma educação matemática como intersubjetividade. In: BICUDO, M. A. V. (Org.) *Educação matemática*. São Paulo: Moraes, 1987.

MEDEIROS, C. F. *An investigation into errors made in attempts to solve mathematical problems*. Ph.D. Thesis. The University of Leeds, England. 324 p., 1992.

MEDEIROS, C. F. *Modelos mentais e metáforas na resolução de problemas matemáticos verbais, ciência & educação*. v. 7, n. 2, p. 209-234, 2001.

NESHER, P. Towards an instructional theory: the role of student's misconceptions. For the Learning of Mathematics. Montreal. v. 7, n. 3, p. 33-39, novembro, 1987.

ORLANDI, E. P. *Discurso e leitura*. São Paulo: Cortez, 1988.

PACHECO, A. B. *Uma investigação sobre erros apresentados por estudantes na resolução de problemas verbais e não-verbais no campo da Análise Combinatória*. Dissertação de Mestrado, Programa de Pós-Graduação em Educação nas Ciências (Educação Matemática). Recife: UFRPE. 258 p., 2001.

PÉREZ, D. G.; TORREGROSA, J. M.; PÉREZ, F. S. El fracaso en la resolución de problemas de física: una investigacion orientada por nuevos supuestos. *Enseñanza de Las Ciencias*. Madrid. v. 6, n. 2, p. 131-146, 1988.

PIMM, D. *Speaking mathematically*: Communication in mathematics classrooms. Londres/Nova York: Routledge & Kegan Paul, 1987.

RADATZ, H. Student's errors in the mathematical learning process: a survey. *For the Learning of Mathematics*. Canadá. v. 1, n. 1, p. 16-20, 1980.

SAVIANI, D. *Educação*: do senso comum à consciência filosófica. São Paulo: Cortez, 1980.

# ANEXOS

## Anexo 1: Abordagem do estudante $E_{10}$

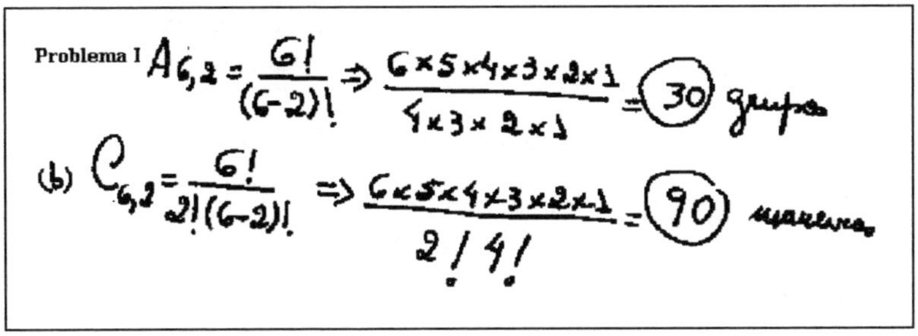

| A6,2 = | 6! | | 6 x 5 x 4 x 3 x 2 x 1 | = 30 grupos |
|---|---|---|---|---|
| | (6 – 2)! | ® | 4 x 3 x 2 x 1 | |

| (a) C6,2 = | 6! | | 6 x 5 x 4 x 3 x 2 x 1 | = 90 grupos |
|---|---|---|---|---|
| | 2! (6 – 2)! | ® | 2! 4! | |

## Anexo 2: Abordagem do estudante $E_{19}$

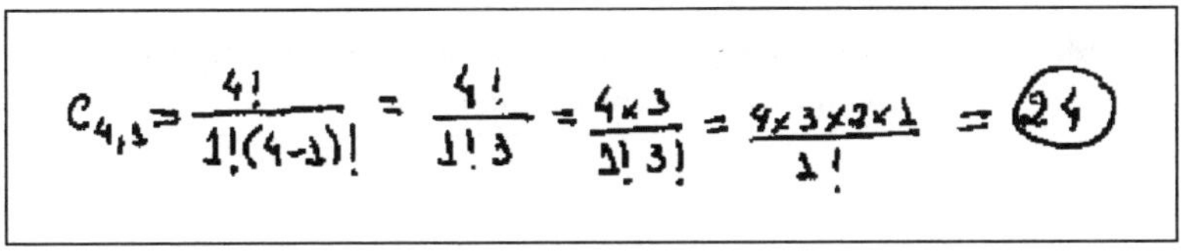

| C4,1 = | 4! | | 4! | 4 x 3 x 2 x 1 | = 24 |
|---|---|---|---|---|---|
| | 1! (4 – 1)! | = | 1! 3! | 1! | |

## Anexo 3: Abordagem do estudante $E_{20}$

| A4,1 = | 4! | | 4! | 4 x 3! | = 4 isso queria dizer que caso eles trocassem as posições das letras formariam outros nomes |
|---|---|---|---|---|---|
| | (4 – 1)! | = | 3! | 3! | |

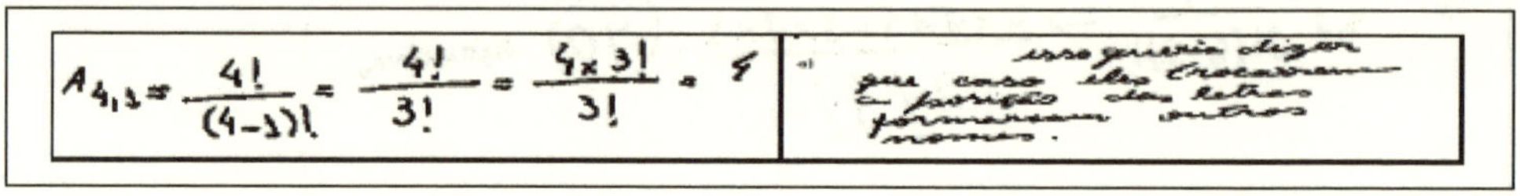


## Anexo 4: Abordagem do estudante $E_{14}$ e Abordagem do estudante $E_{19}$

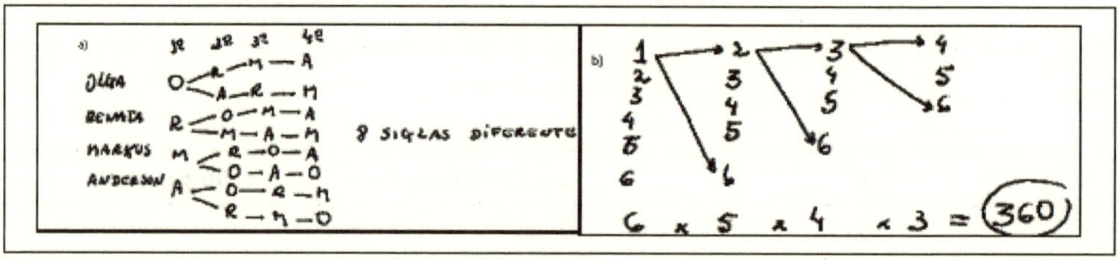


## Anexo 5: Abordagem do estudante $E_{20}$

| A6,6 = | 6! | |
|---|---|---|
| | (6 – 6)! | = 6 isso significa que mudando os livros so trocaria de posição encontrava na estante |

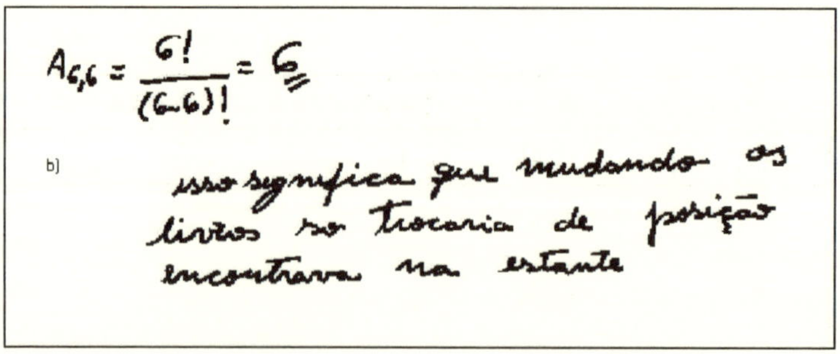

# Anexo 6

## Quadro I: Problemas Verbais – Abordagens Insatisfatórias no Teste I

| Problema e Estrutura Matemática Pretendida | Tipos de Abordagens Insatisfatórias | | | Estratégia | Estudantes | Em Branco |
|---|---|---|---|---|---|---|
| | Erros Primários (Estrutura) | Erros Secundários (Estratégias) | Erros Terciários (Cálculos, esquecimentos,...) | | | |
| Problema I (Combinação) | Interpretação do problema de estrutura combinatória do tipo "combinação" como "arranjo" | - | - | Uso de fórmulas | E4, E7, E9, E10, | E5, E6, E8, |
| | - | Representação do problema com o símbolo da "combinação", mas com o uso da fórmula do "arranjo" (estrutura combinatória adequada) | - | Uso de fórmulas | E1 | |
| Problema II (Arranjo simples) | Interpretação do problema com estrutura combinatória do tipo "arranjo" como "combinação" | - | - | Uso de fórmulas | E1, E10 | E5, E6, E8, E9 |

# Anexo 7

## Quadro II: Problemas Verbais – Abordagens Insatisfatórias no Teste II

| Problema e Estrutura Matemática Pretendida | Tipo de Abordagem Insatisfatória | | | Estratégias | Estudantes | Em Branco |
|---|---|---|---|---|---|---|
| | Erros Primários Estrutura | Erros Secundários Estratégias | Erros Terciários (Cálculos, esquecimentos,...) | | | |
| Problema III (Arranjo simples) | Interpretação do problema de estrutura combinatória do tipo "arranjo" como "combinação" | - | - | Uso de fórmulas | E19 | E15, E18 |
| | | Não identificação do nº de elementos do agrupamento | - | Uso de fórmulas | E20 | |
| | | Erro de contagem de agrupamento (estrutura combinatória adequada) | - | Árvore de possibilidades | E14 | |
| Problema IV (Arranjo simples) | - | Erro de contagem de agrupamento (estrutura combinatória adequada) | - | Árvore de possibilidades | E19 | E18 |
| | - | - | Operações inadequadas com algoritmos (estrutura combinatória adequada) | Uso de fórmulas | E15, E20 | |

# PARTE III

# EDUCAÇÃO GEOMÉTRICA

# CAPÍTULO 8

## UM PROCESSO DE PESQUISA EM EDUCAÇÃO MATEMÁTICA

Neiva Ignês Grando e Sandra Mara Marasini – UPF

### Resumo

O texto apresenta um processo de pesquisa de abordagem qualitativa, desenvolvido entre universidade e educação básica, visando contribuir para o avanço dos debates na área de Educação Matemática. Pesquisadores e bolsistas de iniciação científica da Universidade de Passo Fundo e professores de matemática de escolas públicas juntaram experiências e conhecimentos pedagógicos na busca de mudanças qualitativas do processo ensino-aprendizagem de conceitos geométricos e algébricos. A partir da definição de alguns princípios foram elaboradas e desenvolvidas propostas pedagógicas para o ensino fundamental – 5ª a 8ª séries. Para as intervenções em sala de aula, o grupo buscou contribuições teóricas na psicologia histórico-cultural, na educação e na didática da matemática e na própria matemática. Os resultados mais significativos desse processo podem ser identificados na mudança de concepção do trabalho em grupo, tanto por parte do professor como do aluno, no nível de apropriação dos significados dos conceitos e no nível de desenvolvimento do pensamento dos estudantes. Dessa interação entre universidade e educação básica, houve a constatação da viabilidade de serem elaboradas propostas para o ensino de matemática com princípios definidos em equipe. Nesse sentido, a importância da elaboração de uma sequência didática com objetivos bem definidos, que considere os conceitos como parte de um sistema de conhecimentos contextualizados e formados na interação social, que vincule o desenvolvimento do pensamento ao processo de aprendizagem, constitui a principal conclusão da pesquisa.

**Palavras-chave**: Educação Matemática; Ensino Fundamental; Formação de Conceitos Científicos Escolares; Desenvolvimento do Pensamento.

### Abstract

The text presents a qualitative research process developed between higher education and elementary/middle education, with the aim to contribute to the enhancement of debates in the field of mathemathics education. Researchers and research assistants from the University of Passo Fundo, as well as math teachers from public schools got their pedagogical experience and knowledge together in search of qualitative changes in the learning process of geometrical and algebraic concepts. Pedagogical proposals for middle school – 5th to 8th grades – were developed and elaborated from the definition of some principles. For the interventions in the classroom environment, the research team searched for theoretical contributions in historical-cultural psychology, in education, in mathematics didactics and also in mathematics. The most significant results in this process can be identified in the change of conception of group work, in teachers and students, in terms of acquisition of concept meanings, and in terms of thinking development in the students. The factuality of proposals for math teaching being developed as a team was derived from the interaction between higher and elementary/middle education. In that sense, the development of a didactics sequence, with well-defined objectives, taking into account concepts as part of a contextualized knowledge system, and formed in social interaction, that links the development of thought to the process of learning, is the main result of this research.

**Keywords**: Mathematical Learning; Elementary Education; Development of Scientific Concepts at School; Development of Thought.

## Introdução

As preocupações com o ensino e a aprendizagem da matemática provocaram estudos, análises e discussões, conduzindo à criação de uma nova área do conhecimento, denominada Educação Matemática.

Com o propósito de ampliar os debates nessa área, um grupo de pesquisadores elaborou um trabalho denominado "A educação matemática: breve histórico, ações implementadas e questões sobre sua disciplinarização", no qual "[...] tratam da configuração da educação matemática como área de pesquisa e, num panorama histórico, de como têm sido implementados, efetivamente, esforços para a consolidação desse projeto" (Miguel et al., 2004, p. 70).

Especificamente quanto ao processo ensino-aprendizagem, o confronto e a busca de diálogos entre teoria e prática revelam o grau de comprometimento do educador matemático. Assim, a apropriação de significados e a atribuição de sentido refletem o nível de consciência dos seus participantes.

Com as atividades de extensão desenvolvidas pela equipe de professores do Laboratório de Matemática[1] do Instituto de Ciências Exatas e Geociências da Universidade de Passo Fundo, passamos a refletir sobre a necessidade de desenvolver pesquisas que pudessem provocar mudanças qualitativas nos processos de ensino e de aprendizagem. A interação entre a universidade e a educação básica possibilitou a identificação tanto das potencialidades da Educação Matemática como das dificuldades encontradas por professores e estudantes no ensino e na aprendizagem.

A partir disso, em 2000 iniciamos uma trajetória de pesquisa em sala de aula em escolas da rede pública estadual e municipal de Passo Fundo/RS, com a participação de pesquisadores e bolsistas de iniciação científica da universidade e de professores de matemática de 5ª a 8ª séries do ensino fundamental.

## Contribuições Teóricas

Considerando o processo ensino-aprendizagem, encontramos na psicologia histórico-cultural um debate sobre a importância da relação entre aprendizagem e desenvolvimento (Vigotski, 2000). Na concepção desse autor, a aprendizagem, quando adequadamente organizada, resulta em desenvolvimento, possibilitando a criação de novas zonas de desenvolvimento mental. Vislumbra-se, assim, a possibilidade de que o desenvolvimento de funções psicológicas superiores, tais como a atenção mediada, a memória lógica, a abstração e a generalização, ocorra no próprio processo de apropriação dos conceitos científicos escolares.

A preocupação com o processo ensino-aprendizagem remete-nos a uma das questões vitais para a escola, qual seja, a formação de conceitos na idade escolar tendo como referente o respectivo sistema de conhecimentos. O conceito pressupõe a capacidade de abstrair para além das conexões reais e concretas, e a sua formação depende dos processos de análise e síntese, deles resultando a abstração (Vigotski, 2003). Assim, de acordo com Krutetskii (1991), a generalização se dá no plano lógico-verbal, ou seja, em nível intelectual. Semenova complementa essas ideias com a afirmação de que "é a aquisição dos conceitos teóricos que deve constituir o principal objetivo da formação do pensamento teórico na criança" (1996, p. 160).

Um dos cuidados que devemos ter na escola diz respeito ao conceito teórico, uma vez que o aluno pode aparentar ter se apropriado do significado de um determinado conceito, porém faz generalizações apenas em situações específicas, não em situações gerais. Assim, para a formação dos conceitos escolares, a ideia de sis-

[1] Institucionalizado em 1979, sob a coordenação da educadora matemática Maria Fialho Crusius (1914-2003).

tema de conhecimentos (Vigotski, 2003) assume um papel importante, visto que num determinado sistema os conceitos estão inter-relacionados; da mesma forma, há uma inter-relação entre conceitos de diferentes sistemas de conhecimentos.

O ensino da álgebra tem sido objeto de estudo de inúmeros pesquisadores que atuam em Educação Matemática. Dentre eles, Fiorentini, Miorim e Miguel (1993) trazem contribuições para se repensar a educação algébrica, identificando concepções de álgebra e de educação algébrica e apontando implicações de natureza didático-metodológica referentes ao desenvolvimento da educação algébrica elementar. Mostram, por exemplo, que na história da matemática identificam-se três fases evolutivas da linguagem algébrica: a retórica ou verbal, com a descrição dos esquemas operatórios sobre números e equações em linguagem corrente; a sincopada, com a expressão das equações de forma abreviada e concisa, incluindo alguns símbolos e a simbólica, com a expressão de ideias algébricas somente por meio de símbolos.

Pinto e Fiorentini (1997) avançam nas contribuições analisando os significados produzidos numa atividade algébrica por estudantes de uma turma de 7ª série do ensino fundamental. Numa outra visão, Araújo et al. (2002) destacam as contribuições da psicologia da educação matemática para o ensino da matemática, abordando especificamente questões relacionadas à introdução da álgebra no ensino fundamental. Nas reflexões acerca da passagem da aritmética à álgebra, destacam a importância da compreensão do significado da igualdade em cada situação e as respectivas implicações educacionais.

Outros estudos, como os de Oliveira (2002) e Teles (2004), identificam dificuldades no ensino e na aprendizagem da álgebra e apontam a necessidade de elaboração de novas propostas para superá-las.

## Aspectos Metodológicos

As pesquisas realizadas ao longo dessa trajetória referem-se ao processo ensino-aprendizagem da matemática, mais especificamente, ao nível de apropriação dos conhecimentos de geometria e de álgebra no ensino fundamental.

Numa perspectiva de pesquisa qualitativa, foram desenvolvidos projetos de pesquisa com professores de matemática de duas escolas públicas do município de Passo Fundo, uma municipal e uma estadual. Dos estudos e reflexões, resultou um planejamento conjunto para analisar o nível de pensamento dos estudantes sobre conceitos geométricos e algébricos e as propostas vigentes nas escolas. As informações coletadas com os estudantes e o relato dos professores sobre sua prática foram analisados com base em pressupostos da teoria histórico-cultural, em resultados de pesquisas em educação matemática e em noções da didática da matemática.

Na primeira etapa do processo foram definidos e validados princípios pedagógicos para o ensino-aprendizagem de geometria, foram elaboradas e desenvolvidas propostas metodológicas sobre os conceitos de perímetro, de área e de volume e respectivos sistemas de unidades de medida. Na segunda etapa a preocupação voltou-se para o desenvolvimento do pensamento algébrico, com sequências didáticas para o estudo de expressões algébricas e equações.

Todas as atividades foram planejadas em encontros sistemáticos nas escolas ou na universidade por uma equipe composta de professores e bolsistas de iniciação científica da universidade e professores de matemática das escolas. Na sala de aula, as atividades foram desenvolvidas pelos professores das escolas das próprias turmas. O registro das atividades foi feito por meio de gravações em áudio e vídeo e anotações por parte dos bolsistas.

## O Processo de Pesquisa: Interação Entre Universidade e Escola

Foram desenvolvidos quatro projetos de pesquisa, iniciando com "Um Estudo Sobre o Processo Ensino-Aprendizagem de Medidas Espaciais no Ensino Fundamental" em duas escolas do município de Passo Fundo[2]. Nosso objetivo era fazer uma análise do processo ensino-aprendizagem das medidas espaciais perímetro, área e volume, de 5ª a 8ª séries, visando definir princípios pedagógicos que pudessem subsidiar a elaboração de propostas pedagógicas.

Com os professores de matemática, analisamos as propostas que estavam sendo desenvolvidas em suas escolas, considerando os aspectos básicos do currículo: objetivos, conteúdos, métodos e avaliação; aos estudantes aplicamos um instrumento[3] contendo questões de representação de objetos e situações-problema envolvendo os conceitos de perímetro, área e volume.

Quanto às propostas, identificamos algumas inovações, fruto da preocupação dos professores de criar situações que possibilitassem a aprendizagem. No entanto, como a maioria dos estudantes apresentou dificuldades conceituais, inferimos que esse fato poderia ser também consequência dos limites da elaboração e do desenvolvimento das propostas pedagógicas. Constatamos, por exemplo, que nem sempre eram definidos os objetivos nas atividades propostas aos estudantes e que

---

[2] Uma escola estadual e outra municipal. Foi desenvolvido no período de março de 1998 a fevereiro de 2000, com apoio financeiro da Fundação de Amparo à Pesquisa do Estado do Rio Grande do Sul.

[3] O instrumento foi aplicado, individualmente, a estudantes de três turmas de cada escola que haviam estudado o conteúdo de medidas espaciais. Composto de 13 questões, estava dividido em duas partes: questões pessoais relacionadas ao motivo da atividade de estudo, preferências e dificuldades em relação às disciplinas escolares e concepções de geometria e questões relacionadas ao conteúdo específico de medidas espaciais.

algumas ideias matemáticas não estavam suficientemente apropriadas pelos professores. Naquela etapa da pesquisa inferimos que as dificuldades dos estudantes podiam ser entendidas como o reflexo das dificuldades didáticas e epistemológicas dos professores.

No decorrer do processo, com as análises e estudos realizados, identificamos algumas questões a serem consideradas no processo ensino-aprendizagem e que, posteriormente, se constituiriam em princípios pedagógicos: interação social possibilitando aprendizagem; aprendizagem proporcionando desenvolvimento mental; conceitos fazendo parte de um sistema de conhecimentos; necessidade de domínio dos fundamentos da matemática; importância da contextualização do conhecimento matemático.

Para que pudéssemos verificar as possibilidades e potencialidades dos resultados obtidos na primeira etapa, desenvolvemos o projeto "Processo de validação e definição de princípios pedagógicos para o ensino de medidas espaciais no nível fundamental"[4]. Elaboramos e desenvolvemos propostas pedagógicas sobre sistemas de unidades de medida de comprimento, superfície e volume e os conceitos de perímetro, área e volume, para uma turma de 7ª série da escola municipal e duas turmas de 5ª série, uma de cada escola. À medida que iam sendo elaboradas e desenvolvidas, as propostas eram analisadas, o que nos permitia uma avaliação constante das possibilidades de veiculação dos princípios nas atividades propostas, com a redefinição tanto das propostas como dos próprios princípios. As atividades que compunham cada proposta foram elaboradas tendo-se o cuidado de veicular em cada uma delas algum dos princípios até então definidos.

Na formação de cada novo conceito, as interações entre os participantes e as relações estabelecidas apontaram para a possibilidade de serem estudados os conceitos compondo um sistema de conhecimentos. Nos processos de análise e síntese, os estudantes foram fazendo abstrações e generalizações particulares quanto à relação existente entre as unidades de comprimento, tendo como referência o metro; foram, assim, apropriando-se do significado de cada unidade de medida propriamente como um conceito. A identificação de um conceito num sistema de conhecimentos contribui para a ampliação da visão dos estudantes sobre os conhecimentos (Vigotski, 2003). Para o autor, "[...] a própria noção de conceito científico implica uma certa posição em relação a outros conceitos, isto é, um lugar dentro de um sistema de conceitos" (p. 116). Levando em consideração um dos pressupostos da teoria histórico-cultural, de que a aprendizagem contribui para o desenvolvimento mental, as funções psicológicas superiores estariam se

[4] Desenvolvido no período de março de 2000 a fevereiro de 2002 nas mesmas escolas.

desenvolvendo nesse processo de apropriação dos significados que compõem os sistemas de conhecimento (Vigotski, 2000).

No aspecto epistemológico, a elaboração de uma proposta pedagógica está condicionada ao domínio dos fundamentos da matemática. No caso dos referidos sistemas de unidades de medida e dos conceitos de perímetro, área e volume, há vários conhecimentos em jogo, o que inclui a ideia de dimensionalidade, o próprio conceito de medir, as relações entre as unidades de medida e entre os sistemas e a importância das fórmulas.

Como continuidade do processo de pesquisa, debatemos com os professores das escolas as dificuldades do processo ensino-aprendizagem de álgebra. Optamos, então, por desenvolver um projeto que tratasse da aprendizagem e do desenvolvimento do pensamento algébrico[5].

Num primeiro momento, procuramos identificar as concepções de álgebra subjacentes ao fazer pedagógico do professor, analisar as propostas pedagógicas vigentes nas escolas e verificar o nível de apropriação do significado dos conceitos algébricos por parte dos estudantes.

Na análise das propostas pedagógicas, apesar de haver conhecimento de metodologias alternativas e, em consequência, de tentativas de aplicá-las, ficou evidenciada a necessidade de uma reflexão teórica sobre o processo ensino-aprendizagem. Quanto aos estudantes[6], verificamos, por exemplo, que na solução de situações-problema seus procedimentos ficaram restritos ao campo aritmético, mesmo já tendo estudado os conteúdos algébricos de 6ª e 7ª séries.

Os dados obtidos nas escolas, os estudos de fundamentação teórica e os princípios pedagógicos definidos nos dois projetos de pesquisa desenvolvidos anteriormente forneceram-nos subsídios para que pudéssemos iniciar uma nova fase, a de elaboração e implantação de propostas pedagógicas nas duas escolas integrantes da pesquisa[7]. Assim, iniciamos em 2003 a elaboração e a implementação de uma proposta para o ensino de expressões algébricas numa turma de 7ª série de cada escola. Em sala de aula, a maior parte dessas atividades foi realizada em pequenos grupos e suas conclusões eram apresentadas e rediscutidas com os estudantes da turma. As interações sociais desses dois momentos proporcionavam as abstrações

---

[5] Projeto iniciado em 2003, com a denominação de "Desenvolvimento do pensamento algébrico: significado dos conceitos algébricos no ensino fundamental", desenvolvido com apoio financeiro da Fundação de Amparo à Pesquisa do Estado do Rio Grande do Sul e do Conselho Nacional de Desenvolvimento Científico e Tecnológico.

[6] Para a verificação do nível de apropriação do significado dos conceitos algébricos foram aplicados três instrumentos, os dois primeiros contendo situações-problema envolvendo atividades do cotidiano dos estudantes e o terceiro, resolução de equações.

[7] A mesma escola estadual; a escola municipal foi substituída por outra escola da rede municipal de Passo Fundo.

mais relevantes para a generalização dos conceitos que delimitam o significado de uma expressão algébrica.

O desenvolvimento da proposta abrangeu pesquisa bibliográfica e elaboração de textos, utilização de aspectos da história da álgebra, uso de materiais concretos e situações-problema, algumas das quais foram elaboradas com base na fala de profissionais de uma das duas comunidades escolares[8]. No estudo, os termos algébricos, a composição de cada termo, as variáveis e as constantes, o valor numérico e o grau de uma expressão compuseram o conjunto de significados necessários para a compreensão de expressão algébrica.

A aprendizagem foi avaliada no decorrer do processo e, ao finalizá-lo, aplicamos uma avaliação individual e escrita contendo os conceitos abordados na proposta.

O comprometimento de toda a equipe de pesquisa – professores da universidade, bolsistas de iniciação científica e professores da escola – foi de fundamental importância para a mudança qualitativa de pensamento e de ação. Por sua vez, os estudantes participaram de forma muito mais intensa do que comumente o faziam nas aulas, tanto nas atividades em pequenos grupos quanto nas do grande grupo. Houve a valorização das ideias de cada grupo para a síntese geral dos significados dos conceitos veiculados em cada atividade. Evidenciou-se uma ampliação tanto no grau de autonomia de pensamento dos estudantes como nas suas concepções de "trabalho" em pequenos grupos. Destacamos também como significativo o trabalho conjunto de elaboração e acompanhamento das propostas, as expectativas das escolas em relação a mudanças qualitativas do processo ensino-aprendizagem da matemática e o desenvolvimento intelectual dos estudantes.

Na sequência, em 2004 e 2005, a preocupação voltou-se para o conceito de equação na 6ª série, por ser um dos conceitos básicos da álgebra. Nessa fase, demos continuidade às atividades de pesquisa somente na escola municipal. A elaboração da proposta, que incluiu *conceito* e *resolução* de equação, seguiu etapas considerando alguns dos princípios pedagógicos definidos em etapas anteriores e a própria sequência dos conhecimentos matemáticos.

Os conceitos de sentença aberta e fechada, expressão algébrica, equivalência e igualdade, membros, termos e incógnita, por exemplo, formaram o conjunto de conceitos que, relacionados entre si, proporcionaram uma visão de equação como um sistema de conhecimentos (Vigotski, 2003). A busca pela resolução de equações com a utilização dos princípios aditivo e multiplicativo permeou praticamente todas as atividades da proposta.

---

[8] Projeto "As Práticas Socais e a Educação Matemática no Ensino Fundamental" (Grando; Marasini, 2001), desenvolvido na escola municipal.

Da mesma forma que no estudo de expressões algébricas, foi priorizada a contribuição da interação social para a aprendizagem, proporcionando momentos de discussão em pequenos grupos e no grande grupo.

Para a noção de equivalência foram utilizados materiais estruturados, o de *cuisenaire* e o de *multibase*, e balança de dois pratos. Essas atividades foram acompanhadas de escrita das sentenças matemáticas, que aos poucos foram sendo identificadas e definidas como equações. A seguir apresentamos algumas das atividades.

*1) Usando as barras coloridas, mostrem uma situação em que há equivalência em relação ao tamanho.*

*a) Mostrem através de desenho o que vocês formaram.*

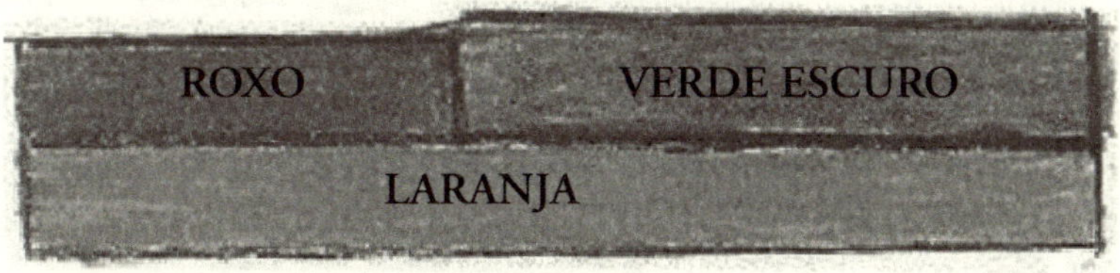


*b) Elaborem uma sentença matemática que melhor represente a equivalência formada.*

*1 l = 1 rx + 1 v e*

Este tipo de atividade possibilitou a análise de diferentes formas de expressão de uma igualdade, identificando-se os estilos de linguagem algébrica, verbal, sincopado e simbólico, apontados por Fiorentini, Miorim e Miguel (1993).

Por outro lado, situações de desigualdade, como a apresentada na sequência, permitem o estabelecimento de relações de diferença e semelhança que favorecem a apropriação dos significados dos conceitos de equação e de inequação. A esse respeito destaca-se a ideia de Vigotski, o qual afirma que "a percepção da semelhança exige uma estrutura de generalização e de conceitualização mais avançada do que a consciência da dessemelhança" (2003, p. 111). Para o autor, a capacidade de comparar e relacionar auxilia na generalização do conceito e, neste caso em particular, no conceito de equação.

2) *Agora, mostrem uma situação em que não se verifica a equivalência em relação ao tamanho.*

a) *Desenhem o que vocês formaram.*

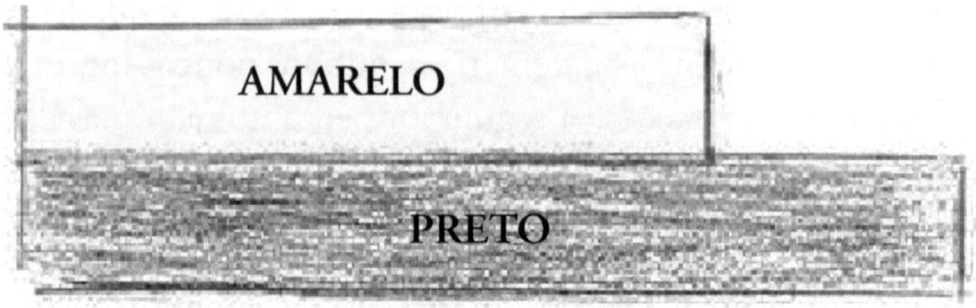


b) *Elaborem uma sentença matemática que melhor represente a equivalência formada.*

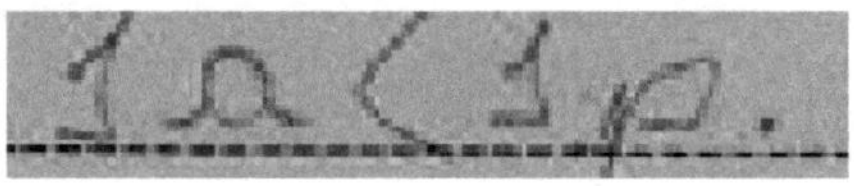

*1a < 1 p.*

A partir disso foram apresentadas questões com desenhos de balanças, nas quais os estudantes deveriam elaborar sentenças matemáticas que representassem o equilíbrio delas e determinar o valor unitário de um dos objetos da balança, que identificava a relação matemática correspondente ao equilíbrio. As respostas indicadas a seguir mostram elaborações de sentenças matemáticas e as respectivas resoluções.

3) *Escrevam a sentença matemática que representa o equilíbrio da balança:*

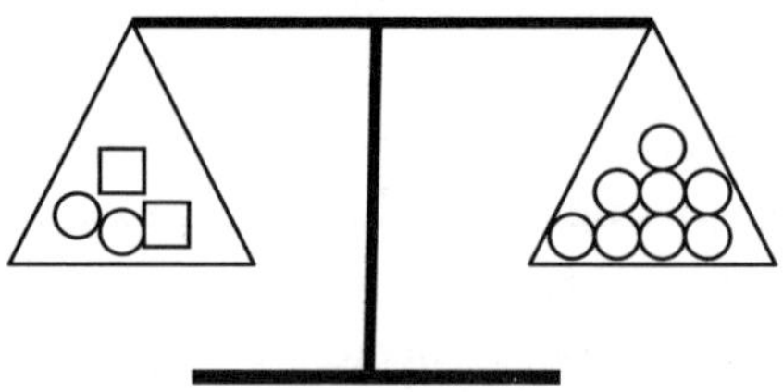

*2b + 2q = 8b*

*Agora, encontrem o valor de cada quadradinho que está em um dos pratos da balança, sabendo que cada bolinha vale um.*

Resposta de um dos grupos de estudantes:

$2q = 6b$

$2q = 6.1$

$2q = 6$

$q = 6 : 2$

$q = 3$

Cada quadradinho vale 3 bolinhas.

4) *Descubram o peso da bolinha, não esquecendo de mostrar qual é a sentença matemática que representa a equivalência da balança.*

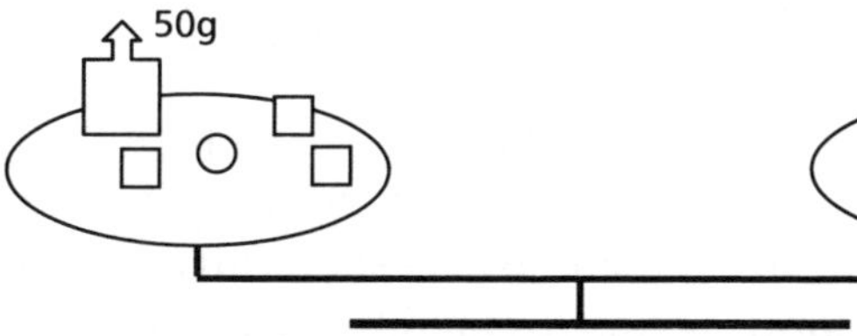


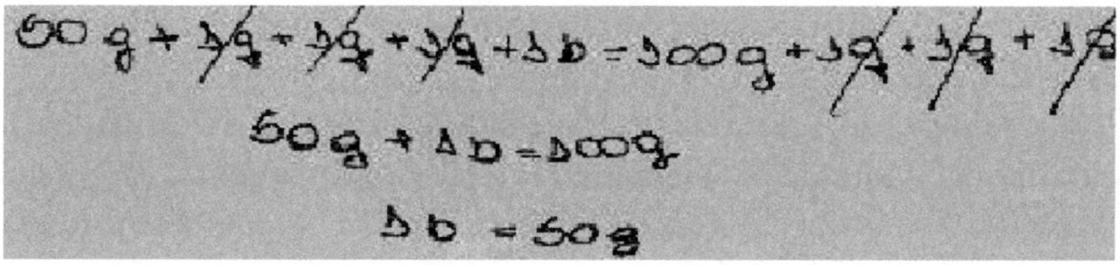


Nessas duas situações com balança, as soluções apresentadas pelos estudantes mostram a utilização do método de cancelamento. Esse tipo de solução poderia servir de base para a introdução dos princípios aditivo e multiplicativo para a resolução de equações.

Como variação metodológica, a relação matemática também era obtida na resolução de situações-problema na forma de enunciados contendo situações do cotidiano dos próprios estudantes, como a apresentada na sequência.

5) *Em um dos pratos de uma balança foram colocados 4 pacotes de salgadinhos de 50 gramas cada um e 1 pacote de bala. No outro prato 6 pacotes de salgadinhos de 50 gramas. A quantos pacotes de salgadinhos equivale o pacote de bala?*

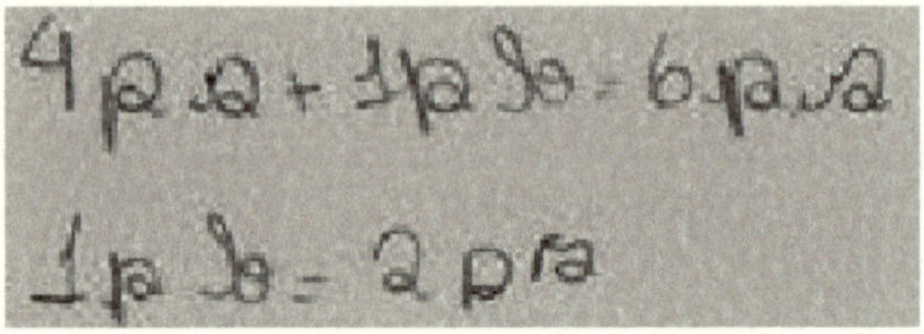

Com a análise de outras situações foram explorados os conhecimentos básicos para a apropriação do significado do conceito de equação, como os de variável e incógnita, sentença matemática aritmética e algébrica, sentença aberta e fechada, membros e termos algébricos. Além disso, foram utilizados textos[9] contando a história da matemática e situando o conceito de equação no campo algébrico.

Até esse momento do processo não havia a preocupação com a solução algébrica das equações, uma vez que se objetivava enfocar o aspecto conceitual. A partir da análise das soluções apresentadas pelos estudantes e da retomada dos conceitos de elemento oposto e inverso de números racionais relativos, foi introduzido o processo de resolução algébrica, por meio dos princípios matemáticos aditivo e multiplicativo, com ênfase no significado da solução de uma equação.

Para a solução de equação considera-se importante a diversidade de situações nas modalidades de problemas e exercícios. Na sequência, apresentamos duas situações-problema diferenciadas na sua forma, o que permitiu avanços nos processos de análise e síntese para a abstração dos elementos essenciais necessários à solução. Vigotski enfatiza a necessidade de "*abstrair*, *isolar* elementos, e examinar os elementos abstratos separadamente da totalidade da experiência concreta de que fazem parte" (2003, p. 95, grifo do autor).

6) *Observem o desenho a seguir e escrevam a equação que corresponde ao equilíbrio da balança. Depois disso, aplicando os princípios, descubram o valor do x:*

---

[9] Textos extraídos de livros didáticos de 6ª série do ensino fundamental.

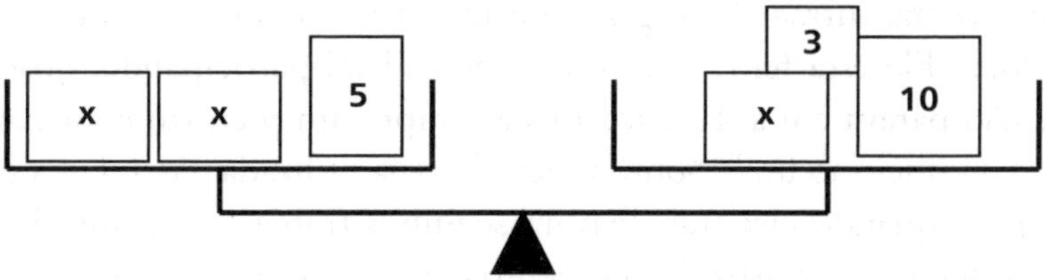


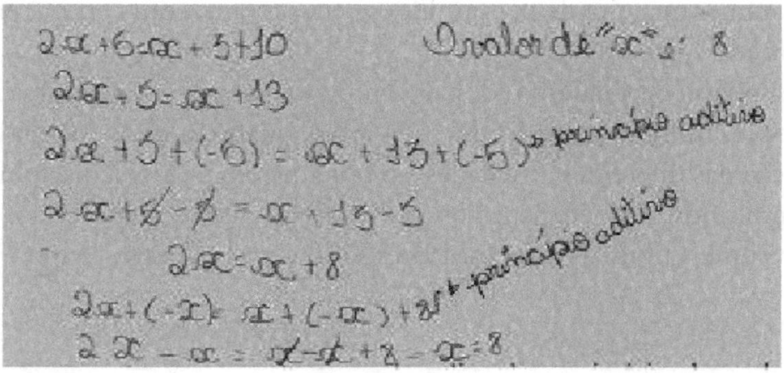


*7) Na prateleira de um mercado o leite é exposto em fileiras contendo 5 caixas cada uma. Quantas fileiras foram completadas, sabendo-se que ao todo estão expostas 35 caixas de leite?*

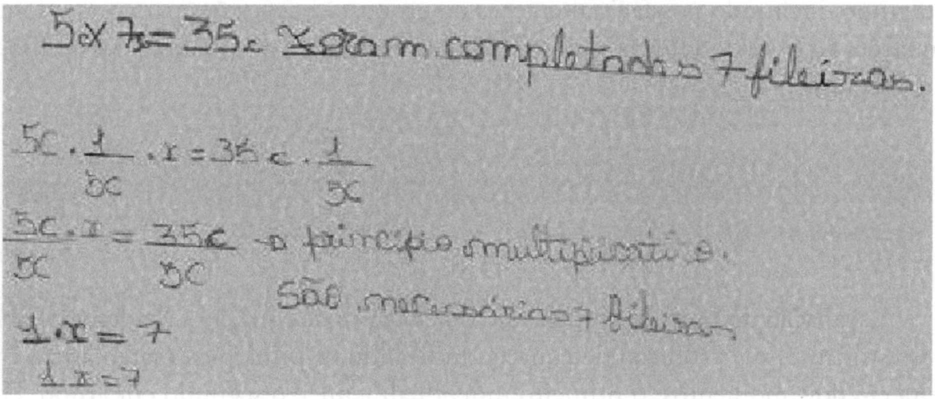


No final do ano letivo a professora avaliou a elaboração e a aplicação da proposta, dando depoimentos sobre o envolvimento dos estudantes nas aulas e tecendo comentários em relação à aprendizagem e às mudanças de pensamento dos estudantes. Um dos depoimentos refere-se a um dos estudantes que, por "não se adaptar" na sua turma de origem, entrou na turma depois de a proposta ter sido iniciada: "Ele está feliz, se sentindo bem. Está participando, gostando das aulas. Ele não parava em aula, encontrava sempre um pretexto e saía. Agora, ele sempre fica do início ao fim". Sobre a metodologia utilizada nas aulas, a professora declarou que, "quando eles trabalhavam sozinhos tinham uma atitude, o rendimento era diferente. A partir do momento em que foi trabalhado em grupo, em que todos tinham que participar, primeiro no grupo e depois no grande grupo eles mudaram a maneira de pensar. Eles se encontram, com certeza, em um nível mais avançado".

Os estudantes avaliaram o desenvolvimento da proposta em dois momentos. No princípio, fizeram-no de forma individual, quanto à metodologia das aulas, à participação nas diferentes atividades, ao trabalho em grupo, à disciplina de matemática, indicando também aspectos positivos e negativos do processo. O exemplo a seguir resume a opinião dos estudantes sobre o trabalho em grupo:

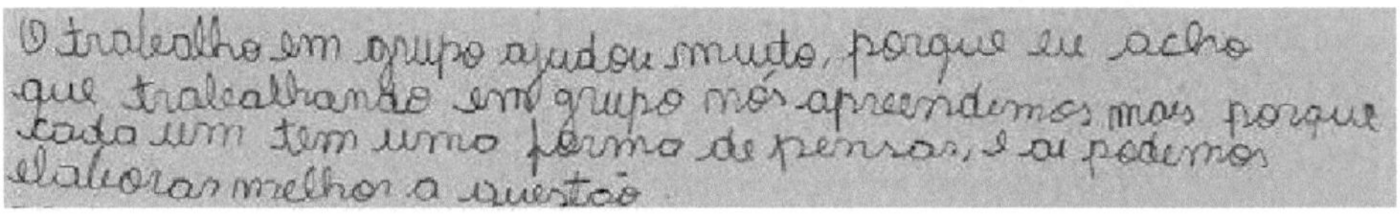
O trabalho em grupo ajudou muito, porque eu acho que trabalhando em grupo nós aprendemos mais porque cada um tem uma forma de pensar, e ai podemos elaborar melhor a questão

Num segundo momento, a avaliação em grupo, os aspectos considerados relacionaram-se à proposta desenvolvida, ao trabalho em grupo, ao desempenho do grupo, incluindo possíveis alterações na proposta e sugestões para o estudo de equações na 6ª série. Sobre a importância do trabalho em grupo, uma das opiniões foi a seguinte:

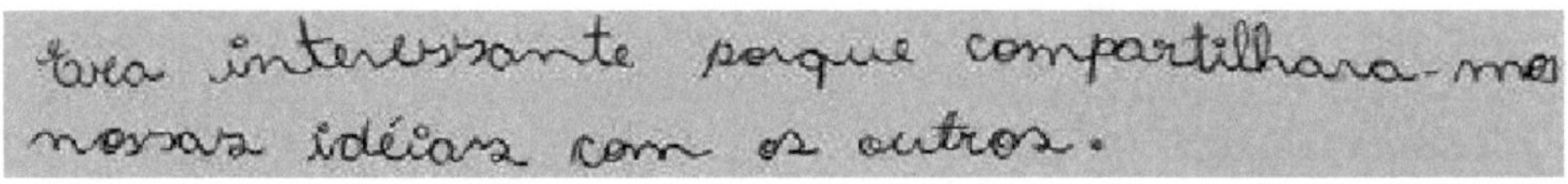
Era interessante porque compartilhava-mos nossas idéias com os outros.

A avaliação do nível de apropriação do conceito de equação e do desempenho dos estudantes na resolução de equação utilizando os princípios matemáticos foi feita em dois momentos, o primeiro individualmente e o segundo em grupo. Foi dada ênfase à representação algébrica, ao significado de equação, à identificação da incógnita em diferentes situações, ao significado de incógnita e à determinação do conjunto verdade. As definições verbais sobre equação e as exemplificações dadas revelam o pensamento dos estudantes, como podemos ver a seguir:

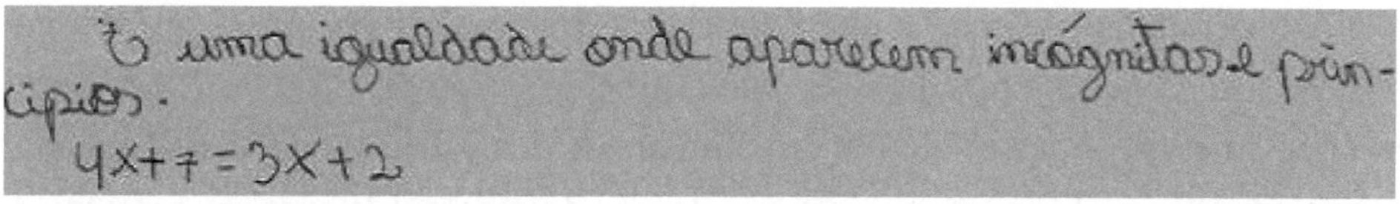


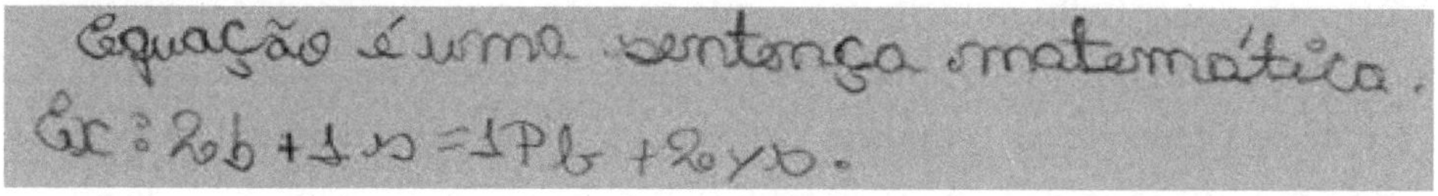


Constatamos que, individualmente, os estudantes demonstraram mais dificuldades quanto à resolução de equação do que em grupos. Nesses casos, haveria necessidade de novas interações para que todos conseguissem resolver individualmente aqueles problemas que num determinado momento foram solucionados somente com auxílio de seus colegas (Vigotski, 2000).

Por outro lado, o estudo inicial de equação numa 6ª série, no currículo escolar atual, é apenas uma primeira etapa da educação algébrica. Nesse sentido, a continuidade do processo de formação dos conceitos algébricos deverá ser gradativa, de forma a proporcionar o desenvolvimento do pensamento, com a ampliação cada vez maior do nível de consciência e autonomia de pensamento.

Essa ideia foi defendida teoricamente por Vigotski quando mostrou que as funções intelectuais, tais como a atenção deliberada, capacidade de comparar e diferenciar, memória lógica, abstração e generalização, desenvolvem-se no processo de desenvolvimento dos conceitos e que "esses processos psicológicos complexos não podem ser dominados apenas por meio da aprendizagem inicial" de um conceito (2003, p. 104).

## Conclusão

A interação entre universidade e educação básica aproximou dois universos de conhecimentos, o do professor formador e o do professor em formação inicial ou continuada, gerando novas sínteses pedagógicas. O conceito de síntese perpassa os pressupostos da teoria histórico-cultural como uma condição para compreender o desenvolvimento do pensamento. Nessa abordagem, "a síntese de dois elementos não é a simples soma ou justaposição desses elementos, mas a emergência de algo novo, anteriormente inexistente. Esse componente novo não estava presente nos elementos iniciais: foi tornado possível pela interação entre esses elementos, num processo de transformação que gera novos fenômenos" (Vigotsky apud Oliveira, 1999, p. 23).

A experiência mostrou a importância de desenvolver pesquisas que proporcionem intervenções em sala aula. São conhecimentos de vários sujeitos que se entrelaçam num processo de reflexão ímpar: os dos professores e acadêmicos da universidade e os dos professores e estudantes da escola. Os avanços teóricos daí decorrentes constituem contribuições que vão sendo incorporadas às práticas de sala de aula, visto que todos têm a oportunidade de refletir sobre a sua própria prática e de construir novas propostas no coletivo. Todos têm também sua visão de mundo modificada a cada nova síntese; suas concepções de educação, de ensino, de aprendizagem, de matemática vão sendo ampliadas.

No processo de apropriação dos significados matemáticos, as sínteses parciais contribuem para as sínteses mais gerais, ou seja, para a generalização dos conceitos matemáticos e pedagógicos, o que se traduz em desenvolvimento do pensamento.

As dificuldades encontradas no processo de ensino-aprendizagem em contextos escolares específicos apontaram para a necessidade de definir ideias-princípios para a elaboração de propostas pedagógicas com sequências didáticas apropriadas aos conteúdos matemáticos. Os princípios constituem uma referência vital para que as atividades tenham uma coerência interna; assim, as propostas que decorrem desta organização são únicas e contextualizadas.

A fundamentação matemática e pedagógica na formação do educador matemático, tanto em nível básico como no superior, é imprescindível para que sua atuação seja consciente. A apropriação do significado de um conceito está em estreita relação com outros significados matemáticos que compõem o conceito. A ideia de sistemas de significados é muito importante para o processo ensino-aprendizagem, uma vez que permite que identifiquemos tanto a relação entre os conceitos quanto entre os próprios sistemas. As interações sociais permitem cada vez mais que o texto matemático vá sendo construído na sala de aula com a participação de todos, o que gerará um currículo coletivo. Dessa forma, tanto a transposição didática (Chevallard, 1991) quanto os contratos didáticos (Brousseau, 1986) tomarão uma nova forma, diferenciada daquelas em que somente o professor faz adaptações e transformações nos conhecimentos científicos escolares e estabelece as cláusulas do processo ensino-aprendizagem.

## Referências


ARAÚJO, C. R. de et al. *Contribuições da psicologia da educação matemática para o ensino da matemática*: a introdução à álgebra no ensino fundamental. Disponível em: http:// www.dmat.ufpe.br. Acesso em: 8 jul. 2002.

BROUSSEAU, G. Fondements et méthodes de la Didactique des Mathématiques. *Recherches en Didactique des Mathématiques*. v. 7, n. 2, p. 33-115, 1986.

CHEVALLARD, Y. *La transposition didactique*: du savoir savant au savoir enseigné. Paris: La Pensée Sauvage, 1991.

FIORENTINI, D.; MIORIN, M. Â.; MIGUEL, A. Contribuição para um repensar ...a educação algébrica elementar. *Pro-Posições*. v. 4, n. 1, p. 78-91, 1993.

KRUTETSKII, V. A. Algumas características do desenvolvimento do pensamento nos estudantes com pouca capacidade para as matemáticas. In: LURIA, LEONTIEV, VIGOTSKY, et al. *Psicologia e Pedagogia II*: investigações experiementais sobre problemas didácticos específicos. 2. ed., Lisboa: Estampa. p. 59-84, 1991.

MIGUEL, A. et al. A Educação Matemática: breve histórico, ações implementadas e questões sobre sua disciplinarização. *Revista Brasileira de Educação*, São Paulo (Autores Associados). v. 27, p. 70-93, 2004.

OLIVEIRA, A T. de C. C. Reflexões sobre a aprendizagem da álgebra. *Educação Matemática em Revista*, a. 9, n. 12, p. 35-39, junho 2002.

OLIVEIRA, M. K. de. *Vygotsky*: aprendizado e desenvolvimento: um processo sócio-histórico. São Paulo: Scipione, 1993.

PINTO, R. A.; FIORENTINI, D. Cenas de uma aula de álgebra: produzindo e negociando significados para a "coisa". *Zetetiké*, Campinas. v. 5, n. 8, p. 45-71, jul./dez. 1997.

SEMENOVA, M. A formação teórica e científica do pensamento das escolares. In: GARNIER, C.; BEDNARZ, N.; ULANOVSKAYA, I. *Após Vygotsky e Piaget*. Porto Alegre: Artes Médicas, p. 160-168,1996.

TELES, R. A. de M. A aritmética e a álgebra na matemática escolar. *Educação Matemática em Revista*, a. 11, n. 16, p. 8-15, maio 2004.

VIGOTSKI, L. S. *A formação social da mente*. São Paulo: Martins Fontes, 2000.

________. *Pensamento e linguagem*. São Paulo: Martins Fontes, 2003.

# CAPÍTULO 9

## CONCEITO DE VOLUME: REFERÊNCIAS DE DIFERENTES COTIDIANOS PARA A ESCOLA

Neiva Ignês Grando – UPF e Méricles Thadeu Moretti – UFSC


### Resumo

Este texto trata especificamente do conceito de volume utilizado em serrarias e olarias, tendo como referência o conhecimento escolar. Apresenta uma análise dos procedimentos desenvolvidos em atividades cotidianas, com o olhar voltado para as possibilidades de esses conhecimentos se constituírem em referência para a formação de conceitos científicos escolares. A pesquisa, de abordagem qualitativa, tem como referencial teórico ideias veiculadas na área de educação matemática, noções da didática da matemática e pressupostos da teoria histórico-cultural. Os procedimentos utilizados para determinar o volume de tábuas e tijolos, bem como os conhecimentos veiculados, mostram uma das formas de contextualização de conhecimentos matemáticos no cotidiano de diferentes práticas sociais. Além disso, revelam que o potencial existente na relação entre os conhecimentos de diferentes contextos – cotidianos e científicos – pode contribuir tanto para a formação do conceito de volume quanto para a determinação da própria medida de volume.


**Palavras-chave**: Educação Matemática; Conceito de Volume; Conceitos Científicos e Cotidianos.


### Abstract

This text is especifically about the concept of volume as it is used in brick factories and sawmills, taking as a reference school knowledge. It presents an analysis of the procedures developed in everyday activities, taking into account the possibility of this knowledge to become a reference in the development of school scientific concepts. This qualitative research has, as theoretical reference, ideas that are present in the area of mathemathical education, notions of math didactics, and historical-cultural theory. The procedures in use for measurement of wood boards and bricks, as well as the knowledge in it, show one of the ways of contextualizing mathemathical knowledge in different everyday social practices. Besides, they reveal that the existing potential in the relationship between knowledge in different contexts – everyday and scientific – can contribute to the development of the concept of volume, as well as the establishment of the very own volume measure.

**Keywords**: Mathematical Education; Concept of Volume; Everyday Concepts and Scientific Concepts.

## Introdução

O currículo escolar é constituído por conteúdos de vários campos de conhecimento, organizados em forma de disciplinas, e no processo ensino-aprendizagem um dos objetivos está relacionado diretamente à apropriação de conceitos selecionados para as diferentes disciplinas.

Se pensarmos, por outro lado, em atividades de trabalho, tais como agricultura, olaria, funilaria, serraria, costura, sapataria, verificaremos que a aprendizagem se dá, geralmente, na prática, no próprio local de trabalho. Nessas profissões, o objetivo não está relacionado diretamente com a apropriação de conceitos; é a aprendizagem do ofício de cada grupo que traz, implícitos, muitos dos conceitos científicos escolares.

Nos dois contextos, o conhecimento é construído por meio da interação social, contudo, o tipo de relação de cada um determina *contratos didáticos*[1] diferentes. As expectativas do professor e do aluno, por exemplo, são diferentes das de um oleiro e de um funcionário aprendiz.

Este texto, como o próprio título indica, trata de algumas questões relacionadas ao conceito de volume, o qual faz parte dos programas de 5ª a 8ª séries do ensino fundamental. Apesar de ser utilizado tanto na atividade de estudo como em atividades de trabalho, há uma diferença básica em relação ao objeto e ao objetivo: na escola, volume é objeto de conhecimento cujo objetivo está relacionado diretamente com a apropriação do seu significado por parte do aluno; por sua vez, nas atividades profissionais, volume não é objeto direto de conhecimento, de modo que, quando de sua utilização, não se busca a apropriação do conceito, mas, sim, a sua aplicação prática. Em olarias, por exemplo, determina-se o volume de tijolos de um caminhão quando da entrega do produto vendido; em serrarias, o volume

[1] *Contrato didático* é uma noção desenvolvida por Brousseau, que o considera como "a relação que determina – explicitamente por uma pequena parte, mas, sobretudo, implicitamente – aquilo que cada participante, professor e aluno têm a responsabilidade de gerir e do qual ele será, de uma maneira ou de outra, responsável diante do outro". (1986, p. 51, tradução dos autores).

de madeira de um caminhão quando do recebimento de uma carga de madeira bruta, para conferência. Nesses casos, a preocupação não é com o conceito, mas com a atividade de trabalho que o envolve. No entanto, a atividade de trabalho pode revelar o nível de generalização do conceito.

## Referencial Teórico

Na concepção de Rubinstein (1960), a atividade do homem é prática e teórica. Na atividade prática, ocorre a transformação do mundo material com a criação de produtos materiais; na teórica, o produto é ideal, como, por exemplo, a ciência e a arte. Apesar dessa classificação em função de seu produto, o autor destaca que não existe atividade prática na qual não haja a participação de processos psíquicos. Nesse sentido, é apropriado falar-se de *atividades de trabalho* e de *atividades de estudo*. No mundo do trabalho podem configurar-se como atividades práticas e, no mundo da escola, como atividades teóricas.

Para Leontiev (1988), o desenvolvimento psíquico é determinado pelo desenvolvimento da atividade, o qual, por sua vez, depende das condições reais de vida; em cada estágio do desenvolvimento psíquico destaca-se um tipo dominante de atividade caracterizada como atividade principal. Assim, tanto o conteúdo concreto de cada estágio de desenvolvimento quanto o processo de desenvolvimento psíquico são influenciados diretamente pelas condições históricas concretas.

Complementando, para Rubinstein, a atividade é "o processo por meio do qual se torna efetiva uma determinada atitude do homem frente ao meio, frente aos demais indivíduos e aos problemas que a vida lhe traz" (1960, p. 347). O autor refere-se ao pensamento como sendo atividade no momento em que se consideram os motivos do homem perante os problemas que o fazem pensar. O processo real de pensamento inclui, segundo ele, um conjunto de processos, tais como a abstração e a generalização; a atividade do pensar reflete a atitude diante dos problemas com os quais depara.

De uma forma mais abrangente, podemos falar em processo ensino-aprendizagem como a atividade básica da escola, a qual se desenvolve em condições materiais e intelectuais próprias a cada comunidade escolar.

Quanto à formação de conceitos, os estudos experimentais de Vigotski (1995) revelaram três tipos de pensamento: o primeiro caracterizado como pensamento sincrético; o segundo, como pensamento em complexos, e o terceiro, caracterizado pelo pensamento em forma de conceito. Um dos avanços qualitativos entre pensamento em complexos e em conceitos está no fato de a generalização passar a se dar abstratamente. O conceito pressupõe, então, a capacidade de abstrair para além das conexões reais e concretas e a sua formação depende dos processos de análise e de síntese. Assim, a generalização se dá no plano lógico-verbal (Krutetskii, 1991), ou seja, em nível intelectual.

Para estudar o desenvolvimento dos conceitos científicos, Vigotski (1993) fez um estudo comparativo entre conceitos científicos e conceitos cotidianos ou espontâneos. O conceito cotidiano teria sua origem a partir do confronto com uma situação concreta, ao passo que o conceito científico pressupõe uma atitude "mediada" em relação ao objeto. Oliveira lembra que para esse autor os conceitos científicos "são adquiridos por meio do ensino, como parte de um sistema organizado de conhecimentos, particularmente relevantes nas sociedades letradas, onde as crianças são submetidas a processos deliberados de instrução escolar" (1992, p. 31). Pelas suas características formativas, o desenvolvimento desses dois tipos de conceitos segue caminhos particularmente diferentes: o conceito cotidiano parte de coisas vivas e reais, tem uma história própria de significados para cada indivíduo, ao passo que o conceito científico não tem como base primeira o real, formando-se por um processo mediado.

No estudo dos conceitos científicos, Vigotski (1996) dá ênfase à atenção, à memória e à consciência, ressaltando que é no início da idade escolar que as funções intelectuais superiores adquirem um papel de destaque no processo de desenvolvimento. A atenção passa a ser voluntária e dependente do próprio pensamento da criança, e a memória mecânica passa a ser orientada pelo significado – memória lógica. A consciência caracteriza-se pela percepção da atividade da mente, ou seja, "a consciência de estar consciente" (p. 78).

O aprendizado escolar, segundo o autor, exerce, então, "um papel decisivo na conscientização da criança dos seus próprios processos mentais" (p. 79). Fazendo um paralelo entre conceitos espontâneos e conceitos científicos, Vigotski afirma que, "ao operar com conceitos espontâneos ou cotidianos, a criança não está consciente deles, pois a sua atenção está sempre centrada no objeto ao qual o conceito se refere, nunca no próprio ato do pensamento" (p. 79). Ainda, na escola, no processo de formação de conceitos científicos "a relação com um objeto é mediada, desde o início, por algum outro conceito"; dessa forma, "a própria noção de conceito científico implica uma certa posição em relação a outros conceitos, isto é, um lugar dentro de um sistema de conceitos" (p. 80).

Quanto aos conceitos matemáticos escolares, aqueles relacionados aos sistemas de unidades de medidas de comprimento, superfície e volume, como perímetro, área e volume, são utilizados de diferentes maneiras e em diferentes contextos, como por exemplo, na agricultura (Grando, 1988) e nas serrarias (Grando, 1991; 1992; 1998).

Apesar de os mesmos conceitos poderem ser veiculados tanto no mundo da escola como no mundo do trabalho, suas abordagens são diferentes. Segundo Luria (1987), a definição de palavras generalizadoras para os conceitos pode não ter a mesma importância nos diferentes contextos. Por exemplo: para saber quanto de rodapé é necessário para uma sala de 8 m por 5 m, não é preciso saber que a quantidade de rodapé que representa a medida do contorno da sala recebe o nome específico de *perímetro*. Nesse tipo de atividade, o objetivo não é apropriar-se do conceito de perímetro, embora a atividade o revele; na escola, contudo, como já dissemos, um dos objetivos é a apropriação dos significados dos conceitos, caracterizados como científicos.

Nesse sentido, ao tratar da epistemologia escolar, Develay (1993) enfatiza a possibilidade de na escola se utilizarem práticas sociais, o que significa que atividades sociais diversas poderiam servir de referência para atividades escolares. Segundo o autor, nesse caso, a transposição didática corresponderia a um duplo trabalho, uma vez que envolveria tanto o saber científico como os saberes de outras práticas. Anteriormente, Martinand (1986) havia desenvolvido essa ideia ao se referir aos diferentes tipos de produção industrial, artesanal, à pesquisa científica, às práticas domésticas, ideológicas e políticas, como práticas sociais de referência para a escola.

Nos Parâmetros Curriculares Nacionais lê-se que "é importante que a Matemática desempenhe, equilibrada e indissociavelmente, seu papel na formação de capacidades intelectuais, na estruturação do pensamento, na agilização do raciocínio dedutivo do aluno, *na sua aplicação a problemas, situações da vida cotidiana e atividades do mundo do trabalho* e no apoio à construção de conhecimentos em outras áreas curriculares" (Brasil, 1997, p. 29, grifo dos autores). O documento sugere que a organização do conhecimento escolar seja feita em torno de áreas e temas transversais. Em relação ao tema *pluralidade cultural* e, especificamente, em relação ao processo ensino-aprendizagem de matemática, destaca a importância de se valorizar o conhecimento matemático, intuitivo e cultural, de aproximar "o saber escolar do universo cultural em que o aluno está inserido", o que contribuiria para "a superação do preconceito de que matemática é um conhecimento produzido exclusivamente por determinados grupos sociais ou sociedades mais desenvolvidas" (p. 34).

Nesse contexto, é importante ainda destacar a atribuição que D'Ambrosio (1986) dá à matemática, concebendo-a como "uma atividade inerente ao ser humano, praticada com plena espontaneidade, resultante de seu ambiente sociocultural e, consequentemente, determinada pela realidade material na qual o indivíduo está inserido" (p. 36). Também é importante enfatizar a visão do autor, como educador matemático, em relação à matemática e à educação, na medida em que vê a disciplina matemática como "uma estratégia desenvolvida pela espécie humana ao longo de sua história para explicar, para entender, para manejar e conviver com a realidade [...]" (1996, p. 7).

## Sobre o Conceito de Volume

A representação do conceito de volume em olarias e serrarias está relacionada a um processo de contagem de unidades ou a uma grandeza tridimensional. Por exemplo, nas olarias, nas transações comerciais, que são feitas tendo como base o milheiro, é necessário determinar a quantidade de tijolos que podem ser carregados na carroceria de determinado caminhão. Nesse caso, a determinação do volume tem como unidade o tijolo. Dessa forma, o produto do *comprimento*, pela *largura* e pela *altura* representa o número de vezes que o *tijolo* cabe no comprimento, na largura e na altura da carroceria. No caso de volume como grandeza tridimensional, as medidas das dimensões *comprimento*, *largura* e *altura* têm como unidade uma das unidades do sistema de medidas de comprimento, ou seja, uma medida linear; a própria unidade é obtida como um produto de três medidas lineares, como, por exemplo, $m \, . \, m \, . \, m = m^3$. Uma variação na forma da determinação do volume, de um prisma reto, por exemplo, é dada pelo cálculo da área da base multiplicada pela medida da sua altura.

A seguir abordaremos questões relacionadas ao conceito de volume a partir de estratégias utilizadas em atividades de trabalho, dando ênfase aos processos que revelam uma contagem de unidades em olarias e serrarias.

### 1) Olaria: atividade de carregamento com contagem de tijolos

Para que possamos verificar as diferenças de estratégias de pensamento para a determinação do número de tijolos que cabem na carroceria de um caminhão qualquer, destacaremos partes de entrevistas de três oleiros[2].

a) Oleiro 1

> *E – E sobre empilhamento do caminhão, como é que funciona?*
> *$O_1$ – [...] ele tem que conta daqui aqui, ó ...*
> *E – Ali pelo comprimento, do caminhão, da carroceria?*

[2] Os três sujeitos são do sexo masculino e serão indicados como $O_1$, $O_2$ e $O_3$. Alguns de seus dados são os seguintes: $O_1$ – 41 anos, proprietário, sempre exerceu a atividade de oleiro; escolarização em nível de ensino fundamental completo; $O_2$ – 56 anos, empregado, sempre exerceu a atividade de oleiro; nível escolarização 1ª série do ensino fundamental incompleta; $O_3$ – 24 anos, empregado, sempre exerceu a atividade de oleiro; nível escolarização de 1ª série do ensino fundamental.

*$O_1$ – É, esse comprimento. Coloco uma filera, depois uma de largura. E daí tu conta, né? E aí dá todas filera igual.*

Quando o trabalhador diz que "dá todas filera igual", está se referindo ao número de tijolos em relação à largura da carroceria, o que, segundo ele, equivale ao número de fileiras pelo comprimento. A interpretação do pensamento desse oleiro pode ser assim representada graficamente[3]:

*E – [...] quanto que o senhor disse que dá, pelo comprimento?*
*$O_1$ – No nosso caminhão dá oitenta e cinco tijolo.*
*E – Oitenta e cinco tijolos aqui, de comprimento.*
*$O_1$ – Dá oitenta e cinco por dez de largura.*
*E – E depois...*
*$O_1$ – E... sete de altura.*

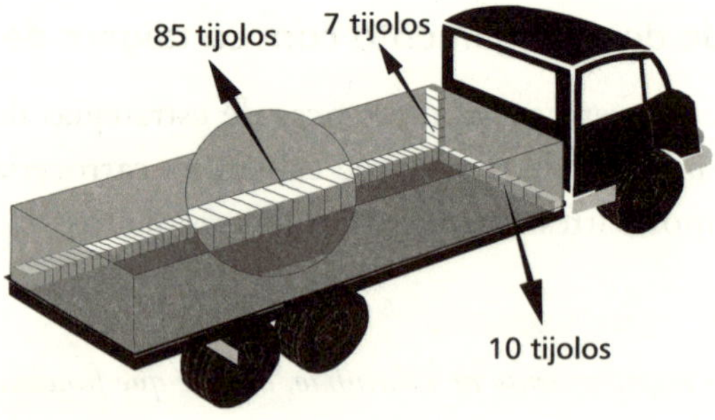


*$O_1$ – E daí faz a conta que dá certo, seis mil, seis e cem, por ali.*
*E – E que conta que o senhor faz?*

[3] As representações gráficas em forma de caminhão são interpretações sobre o pensamento dos oleiros e foram elaboradas pela Agência Experimental de Publicidade e Propaganda da Faculdade de Artes e Comunicação da Universidade de Passo Fundo.

> *$O_1$ – Oitenta e cinco por sete.*
> *E – No caso, vezes sete?*
> *$O_1$ – Vezes sete, e depois vezes dez! É simples! Uma contazinha bem simples. Agora no tijolo maciço já dá o onze, filera; daí muda. Mas é sempre assim: a altura, vezes o comprimento, vezes a largura.*
> *E – Então, primeiro vê a questão do peso, e, além disso, faz também essa contagem?*
> *$O_1$ – A capacidade do caminhão que ele carrega, né?*

Numa análise mais apurada, vemos que a clareza de consciência permite que $O_1$, além de explicitar o resultado dos processos de análise-síntese e de abstração, revele o processo de generalização do conceito de capacidade.

b) Oleiro 2

> *E – [...] então eu tenho que saber pelo ...*
> *$O_2$ – Conta uma carrera...*
> *E – Uma carreira...*
> *$O_2$ – Quanta de altura...*
> *E – Quanto de altura e quanto de...*
> *$O_2$ – De largura.*
> *E – De largura. E depois? E aí o que eu faço com esses números?*
> *$O_2$ – Faiz, má faiz a conta!*
> *E – Ah, fazê a conta. Que conta que tem que fazê?*
> *$O_2$ – Fazê as conta, a conta... prá vê quanto, quanto que dá!*
> *E – Como que o senhor faz, na sua cabeça? [...] Se eu tenho que somá, se eu tenho que multiplicá, como é, que conta que é?*
> *$O_2$ – Má eu faço, eu faço na cabeça mesmo.*
> *E – Vamos dizer assim que deu oitenta de comprimento, quanto pode dá de largura?*
> *$O_2$ – Ah, tem que dá... dez carrera.*
> *E – Dez carreira e de altura cinco.*

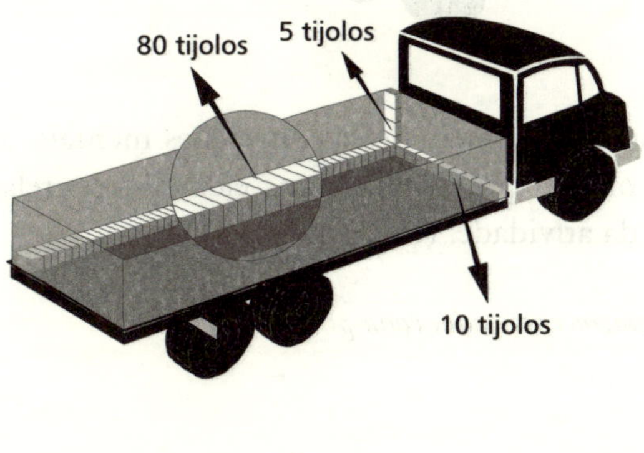

*E – Como é que o senhor faz, então, na sua cabeça? Vamos dizer que... oitenta...*
$O_2$ *– Cinco?*
*E – Cinco.*
$O_2$ *– Dá quatrocentos cada pilha, dá quatro mil tijolo.*
*E – Mas e como é que o senhor pensou?*
$O_2$ *– Oitenta cada carrera...*
*E – É.*
$O_2$ *– Cinco de altura.*
*E – É.*
$O_2$ *– Então, faz a conta, deiz, deiz...*
*E – Isso.*
$O_2$ *– Se dá, se dá oitenta cada carrera...*
*E – Isso.*
$O_2$ *– Cinco de altura.*
*E – Isso.*
$O_2$ *– Dá quatrocento cada, cada pilha. E tem dez...*

Quatrocentos é o produto do número de tijolos pelo comprimento e pela altura; a pilha, então, representa uma camada de tijolos na vertical. O sujeito refere-se a dez como sendo o número de pilhas, ou seja, o número de camadas, que equivale ao número de tijolos na largura da carroceria. Vejamos a representação gráfica:

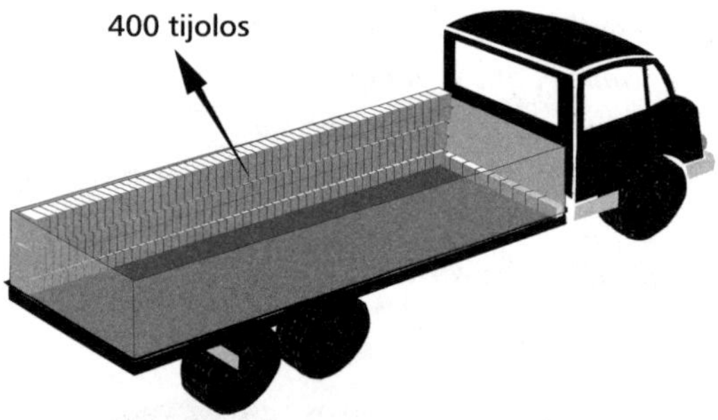


Identificamos aqui, por meio dessas operações mentais, as capacidades analítico-sintéticas do oleiro, que extrai alguns elementos e relaciona-os, indo em direção à abstração da atividade. (Kalmykova, 1991).

$O_2$ *– Dá quatrocento cada, cada pilha. E tem dez...*
*E – É.*

*$O_2$ – Daí dá quatro mil.*
*E – Certo.*
*$O_2$ – Dá quatro mil tijolo.*

Esse resultado foi obtido com um plano de ação que envolve um modelo matemático no qual a propriedade associativa tem um significado concreto. Como já nos referimos, os fins parciais de contagem de tijolos nas três dimensões da carroceria são coordenados entre si por meio dos processos de análises e de sínteses. Nesse caso, a multiplicação do número de tijolos/comprimento (*c*) pelo número de tijolos/altura (*a*) é uma associação multiplicativa cujo produto é o número de tijolos numa "pilha camada". Esse produto, multiplicado pelo número de pilhas-camada (largura) (*l*), gera o produto final do número total de tijolos da carroceria. Assim, o modelo matemático representado mentalmente por esse trabalhador poderia ser indicado como $(c \,.\, a) \,.\, l$.

Apesar de algumas dificuldades apresentadas pelo oleiro para explicitar o processo de generalização da atividade, a interpretação da sua fala nos leva a concluir que ele tem consciência do processo. Da coordenação dos fins parciais à abstração e da nova síntese à generalização, o sujeito desenvolve um nível de consciência superior, traduzido como generalização da atividade, com a consequente representação mental de todo o processo.

c) Oleiro 3

*E – Como carregam no caminhão?*
*$O_3$ – Conta as carrera. Dá 150 por carrera, daí faz a conta prá vê quanto dá a carga, 7, 8 mil, 5 mil, aí faz a conta. As carrera ela vai acompanhando, o caminhão, ela fica encostada assim daí ela vai...*
*E – Ao longo da carroceria?*
*$O_3$ – É.*
*E – Então, por carreira vai em média quantos tijolos?*
*$O_3$ – 144.*
*E – E depois, e depois prá chegá a um total?*
*$O_3$ – Vai 4 de altura, 10 de largura.*
*E – De largura. Então vai 10 de largura, 4 de altura e 144...*
*$O_3$ – de carrera.*
*E – No comprimento total do caminhão, na carroceria, né, a parte mais comprida?*
*$O_3$ – Sim.*

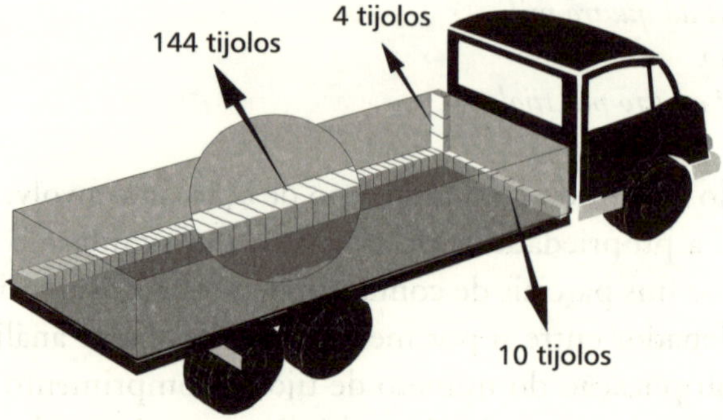


Até esta etapa da explicitação, vemos o sujeito em busca de seus fins parciais, ou seja, a indicação do número de tijolos em cada dimensão da carroceria.

*E – E daí, como é que a gente sabe quantos tijolos tem nesse caminhão?*
*$O_3$ – Aí tem que fazê a conta prá...*
*E – E qual é a conta que tem que fazê?*
*$O_3$ – 140 por 40.*
*E – Faz uma adição, uma multiplicação... Esse 140 ou 144?*
*$O_3$ – 140 ou 144.*
*E – Digamos 140 por 40, esse por é uma multiplicação ou uma adição...*
*$O_3$ – Sim, claro!*
*E – Uma multiplicação?*
*$O_3$ – É.*

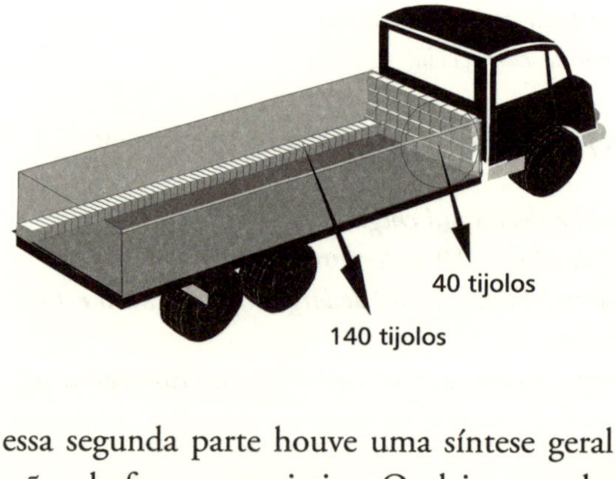


Subjacente a essa segunda parte houve uma síntese geral com a coordenação das três dimensões de forma associativa. O oleiro coordena, inicialmente, a largura e a altura, por meio da multiplicação do número de tijolos pela largura e do número de tijolos pela altura (*c . a*); num segundo momento, coordena esse produto com o comprimento por meio do número de tijolos pelo comprimento. O modelo matemático que traduz essas coordenações é *c* . (*l* . *a*).

O processo que substitui a contagem um a um subdivide-se em duas operações, das quais a primeira é comum entre os três sujeitos:

a) colocação e contagem do número de tijolos de uma fileira pelo comprimento da carroceria (*c*); o mesmo procedimento em relação à largura (*l*) e à altura (*a*).

A segunda operação mostra uma diferença entre cada um deles:

b) $O_1$ – multiplicação dos três resultados obtidos, em que o produto representa a capacidade em número de tijolos da carroceria: *c* . *l* . *a*;
$O_2$ – multiplicação associativa do número de tijolos das três dimensões: *(c . a) . l*;
$O_3$ – multiplicação associativa do número de tijolos das três dimensões: *c . (l . a)*.

A seguir, visualizamos as operações representadas graficamente:

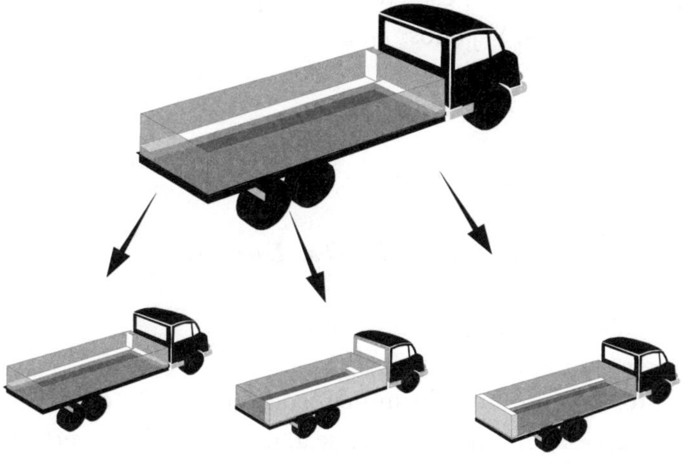

$O_1$ $O_2$ $O_3$ *(c . l . a) (c . a) . l* *c . (l . a)*

A atividade de carregar o caminhão é concreta, prática (plano visual-concreto) e tem como motivo a entrega do produto ao comprador; a *contagem* dos tijolos, por sua vez, representa um fim parcial dessa atividade.

A ação realizada para carregar o caminhão não é feita aleatoriamente por nenhum dos sujeitos. O fim parcial (Leontiev, 1978) da ação de *contagem* dos tijolos leva-os a desenvolverem durante o processo de carregamento processos de pensamento, como análise, síntese, abstração, de cada operação (colocação e contagem de tijolos em cada dimensão da carroceria). O estabelecimento de relações entre os elementos de cada operação (entre o número de tijolos de cada dimensão), com a consequente tomada de consciência desse processo, mediado instrumental e socialmente, permite que, numa nova síntese, o sujeito represente e generalize a atividade. Assim, na atividade de carregar o caminhão o sujeito pode passar do plano visual concreto (colocação dos tijolos nas três dimensões) para o plano lógico-abstrato (generalização do processo) (Krutetskii, 1991). Com a generalização da atividade, o modelo matemático utilizado para a *contagem geral*, que também está representado mentalmente, faz parte da consciência do trabalhador.

A diferença de pensamento mais significativa entre os três sujeitos refere-se especificamente à representação do conceito de capacidade ou volume de tijolos. Verificamos que $O_1$ abstrai o conhecimento para determinar o número de tijolos em cada dimensão da carroceria e generaliza a atividade de determinar o número total de tijolos de uma carroceria qualquer com uma representação mental que envolve a multiplicação dos três números que indicam os tijolos de cada dimensão.

Já os modelos de $O_2$ e $O_3$ caracterizam-se pela determinação do número de tijolos através de camadas. Vejamos:

> $O_2$ – *Se dá oitenta cada carrera...*
> *E – Isso.*
> $O_2$ – *Cinco de altura.*
> *E – Isso.*
> $O_2$ – *Dá quatrocentos cada, cada pilha. E tem dez...*
> *E – É.*
> $O_2$ – *Daí dá quatro mil.*

Quatrocentos é o produto do número de tijolos pelo comprimento (80) e pela altura (5) e representa uma pilha, ou seja, uma camada na vertical. O número de tijolos pela largura representa o número de camadas:

> *E – No caso aí, de 144 carreiras, por 4 de altura e por 10 de largura, como é que ...*
> $O_3$ – *140 por 40.*

Cento e quarenta representa o número de tijolos pelo comprimento e 40, o número de tijolos de uma camada, também na vertical, mas envolvendo a altura e a largura da carroceria. Vejamos as interpretações das representações desses dois trabalhadores, $O_2$ e $O_3$, respectivamente.

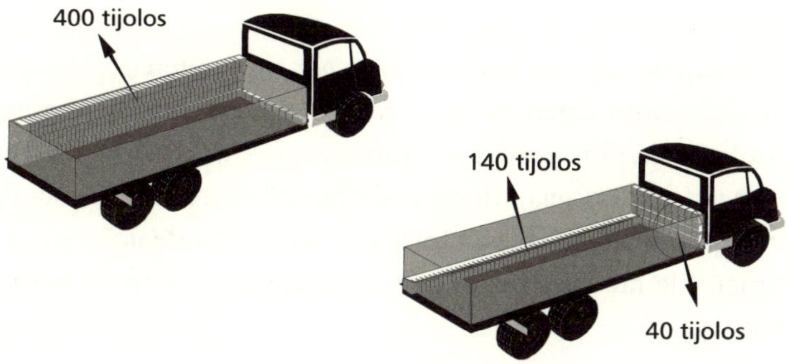


Apesar da diferença no estabelecimento da camada de tijolos, podemos traduzir o modelo de representação mental dos dois sujeitos como *número de tijolos numa camada número de camadas.*

## 2) Na serraria: atividade de contagem de tábuas

A determinação do número de tábuas de uma carga fechada é uma das situações-problema do mundo do trabalho de serrarias; as tábuas podem ser do mesmo tamanho ou de tamanhos diferentes. Analisaremos o caso em que as tábuas são do mesmo tamanho (tábuas-padrão), ou seja, o seu comprimento coincide com a medida do comprimento da carroceria do caminhão (5,40 m).

A diferença entre a situação dos tijolos com a das tábuas é que a primeira envolve uma previsão, ou seja, a capacidade da carroceria em número de tijolos, e a segunda, a determinação do número de tábuas-padrão (5,40 m . 2,5 cm . 30 cm) de uma carroceria, no sentido de volume.

Na atividade de conferir a carga de madeira comprada, o plano de ação depende do tipo de carga. Conferir significa determinar a quantidade de madeira relacionada com a tábua-padrão. O protocolo[4] a seguir apresenta um exemplo desse tipo de atividade.

[4] Os sujeitos serão indicados por $S_1$, $S_2$ e $S_3$, sendo dois deles do sexo masculino e um do sexo feminino. As indicações de seus dados são: $S_1$ — 36 anos, nível de escolaridade: ensino médio incompleto. $S_2$ – 29 anos, nível de escolarização: curso superior incompleto. $S_3$ — 65 anos, nível de escolarização: estudo de quatro anos (equivalente às quatro primeiras séries do ensino fundamental). Os três trabalhadores sempre exerceram a atividade de serraria.

*E – E como que é essa conferência?*
*$S_1$ – [...] tu tem que contá peça por peça, medí, passá o metro peça por peça.*
*E – peça por peça?!*
*$S_1$ – e anota; isso, peça por peça; vamos supor assim ó: peça por peça ou também lastro.*

Quando o sujeito fala em conferir *peça por peça*, refere-se ao caso em que as peças não são de mesmo tamanho; ao contrário, quando são de mesmo tamanho, refere-se à conferência por *lastro*. No primeiro caso, $S_1$ reporta-se a uma situação essencialmente prática, ou seja, medir linearmente as três dimensões de cada peça (tábuas brutas ou pranchas). Nesta forma, o seu plano de ação passa pela verificação do número de tábuas de cada tamanho até a respectiva transformação em tábuas-padrão.

> *$S_1$ – [...] peça por peça ou também lastro. O caminhão carrega assim ó: **7 tábuas e meia, tá, na largura dum caminhão.** 7 tábuas e meia quando o caminhão tem aqui ó: 7 ponto 5 (na máquina)... só um poquinho; **7 ponto 5 vezes 30**, o caminhão tem 2 e 25 de largura; então **se elas estão bem encostadinha, bem juntinha uma da outra, vai dá 7 tábua e meia cada lastro.***

O desenho a seguir ilustra o processo analítico-sintético do pensamento de $S_1$ para descobrir o número de tábuas de cada lastro pela largura[5].

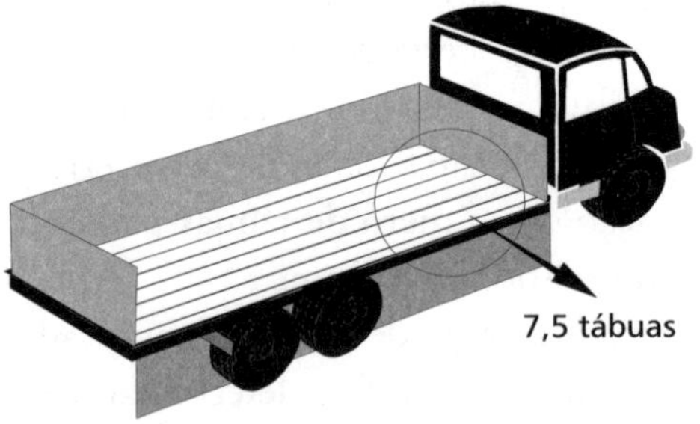


*$S_1$ – e o comprimento, se o comprimento é 5 e 40...*
*E – Das tábuas?*

---

[5] Aqui é preciso destacar que a situação colocada por $S_1$ é hipotética, não havendo a possibilidade de, na prática, colocar meias tábuas para completar um lastro quando as tábuas já são as de tamanho-padrão.

*$S_1$ – Das tábuas, então tu calcula assim ó: 7 tábua e meia vezes quantos lastros de altura tem ... quantas tábuas de altura.*

Depois de descobrir o número tábuas de cada lastro, pela largura (que corresponde a tábuas/largura), $S_1$ refere-se ao comprimento das tábuas. Sendo estas de 5,40 m e o comprimento da carroceria igual, a trabalhadora passa a operar com a altura sem mesmo verbalizar sua operação mental em relação ao comprimento.

*$S_1$ – Então assim ó: **o caminhão vem com 36, digamos, de altura; 36 polegadas de altura. 36 tábuas**, tá? Dá 2 centímetro... É, polegada, 36 polegada de altura. **36 vezes 7 ponto 5** (faz na máquina), **vai te dá quantas tábua? 270 tábuas.***

A síntese da atividade mental de conferir a carga pode ser expressa pela seguinte representação gráfica:

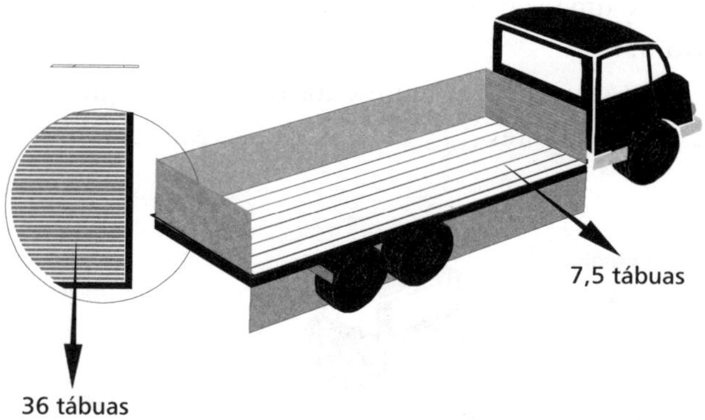


Nessa situação, a atividade é planejada e desenvolvida com consciência e controle, o que implica uma atitude metacognitiva do sujeito. O trabalhador seleciona e analisa cada aspecto essencial, isto é, coordenando cada dimensão da carroceria e da tábua, respectivamente, num processo de abstrações e de sínteses, dito de outra forma: coordenação entre a largura da carroceria e a largura da tábua, o comprimento da carroceria e o comprimento da tábua, a altura da carroceria e a espessura da tábua.

É possível *ler* na *fala* do sujeito a representação que ele tem da atividade como um todo e sua respectiva generalização no plano visual-imaginativo. (Krutetskii, 1991). Matematicamente, a representação mental pode ser traduzida e simplificada pelo seguinte modelo geral:

*número de tábuas por lastro × número de lastros.*

nº tábuas/altura

↓

↓

nº tábuas/largura × nº tábuas/comprimento

A conferência da carga é motivada pela necessidade de verificar se a entrega de madeira comprada está de acordo com o pedido. O plano de ação, envolvendo desde a determinação do número de tábuas por lastro até o número de lastros, tem como fim a descoberta do número de tábuas-padrão. Esta atividade pode ser comparada com aquela da contagem de tijolos no caminhão, observando-se que a diferença está nos fins parciais, visto que $O_2$ e $O_3$ determinam, primeiramente, o número de tijolos de uma camada pela vertical e $S_1$, o número de tábuas de uma camada na horizontal.

Observemos, no conjunto, as representações gráficas que simbolizam o pensamento dos três trabalhadores ($O_2$, $O_3$ e $S_1$, respectivamente):

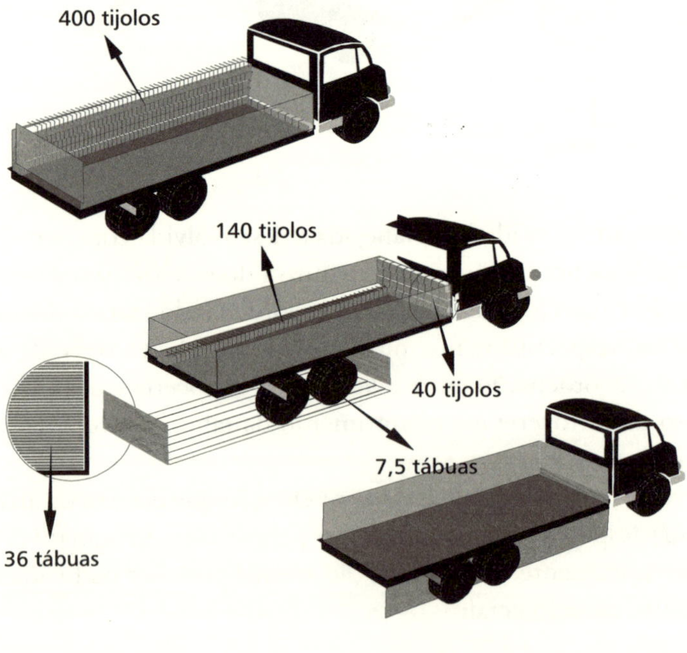

## Conclusão

As diferentes situações de determinação da quantidade de tijolos ou de tábuas revelam as peculiaridades do pensamento desses trabalhadores; ao mesmo tempo, trazem a possibilidade concreta de contextualização do conhecimento matemático para a escola. Como já nos referimos, fazem parte de práticas sociais que podem servir de referência para a apropriação do significado de conceitos escolares.

Situações do cotidiano são significativas para o processo ensino-aprendizagem da matemática para que tenhamos consciência de que os conceitos escolares não se fecham em si mesmos, mas estão subjacentes a outras atividades sociais. Precisamos perceber que há outras unidades de volume além daquelas dos sistemas estudados na escola, como é o caso do tijolo e da tábua-padrão como unidades de volume ou capacidade, enfim, reconhecer a existência da matemática nas diversas atividades humanas.

Se entrarmos no mérito dos modelos matemáticos utilizados na escola, como, por exemplo, *comprimento . largura . altura*, ou, simplesmente, *área da base . altura*, veremos que as situações do carregamento de tijolos e da conferência das tábuas podem favorecer a apropriação desses modelos e do próprio significado do conceito de volume ou capacidade.

Subjacente a essas atividades identificamos dois conceitos matemáticos com estreita relação, *volume* e *capacidade*, e o que determina se estamos tratando de um ou de outro é a própria situação-problema. Por exemplo, se a situação envolve a determinação da quantidade de madeira de um caminhão carregado, referimo-nos ao volume de madeira; se, por sua vez, precisarmos estimar/prever a quantidade de tijolos que podem caber na carroceria de um determinado caminhão, estaremos nos referindo à capacidade dessa carroceria. Nos dois casos, as unidades de medida – o tijolo e a tábua – extrapolam as unidades do sistema relacionado ao volume ou capacidade vistos do ponto de vista escolar. E é aqui que poderíamos, também, relacionar unidades de medida, padrão e não padrão.

Epistemologicamente, na escola, há uma dificuldade de compreensão do conceito de volume e respectivas unidades quando do estudo da determinação do volume de algum objeto. Quando pretendemos determinar o volume, comumente informamos as medidas das três dimensões, que são métricas, as quais são transformadas em medida de unidade cúbica pela sua multiplicação. De alguma forma, o estudante precisa saber que o volume é indicado em metros cúbicos (utilizando, por exemplo, a ideia das propriedades da potenciação). Há nesse processo, em geral, uma dificuldade no sentido de que até podemos saber que a resposta é em metros cúbicos, mas o que isso representa e o que leva a três medidas de mesma grandeza (linear) se transformarem em medida de uma outra grandeza (cúbica) é uma questão mais complexa. Em geral, na escola, não abordamos o conceito de volume relacionado diretamente a um sistema de unidades de volume. Assim, não é comum pensar na medida de volume ou de capacidade de um determinado objeto ou recipiente sabendo de antemão quais são as unidades mais adequadas. Esse fato contraria a ideia de Galperin (1987), para o qual é importante saber qual unidade vamos utilizar para medir determinada propriedade de um objeto, uma vez que só se pode medir com unidades de mesma grandeza. Nesse sentido é que os exemplos da olaria e da serraria podem nos servir de referência para a apropriação do significado dos conceitos científicos escolares. É a relação do conhecimento cotidiano com o científico que vai revelar a dinâmica dos dois mundos, ou seja, dos conhecimentos dos diferentes cotidianos.

## Referências

BRASIL. *Parâmetros Curriculares Nacionais:* Matemática. Secretaria de Educação Fundamental. Brasília: MEC/SEF. v. 3, 1997.

BROUSSEAU, G. Fondements et méthodes de la didactique des Mathématiques. *Recherches en Didactique des Mathématiques.* v. 7, n. 2, p.p. 33-115, 1986.

D'AMBROSIO, U. *Da realidade à ação:* reflexões sobre educação e matemática. Campinas: Summus, 1986.

__________. *Educação Matemática:* da teoria à prática. 3. ed., Campinas: Papirus, 1996.

DEVELAY, M. *De l'apprentissage à l'enseignement*: pour une épistémologie scolaire. 3ª ed., Paris: ESF éditeur, 1993.

GALPERIN, P. Sobre la investigacion del desarrollo intelectual del niño. In: *La psicologia evolutiva y pedagogica en la URSS.* Moscú: Editorial Progreso, p. 125-142, 1987.

GRANDO, N. I. *A matemática na agricultura e na escola.* Dissertação de Mestrado. Pernambuco: Universidade Federal de Pernambuco, 1988.

__________. A matemática em diferentes contextos culturais. *Boletim de Educação Matemática.* n. 3, ago./out. 1991.

__________. Diversidade de modelos matemáticos. *Boletim de Educação Matemática.* n. 4, nov./dez. 1991, jan./abr. 1992.

__________. *O campo conceitual de espaço na escola e em outros contextos* culturais. Tese de Doutorado. Santa Catarina: Universidade Federal de Santa Catarina, Florianópolis, 1998.

KALMYKOVA, Z. I. Pressupostos psicológicos para melhor aprendizagem na resolução de problemas aritméticos. In: LURIA, LEONTIEV, VIGOTSKI, *et al. Psicologia e pe-*

*dagogia II*: investigações experimentais sobre problemas didácticos específicos. 2. ed., Lisboa: Editorial Estampa, p. 9-26, 1991.

KRUTETSKII, V. A. Algumas características do desenvolvimento do pensamento nos estudantes com pouca capacidade para as matemáticas. In: LURIA, LEONTIEV, VIGOTSKY, *et al. Psicologia e pedagogia II*: investigações experimentais sobre problemas didácticos específicos. 2. ed., Lisboa: Editorial Estampa, p. 59-84, 1991.

LEONTIEV, A. N. *Actividad, conciencia y personalidad.* Buenos Aires: Ediciones Ciencias del Hombre, 1978.

__________. Uma contribuição à teoria do desenvolvimento da psique infantil. In: VIGOTSKII, L. S.; LURIA, A. R.; LEONTIEV, A. N. *Linguagem, desenvolvimento e aprendizagem.* São Paulo: Ícone, p. 59-83, 1988.

LURIA, A. R. *Desarrollo histórico de los procesos cognitivos.* Madrid: Akal, 1987.

MARTINAND, J. *Connaître et transformer la matière:* des objectifs pour l'initiaton aux sciences et tecniques. Berne: Peter Lang, 1986.

OLIVEIRA, M. K. de. Vygotsky e o processo de formação de conceitos. IN: TAILLE, Y. de la; OLIVEIRA, M. K. de; DANTAS, H. *Piaget, Vygotsky, Wallon*: teorias psicogenéticas em discussão. São Paulo: Summus, p. 23-34, 1992.

RUBINSTEIN, S. L. *El ser y la conciencia.* Montevideo: Ediciones Pueblos Unidos, 1960.

VIGOTSKI, L. S. *Obras escogidas II.* Madrid: Visor Distribuciones, 1993.

__________. *Obras escogidas III.* Madrid: Visor Distribuciones, 1995.

__________. *Pensamento e linguagem.* São Paulo: Martins Fontes, 1996.

# CAPÍTULO 10

## A GEOMETRIA DEDUTIVA EM LIVROS DIDÁTICOS DE ESCOLAS PÚBLICAS DO ESTADO DE SÃO PAULO PARA O 3º E 4º CICLOS DO ENSINO FUNDAMENTAL

Marisa Carlovich e Saddo Ag Almouloud – PUC-SP


### Resumo

Esta pesquisa tem o objetivo de analisar o ensino da geometria dedutiva nos livros didáticos do 3º e 4º ciclos do ensino fundamental mais utilizados nas escolas públicas do Estado de São Paulo. Definimos para a pesquisa dois períodos de análise: o início dos anos 1990 e o início dos anos 2000. As questões de pesquisa versam sobre como, em cada época, as coleções de livros didáticos acompanharam as discussões da Didática da Matemática no que se refere ao ensino-aprendizagem da geometria dedutiva e sobre as diferenças dessas apropriações nas duas épocas.


**Palavras-chave:** Geometria Dedutiva; Ensino Fundamental; Heurística.


### Abstract

This study aims at analysing the teaching process of Deductive Geometry in school-books prepared to the 3rd and 4th cycles of *ensino fundamental* used in state-run schools in São Paulo State. We separate two periods for the purpose of analysis in our study: the early 1990s and the early 2000s. The queries turned on how, in each period, school-books were close to the debates of Mathematical Didactics about the teaching-learning process of Deductive Geometry and on how the differences of views for each period took place.


**Keywords:** Deductive Geometry; Secondary School; Heuristics.

### Introdução

Este artigo baseia-se em dissertação de Mestrado de Carlovich (2005), cujo objetivo foi estudar o ensino da geometria dedutiva em livros didáticos referentes ao 3º e 4º ciclos do ensino fundamental, mais utilizados em escolas públicas do Estado de São Paulo. Inicialmente, apresentamos uma síntese do contexto histórico da Educação Matemática, particularmente do ensino da geometria.

Segundo Miorim (1998), na década de 1960, surge um grande movimento internacional de modernização para o ensino da matemática nas escolas secundárias, o Movimento da Matemática Moderna, idealizado principalmente por Jean Dieudonné (1906-1992), que propunha que o ensino da escola secundária se baseasse exclusivamente na moderna matemática, em sua forma axiomática desenvolvida pelo grupo Bourbaki. Segundo Pavanello (1993), a coerência do movimento exigia que a geometria fosse abordada pelo enfoque das transformações. Vianna (1988) afirma que, durante a influência do Movimento da Matemática Moderna no Brasil, houve uma diversificação de enfoques para a geometria nos livros didáticos, conforme seus autores se identificavam com as novas recomendações. Segundo Pavanello (1993), os professores não estavam preparados para tais mudanças, e a geometria começou a ser abandonada no cotidiano escolar e, em seu lugar, foi enfatizada a álgebra. No declínio da Matemática Moderna, a formalização e o dedutivo foram criticados, e o ensino da geometria passou a ter finalidades práticas. As principais demonstrações ainda eram apresentadas nos livros, mas os exercícios eram essencialmente de aplicações. E a geometria era apresentada no final dos livros sem ser integrada com os outros ramos da matemática. Em geral, as últimas páginas dos livros didáticos acabam por não ser exploradas. Dessa forma, a configuração para o estudo da geometria propiciava aos professores relegá-lo ao segundo plano. Acentuava-se, assim, nessa época o abandono do ensino da geometria. Interpretando as considerações de Vianna (1988) e Pavanello (1993), esse estilo de apresentação perdurou até a década de 1980.

Em meio às criticas ao Movimento da Matemática Moderna surgiu a Didática da Matemática e, em suas discussões, o enfoque heurístico no ensino foi valorizado, como nos trabalhos de Lakatos (1976) e Balacheff (1987), citados nesta pesquisa. Os alunos deveriam ser envolvidos na descoberta do conhecimento.

Com o intuito de contribuir para a continuidade de estudos sobre o ensino da geometria dedutiva do Brasil, em nosso trabalho, analisamos as coleções de livros didáticos do início dos anos 1990 e do início dos anos 2000, investigando como a geometria dedutiva se apresenta, procurando uma tendência de abordagem.

Baseamo-nos em Chervel (1990) que define o termo "vulgata escolar" associando-o ao fato de que, em determinada época, o ensino dispensado pelos professores é o mesmo para a mesma disciplina e para o mesmo nível e quase todos os manuais dizem a mesma coisa.

Então, por interessarmo-nos em um corpo editorial o mais próximo possível da prática pedagógica para dar relevo à história, o critério de escolha das coleções de livros didáticos foi eleger as de maior penetração mercadológica. Foram selecionadas para análise três coleções de livros didáticos de cada época.

A relação das coleções de livros didáticos analisados, referente ao período do início dos anos 1990, foi obtida em consultas ao Departamento Editorial de três expressivas editoras do Estado de São Paulo em dezembro de 2005. Perguntou-se que coleção de ensino fundamental – 5ª a 8ª séries apresentou maior vendagem para o governo do Estado de São Paulo no início dos anos 1990.

Em 1995 identifica-se no Brasil uma mudança significativa, a implantação do Programa Nacional do Livro Didático (PNLD), em que os livros didáticos passaram a ser avaliados e distribuídos pelo governo para todas as séries do ensino fundamental. Por esse programa, a escolha das coleções indicadas pelo governo é realizada nas escolas pelos professores. Então, para o período do início dos anos 2000, consultou-se a Secretaria da Educação do Estado de São Paulo, setor PNLD, para identificar as três coleções mais distribuídas para as escolas do governo via PNLD de 2005, escolha realizada em fins de 2004.

A categorizarão de análise dos livros didáticos foi baseada em estudos de teóricos da Didática da Matemática.

Para responder às questões de pesquisa sobre como, em cada época, as coleções de livros didáticos acompanharam as discussões da Didática da Matemática sobre o ensino-aprendizagem da geometria dedutiva e, ainda, comparar essa apropriação nas duas épocas, apresentamos os resultados de nossa análise das coleções por categoria. Para obter maior fluidez das informações os períodos foram chamados de anos 1990 (primeiro período) e anos 2000 (segundo período).

A categoria um de análise dos livros fundamentou-se na classificação das geometrias proposta por Parsysz (2000), que considera os objetos em jogo, físicos ou teóricos e os modos de validações, perceptivo ou dedutivo.

Como geometrias não-axiomáticas, o autor apresenta G0-Geometria Concreta e G1-Geometria Spatio-Gráfica. Em G0 os estudos geométricos são realizados a partir de atividades concretas como maquetes, plantas e dobraduras. Na geometria Spatio-Gráfica (G1) ainda se confunde geometria e realidade; os alunos podem conjecturar e fazer constatações de propriedades, empiricamente. Do lado oposto, Parsysz classifica as geometrias axiomáticas: Geometria Proto-Axiomática (G2) e Geometria Axiomática (G3). Em G2, ocorre a concepção de um esquema da realidade em que as definições fazem sentido e os resultados passam a ser validados com técnicas dedutivas. Em G2-Geometria Proto-Axiomática, a figura construída em G1 tem status de figura genérica e a dedução é reconhecida como ferramenta de validação no interior de um sistema axiomático. Em G3, não se faz referência à realidade e a geometria é totalmente explicada. Trabalhando em

G3, o aluno é capaz de situar-se nos diferentes sistemas axiomáticos, bem como compará-los.

Parsysz (2000) considera que, na articulação entre G1-Geometria Spatio-Gráfica e G2-Geometria Proto-Axiomática, a gestão do salto conceitual entre elas é um elemento essencial na problemática do ensino da geometria em nível da escola obrigatória, devendo ser fixados os conceitos em jogo e suas articulações.

Então, por esta categoria, observamos como, em cada coleção de livros didáticos, são validadas as propriedades geométricas: em G1-Geometria Spatio-Gráfica, empiricamente, e em G2-Geometria Proto-Axiomática, dedutivamente, e como ocorre essa articulação. Na análise dessa articulação, consideramos Fetissov (1997) e Arsac (1987) que relevam a importância de apresentar a limitação das validações empíricas e de questionar a evidência da figura. Fetissov (1997) e Almouloud (2003) recomendam explicações de termos, de técnicas e lógicas empregadas em uma demonstração. Balacheff (1987) releva a importância da demonstração como único meio de legitimar uma hipótese matemática, seguindo sua definição, utilizada em nossa análise:

> "Chama-se *explicação* um discurso visando tornar inteligível o caráter de verdade, adquirido pelo locutor de uma proposição ou de um resultado.
>
> Chama-se *prova* uma explicação aceita por uma comunidade dada em um momento dado. Esta decisão pode ser o resultado de um debate cuja significação é a exigência de determinar um sistema de validação comum aos interlocutores.
>
> Chama-se *demonstração* uma prova que só pode ser aceita no seio da comunidade matemática. Ela é uma sequência de enunciados organizada segundo regras determinadas. Um enunciado é considerado como verdadeiro ou é deduzido daqueles que o precedem com a ajuda de uma regra de dedução tomada em um conjunto de regras bem definido." (Balacheff, 1987, p. 147-149, tradução dos autores).

A seguir, relatamos os resultados da categoria um. Nas coleções de 1990 observamos que o estudo da geometria é concentrado num único capítulo, não havendo integração com as outras partes da matemática. Em duas coleções esse estudo é realizado no fim do livro.

Nas coleções dos anos 1990, observamos que há um predomínio de validações dedutivas, portanto, em G2-Geometria Proto-Axiomática e que as verificações empíricas são raras, não havendo articulação entre G1-Geometria Spatio-Gráfica e G2-Geometria Proto-Axiomática.

É característica das coleções analisadas seguir um esquema dedutivo para estudar as propriedades geométricas. Autores de duas das coleções apresentam as demonstrações como deduções e, utilizando lógica local, chegam aos enunciados das propriedades. Seguem muitos exercícios de aplicação e as solicitações para os alunos demonstrarem são raras. Nessas duas coleções não são explicados os termos da geometria dedutiva. Não é alertado sobre as limitações das verificações empíricas nem são diferenciadas estas de demonstrações.

Na outra coleção, observamos um cuidado maior com o dedutivo. Os termos da geometria dedutiva e seu caráter de sistema lógico são explicados. Demonstração é definida como uma maneira de chegar a um teorema. As demonstrações são primeiramente apresentadas, e em suas conclusões são enunciadas as propriedades.

Nas três coleções não é explicada a importância da demonstração como único meio de validação em matemática. O aluno é levado a pensar que demonstrar é um dos meios de chegar-se a uma propriedade geral. A lógica e métodos empregados em uma demonstração não são abordados por nenhuma das três coleções. Na única coleção em que são solicitados exercícios para demonstrar propriedades geométricas, os alunos são levados a demonstrar a partir de exemplos.

Assim, concluímos, pela maioria das coleções analisadas de 1990, que há uma tendência para o ensino da geometria nesta época. Percebe-se a intenção em romper com a apresentação no estilo euclidiano, usado em tempos anteriores, passando para uma menos formal, voltada para aplicações práticas.

Nas coleções de 2000 observamos que o estudo da geometria é intercalado com as outras partes da matemática. Em duas das coleções constata-se, ainda, a integração da geometria com as outras áreas de conhecimento matemático.

Pela análise do estudo das propriedades geométricas nas coleções dos anos 2000, constatamos que suas validações ocorrem tanto em G1-Geometria Spatio-Gráfica, empiricamente, como em G2-Geometria Proto-Axiomática, dedutivamente.

A partir da entrada em G2-Geometria Proto-Axiomática, as propriedades são ainda verificadas empiricamente. Isso acontece em duas das coleções até o fim da 8ª série. Na outra coleção, o empírico está presente até o fim da 7ª série, e na 8ª série predominam as validações dedutivas.

Na maioria das coleções dos anos 2000 não constatamos a preocupação de despertar a atenção do aluno para as diferenças entre verificações empíricas e demonstrações. Autores de uma das coleções afirmam que para mostrar que uma propriedade é válida em casos gerais é necessário o uso de letras e que demonstrar é outra forma de mostrar uma propriedade além da verificação empírica. Explica-se também que numa demonstração usam-se conhecimentos anteriores, mas, não se ressalta que a demonstração é o único meio de validação científica aceito em matemática. A limitação das verificações empíricas é explicada tardiamente, apenas na 8ª série. Em outra coleção, desde a 6ª até a 8ª série, as explicações levam o aluno a pensar que se podem concluir resultados gerais a partir de verificações empíricas.

Apenas em uma das coleções, observamos essa preocupação em despertar a atenção do aluno sobre as diferenças dos dois tipos de validação. Desde a 6ª até a 8ª série são ressaltadas a limitação das verificações empíricas e suas diferenças com as demonstrações. Nessa coleção também se utilizam falsas evidências de figuras para alertar os alunos sobre o risco de confiar na intuição, seguindo a recomendação de Arsac (1987).

De maneira geral, os termos da geometria dedutiva postulados e teorema não são explicados nas três coleções dos anos 2000. Em uma das coleções, explica-se que demonstrar é provar, utilizando conhecimentos matemáticos. Mas não é mencionado que seria necessário que esses conhecimentos fossem postulados ou teoremas anteriormente demonstrados. Apenas em uma das coleções esclarece-se que a demonstração é o único meio de validar em matemática e também é discutido o termo recíproco.

Nas coleções analisadas de 2000 também não se estudam métodos e lógicas empregados em uma demonstração geométrica. Em duas coleções os alunos são levados a demonstrar em exercícios, partindo de apresentações de algumas demonstrações tomadas como exemplos. Na outra coleção o sistema lógico apresentado para a geometria é simples e bem encadeado, mas não são solicitados exercícios para demonstrar, sem envolvimento dos alunos.

As coleções dos anos 2000 revelaram que há um equilíbrio entre as validações empíricas, em G1-Geometria Spatio-Gráfica e as dedutivas, em G2-Geometria Proto-Axiomática. Constatamos, assim, que houve um aumento nos estudos empíricos de 1990 para 2000. Este fato é positivo para o ensino da geometria dedutiva, uma vez que, segundo Arsac (1987), é necessário como primeira etapa em direção demonstração em geometria, chegar a uma dúvida pelo apelo a casos particulares como meio de prova. Ou seja, por meio da limitação da incerteza trazida pelos casos particulares em validações empíricas, justifica-se buscar uma demonstração para chegar a um caráter geral. Mas apenas em uma das coleções de 2000 constatamos o cuidado em explicar essas limitações. Nas outras duas coleções os alunos podem ser induzidos a entender as demonstrações como uma maneira a mais de chegar-se aos casos gerais, além das verificações empíricas.

Consideramos essenciais as tarefas solicitadas aos alunos para tornar significativa sua aprendizagem. Então, pela categoria dois, analisamos os exercícios propostos a respeito do estudo das propriedades geométricas nos livros didáticos. Para isso, realizamos um estudo da Organização Praxeológica, Teoria de Chevallard (1999), que explica a técnica e o discurso teórico-tecnológico associados a cada tipo de tarefa e, dessa forma, pudemos enquadrar a abordagem do ensino das propriedades geométricas em enfoques.

Primeiramente, identificamos o enfoque empírico em que as propriedades são observadas no estudo de casos particulares e, com base nesses casos, são formuladas conjecturas a respeito da validade do que foi observado.

No enfoque dedutivista, segundo Lakatos (1976), a matemática é apresentada como uma série sempre crescente de verdades imutáveis e eternas, não há lugar para contraexemplos, refutações nem críticas. E o aluno torna-se um ente passivo no processo de ensino-aprendizagem. No estudo das propriedades geométricas, o enfoque dedutivista caracteriza-se por meio da apresentação de sua demonstração seguida apenas de exercícios de aplicação.

Lakatos (1976) explica que o enfoque heurístico de apresentação revela o aspecto falível da matemática, de como os conceitos e teoremas surgem, dando ênfase à situação problemática. O estudo das propriedades geométricas sob o enfoque heurístico consiste no envolvimento dos alunos em suas demonstrações, por meio da solicitação de exercícios. Solicitações para que os alunos demonstrem em grupo também se enquadram no enfoque heurístico e Balacheff (1987) considera essa dimensão social motora nos processos de prova. Ressaltamos que, embora o termo heurístico, explicado por Polya (1977), inclua verificação empírica por esta fazer parte do processo de descoberta, assumimos neste trabalho o termo como referente apenas à descoberta da demonstração.

Identificamos ainda o enfoque empírico-dedutivista, em que a propriedade é inicialmente estudada empiricamente e depois dedutivamente e o enfoque empírico-heurístico, em que a propriedade inicialmente é estudada empiricamente e depois heuristicamente. Essa retomada dedutiva no estudo das propriedades geométricas pode ocorrer em série posterior à apresentação empírica das propriedades geométricas. Sobre isso, Arsac (1987) afirma que as provas empíricas podem aparecer antes da 7ª série e Balacheff (1987) reconhece que desde a 5ª série do ensino fundamental deve ser proposto o problema da evolução dos fundamentos racionais da atividade matemática. Ou seja, é recomendável iniciar com justificações empíricas e evoluir para validações dedutivas no decorrer das séries, respeitando o nível de racionalidade dos alunos.

Como ressaltado nos resultados da categoria anterior, as coleções dos anos 1990 seguiram um esquema para estudar as propriedades geométricas. Em duas das coleções da época esse esquema inclui, após as apresentações das demonstrações, muitos exercícios de aplicação e raros para demonstrar, sendo que em uma delas, observamos que muitas propriedades são apenas enunciadas, como o caso de várias recíprocas. Nessa coleção fica evidente que a abordagem da geometria seria bem prática, com dose mínima de teoria. Essa abordagem revela um enfoque dedutivista para essas coleções.

No esquema de estudo das propriedades geométricas de uma das coleções de 1990 há diferenças. Além das propriedades geométricas serem primeiro enunciadas para só depois serem apresentadas suas demonstrações, os exercícios não são só de aplicação. Há também solicitações para que os alunos demonstrem, mas em número menor que as apresentações das demonstrações. Então, o predomínio para a coleção é também o enfoque dedutivista.

Em 1990, observamos ainda que os exercícios para conjecturar propriedades geométricas experimentalmente, relativos ao enfoque empírico, são raros.

Nas coleções dos anos 2000, como foi concluído na categoria anterior, as propriedades ora são estudadas empiricamente, ora dedutivamente.

Em uma das coleções observa-se que muitas propriedades são validadas apenas empiricamente em exercícios solicitados aos alunos. E a maioria das demonstrações das propriedades geométricas na coleção são apresentadas aos alunos, seguidas de exercícios de aplicação, características do enfoque dedutivista. Como na coleção há mais validações empíricas do que apresentações dedutivistas, o enfoque que predomina é o empírico.

Em duas das coleções validam-se as propriedades ora empiricamente, ora dedutivamente, com envolvimento dos alunos, por meio de solicitações de exercícios. Como há um equilíbrio entre os dois tipos de validações, constatamos que os enfoques predominantes para essas coleções são o empírico e o heurístico. Nas três coleções analisadas de 2000 encontramos, nas solicitações para demonstrar, recomendações para que os alunos trabalhem e discutam em grupos, com colegas e com o professor, característica do enfoque heurístico.

Outro aspecto constatado nas coleções de 2000 foi a retomada de conceitos já trabalhados em séries anteriores, com ampliação e aprofundamento. No caso do ensino da geometria, as propriedades são estudadas primeiramente por verificações empíricas e depois dedutivamente, por meio de solicitações de exercícios, abordagem característica do enfoque empírico-heurístico. Mas a utilização dessas retomadas é pequena, prevalecendo validar as propriedades somente empiricamente ou apenas heuristicamente.

Pela categoria três de análise e apoiados na teoria de Duval (1993), observamos os registros de representação semiótica envolvidos nas demonstrações geométricas dos livros didáticos. Segundo o autor, os registros mobilizados em uma demonstração geométrica são o discursivo, o figural e o matemático.

Pela análise das coleções de livros didáticos, constatamos tanto em 1990 como em 2000, que o registro figural foi utilizado na grande maioria das demonstrações como suporte ao raciocínio dedutivo. Isso é facilitado pelo fato de o programa de geometria abordar o estudo de propriedades geométricas cujas demonstrações são aplicações de conceitos que envolvem figuras. Notamos a ênfase na utilização do registro figural nas coleções de Iezzi e de Jakubovic, ambas de 1990. Nelas, além de as figuras serem apresentadas no início da demonstração, também são utilizadas para explicar suas passagens, o raciocínio.

A utilização do registro discursivo é também significativa nas coleções analisadas das duas épocas. Almouloud (2003) propõe que no início da aprendizagem da demonstração, no 3º ciclo do ensino fundamental, a redação das justificativas de resultados seja realizada em linguagem natural, referente ao registro discursivo. E constatamos nas coleções das duas épocas muitas explicações em linguagem natural sobre o raciocínio empregado nas demonstrações.

Em 2000, observamos ainda uma ênfase na utilização do registro discursivo pelas recomendações de debates e discussões em grupo para demonstrar uma propriedade geométrica. Esses debates de validações são realizados em linguagem natural e propiciam um auxílio no raciocínio dedutivo.

Para as duas épocas, observamos que o registro matemático se apresenta nas coleções apenas por meio do uso algébrico de alguns símbolos para escrever as sentenças matemáticas e dos cálculos algébricos que ocorrem em muitas demonstrações. Almouloud (2003) recomenda um aumento gradual na utilização do registro matemático no decorrer das séries do ensino fundamental, rumo à formalização. Porém, na maioria das coleções das duas épocas não observamos essa preocupação. Ou seja, utilizam-se nas demonstrações geométricas predominantemente os registros discursivo e figural ao longo de todas as séries da coleção, não sendo enfatizado o registro matemático nas séries finais. Como exceção, em duas coleções, uma de cada época, constata-se um pequeno aumento na utilização do registro matemático na 8ª série.

Duval (1993) afirma que há dois tipos de transformações dos registros de representação semiótica, os tratamento e as conversões. Os tratamentos são transformações de representações dentro de um mesmo registro. Por exemplo, efetuar um cálculo ficando estritamente no mesmo registro matemático de representação dos números. As conversões são transformações de representações que consistem em mudar de registro conservando os mesmos objetos denotados. Por exemplo, passar o enunciado de uma demonstração geométrica para sua representação no registro das figuras.

De acordo com Duval (2003), as conversões de registros que ocorrem em uma demonstração não se operam naturalmente entre os alunos. Então, são recomendadas atividades que envolvam conversões de registros.

Os únicos tratamentos entre registros constatados nas demonstrações das coleções das duas épocas foram os cálculos referentes ao registro matemático.

Em duas coleções dos anos 1990, ao estudar a demonstração de recíprocas de propriedades de paralelogramo, são apresentadas aos alunos várias definições da figura em questão. Mas não é explorado que poder-se-iam construir sistemas axiomáticos diferentes a partir das diferentes definições. Essa abordagem seria um exemplo de tratamento no registro discursivo. Assim, perde-se uma oportunidade de, por meio do estudo desse tratamento, iniciar os alunos no entendimento dos sistemas lógico-dedutivos. Não encontramos também atividades que favorecessem a conversão de registros mobilizados em uma demonstração geométrica nas coleções, com exceção de uma coleção de 2000, em que se solicita descrever algebricamente duas demonstrações geométricas do Teorema de Pitágoras. Consideramos que não explorar as conversões de registros desconsidera o papel fundamental dos registros de representação semiótica na compreensão das diferentes propriedades/definições e na redação de uma demonstração.

Como conclusão de nossa pesquisa constatamos, pelos resultados da análise das coleções, que, no início dos anos 1990, a apresentação da geometria continuava com as mesmas características da década anterior. A geometria era apresentada no final dos livros e sob enfoque dedutivista, ou seja, a grande maioria das demonstrações geométricas eram apenas apresentadas aos alunos, seguidas de exercícios de aplicação das propriedades.

Nossa análise das coleções de livros didáticos dos anos 2000 aponta para algum otimismo em relação ao ensino da geometria no Brasil. Em primeiro lugar, a geometria apresenta-se nos livros em capítulos intercalados e mais integrada com as outras partes da matemática. Isso acena para uma mudança em relação ao seu abandono. Quanto ao ensino da geometria dedutiva, a análise das coleções de 2000 apresenta indícios para a apropriação dos enfoques empírico e heurístico nos livros didáticos brasileiros. Os alunos são envolvidos, por meio de exercícios, a conjecturar e a descobrir heuristicamente as demonstrações das propriedades geométricas.

Consideramos o enfoque empírico-heurístico o mais significativo para o estudo das propriedades geométricas, ou seja, partir das verificações empíricas para depois levar os alunos a demonstrar as propriedades. Mas o que predomina nos livros analisados das coleções de 2000 é estudar algumas propriedades apenas empiricamente e outras apenas heuristicamente.

Baseados em teorias da Didática da Matemática, discutimos nas análises das categorias um e três, que, para tornar significativo o ensino-aprendizagem da geometria dedutiva, seria necessário relevar a limitação dessas validações empíricas, destacando suas diferenças com as demonstrações, fornecer explicações sobre seus termos, estudar técnicas e lógica empregados em uma demonstração e propor atividades que possibilitassem conversões entre os registros discursivo, figural e matemático. Mas os resultados da análise indicam que os livros didáticos das duas épocas atenderam apenas parcialmente a essas recomendações.

Esperamos que este trabalho possa contribuir para a história da Educação Matemática brasileira. Acreditamos, ainda, que outros trabalhos possam agregar novos elementos à pesquisa aqui realizada, como uma formação de professores levando-os a integrar provas e demonstrações ao processo de aprendizagem de seus alunos, ajudando a restituir a historicidade do conceito de prova, de demonstração e de rigor matemático.

## Referências


ALMOULOUD, S. A. *Registros de representação semiótica e compreensão de conceitos geométricos.* In: *Aprendizagem em matemática.* Silvia Dias Alcântara Machado. (Org.). São Paulo: Papirus. p. 125-147, 2003.

ARSAC, G. L'origine de la démonstration: essai d'Épistémologie didactique. *Recherches en Didactique des Mathématiques.* v. 8, n. 3, p. 267-312, 1987.

BALACHEFF, N. Processus de preuve et situations de validation. *Educational Studies in Mathematics.* v. 18, n. 2, p. 147-176, 1987.

CARLOVICH, M. *A Geometria dedutiva em livros didáticos das escolas públicas do Estado de São Paulo para o 3º e 4º ciclos do ensino fundamental.* Dissertação de Mestrado. PUC/SP, 2005.

CHERVEL, A. História das disciplinas escolares: reflexões sobre um campo de pesquisa. In: *Teoria & Educação.* Porto Alegre: Pannonica. n. 2, p. 117-229, 1990.

CHEVALLARD, Y. L'analyse des pratiques enseignantes em théorie anthropologique du didactique. *Recherches en Didactiques des Mathématiques.* v. 19, p. 221-265, 1999.

DUVAL, R. Régistres de répresentation sémiotique et fonctionnement cognitif de la pensée. *Annales de Didactique et des Sciences Cognitives.* v. V, p. 37-65, IREM de Strasbourg, 1993.

FETISSOV, A. I. A demonstração em geometria. Tradução: Hygino H. Domingues, *Matemática*: aprendendo e ensinando. São Paulo: Atual, 1997.

LAKATOS, I. *A lógica do descobrimento matemático* – provas e refutações. Rio de Janeiro: Zahar, 1976.

MIORIM, M. A. *Introdução à história da educação matemática.* São Paulo: Atual, 1998.

PARSYSZ. Bernard. *Un cadre théorique pour la géometrie enseignée.* Equipe DIDIREM, Université Paris, 2000.

PAVANELLO, R. M. O abandono do ensino da geometria no Brasil, causas e consequências. *Revista Zetetiké*, UNICAMP, Campinas, a. I, n. 1, p. 7-17, 1993.

POLYA, G. *A arte de resolver problemas.* Tradução de Heitor Lisboa de Araújo. Rio de Janeiro: Interciência, 1977.

VIANNA, C. C. de S. *O papel do raciocínio dedutivo no ensino da Matemática.* Dissertação de Mestrado. UNESP – Rio Claro-SP, 1988.

# CAPÍTULO 11

## TENDÊNCIAS RELATIVAS AO ESTUDO DA ARGUMENTAÇÃO NO ENSINO DA GEOMETRIA EM LIVROS DIDÁTICOS DE MATEMÁTICA

José Luiz Magalhães de Freitas e Luiz Carlos Pais – UFMS


### Resumo

Este artigo descreve resultados de uma pesquisa cujo objetivo é caracterizar a argumentação no estudo da geometria a partir da análise de livros didáticos das séries finais do ensino fundamental. Os dados iniciais foram obtidos em livros didáticos brasileiros publicados nas duas últimas décadas. O referencial utilizado é a Teoria Antropológica do Didático, proposta por Yves Chevallard para estudar as diferentes maneiras de organizar o estudo da matemática. A noção de vulgata, proposta por André Chervel, é também usada para analisar os livros didáticos em termos de valorização da argumentação. Uma análise qualitativa foi realizada em páginas reservadas ao estudo da geometria, apresentando aspectos relacionados ao processo de argumentação típico desse campo de conteúdos da matemática. Os resultados evidenciam que a argumentação está presente nos livros didáticos. A diferença entre os livros publicados de 1985 a 1995 e os publicados mais recentemente está no grau de formalidade com que a argumentação é tratada. Os livros revelam ainda a existência de um tipo diferenciado de tarefa e de técnicas para estudar a validade das proposições geométricas. Finalmente, foi possível identificar questões relacionadas à organização do estudo da argumentação que poderão servir de futuros objetos de pesquisa.


**Palavras-chave:** Argumentação; Ensino da Geometria; Livros Didáticos.


### Abstract

This paper reports the results of an investigation conducted to characterize the use of argumentation in the teaching of geometry, as revealed by the analysis of 7th- and 8th-grade textbooks published in Brazil in the past two decades. The theoretical framework adopted, based on the anthropological approach in didactics proposed by Chevallard, was intended to identify elements that play a role in the manner that mathematics teachers organize their work. The notion of 'vulgate', proposed by Chervel, was used to characterize the textbooks in terms of the value they ascribe to argumentation. The pages assigned to the study of geometry were qualitatively analyzed. The results revealed that argumentation is a resource available in the textbooks. One difference between the books published from 1985 to 1995 and those issued more recently is found in the degree of formality adopted to address argumentation. The analysis also revealed the use of a particular type of task and techniques for studying the validity of geometric propositions. It was also possible to identify aspects related to the organization of the study of argumentation – aspects that may constitute the object of further research.

**Keywords:** Argumentation; Teaching of Geometry; Textbooks.

## Definição da Questão da Pesquisa

O interesse em pesquisar o tema da argumentação no contexto educacional da matemática escolar resulta da convergência de algumas trajetórias. De início, partimos do pressuposto de que a argumentação, como tema de estudo didático, localiza-se no núcleo epistemológico central da matemática. Por esse motivo, ao valorizarmos a linha epistemológica da didática da matemática, tal tema revela uma potencialidade especial por interligar a dimensão científica do saber matemático a aspectos didáticos que dizem respeito diretamente à realização dos estudos escolares. Um dos desafios é compreender como ocorre essa passagem das condições paradigmáticas da produção acadêmica da ciência de referência para as condições de um contrato didático que pretenda preservar a importância de trabalhar com a validade das proposições e dos teoremas. Em segundo lugar, mesmo sendo possível constatar mudanças significativas no que diz respeito ao grau de sistematização com que tem aparecido nas fontes de referências da prática escolar, a argumentação continua presente entre as tarefas propostas para a educação matemática. Finalmente, o interesse em pesquisar o livro didático justifica-se pelo fato de esse tipo de publicação figurar entre os recursos mais usados no estudo da matemática, funcionando como uma referência para a validação dos conhecimentos construídos nesse contexto. Observa-se que, tanto para alunos como para professores, o livro didático se constitui em uma considerável fonte de informações para o estudo da matemática, onde a generalidade, a formalidade e particularmente o problema da validação assumem um estatuto diferenciado.

Ao teorizar a dimensão cultural dos saberes estudados na escola, Chervel (1990) observa que o livro didático assume uma importância diferenciada em função da própria natureza da disciplina de referência. Mesmo sendo um recurso pedagógico valorizado em quase todas as disciplinas, sua valorização pode ser alterada em virtude da natureza de cada uma delas. No caso da matemática, entendemos que a valorização do livro didático decorre do fato de este servir como parâmetro para a construção da objetividade, do rigor, da generalidade e de outras características do saber matemático. Dessa forma, conforme a especificidade de cada área, o livro didático assume diferentes estatutos na condução das praxeologias típicas da disciplina. Por esse motivo, no plano mais amplo de nossa pesquisa, estamos interessados em investigar o tratamento pedagógico induzido pelo livro didático. Isso corresponde a procurar entender a maneira como o livro didático funciona como mais uma instituição participante da transposição didática. Não se trata de atribuir uma importância maior a essa fonte de influência do ensino da matemática, mas de investigar a forma como o estudo da argumentação vem sendo proposto nesses livros.

De modo geral, o interesse no livro didático como importante fonte de dados vem sendo resgatado nos últimos anos, motivando a realização de pesquisas. Em parte, esse interesse deve-se à expansão das políticas públicas de distribuição de livros na rede pública de ensino, por meio do Programa Nacional do Livro Didático (PNLD). No caso da pesquisa aqui relatada, nossa atenção está voltada a livros publicados nas duas últimas décadas, com o objetivo de explicitar tendências atuais do ensino da geometria a partir de uma análise dos conteúdos, das estratégias e dos recursos propostos. A motivação para sua realização decorre da intenção de compreender parte dos elementos que determinam as relações entre a dimensão conceitual da matemática e as organizações didáticas associadas, entendendo-se que as técnicas empregadas por professores são parcialmente condicionadas pelas fontes de influência da transposição didática, entre as quais incluímos o livro didático.

A delimitação em torno da geometria justifica-se em face da continuidade de outros trabalhos já realizados no contexto de nosso próprio grupo de pesquisa sobre temas correlacionados, tendo em vista alguns sinais de revalorização do ensino da geometria e, mais particularmente, em relação ao tema da argumentação, tal como relatado em Freitas e Pais (1999). Esse trabalho revela um aspecto fundamental nessa linha de valorização da argumentação ao mostrar a indissociabilidade do tema com a questão mais ampla da formação de professores. De modo geral, constatamos que, em vista da grande diversidade das condições da formação profissional, nem sempre há uma clara compreensão, nem mesmo por parte dos professores, quanto ao significado epistemológico e didático das diferentes noções relacionadas ao tema da argumentação. Embora a pesquisa com a formação de professores revele, a rigor, outra linha de trabalho, neste artigo decidimos identificar o estatuto do tema em relação aos livros didáticos. Essa escolha deve-se ao fato de considerarmos que alguns dos atuais livros têm incorporado a valorização do tema em consequência de recomendações oriundas de outra fonte de influência, que são as regras instituídas pelo PNLD. Em outros termos, a questão de fornecer orientações mais objetivas para os professores, quer seja na formação inicial ou continuada, relacionadas a esse assunto, passa também pelo desafio de compreender as atuais tendências didáticas. Por outro lado, essa opção é também uma tentativa de contribuir para a retomada do ensino de geometria, que passou por um período recente de abandono no Brasil, como esclarece o trabalho de Pavanello (1993). Esse quadro levou-nos a definir a seguinte questão: "Quais são os elementos apresentados pelos livros didáticos de matemática, nos últimos anos, para organizar o estudo da argumentação nas proposições geométricas em nível das séries finais do ensino fundamental?".

## Referencial Teórico

A argumentação é uma das práticas intelectuais mais antigas na história da humanidade, tanto no plano cultural mais amplo do conhecimento social e científico quanto, mais particularmente, na construção do saber matemático. Apresentar a seus semelhantes argumentos convincentes sempre representou um tipo de poder, um nível de entendimento que promove a inteligência humana, bem como serve de instrumento para efetivar as ações individuais e institucionais. Os matemáticos demonstram teoremas para mostrar que estes são verdadeiros, mesmo que o reconhecimento dessa verdade esteja delimitado ao contexto de uma instituição social. Teorias sobre o processo argumentativo foram sendo construídas por causa da especificidade de cada área. Perelman (1993) observa que a finalidade das teorias argumentativas é o estudo de técnicas discursivas, as quais são cultivadas no contexto de cada área, em virtude da natureza do saber considerado. Esse autor ressalta que as técnicas discursivas têm a finalidade de "provocar ou aumentar a adesão dos espíritos às teses que se lhes apresentam ao sentimento". Esse aspecto do convencimento dos espíritos está entre as tradições preservadas pela disciplina da matemática.

## Argumentação e Método

Embora exista uma proximidade entre método e argumentação no plano didático, estamos utilizando a expressão *estratégias de ensino*, no sentido de descrever os procedimentos práticos e técnicos referentes a um método de ensino. Dessa maneira, percebemos que existe uma dupla interferência da argumentação em relação ao próprio conteúdo da geometria: de um lado, os argumentos matemáticos para validar um enunciado; de outro, os argumentos que validam uma estratégia de ensino. Por que o professor deve escolher uma ou outra maneira de ensinar? Quando se trata de discutir a questão da metodologia na construção do conhecimento geométrico, a argumentação passa a ser caracterizada de forma ainda mais especial. A tradição iniciada por Tales de Mileto parece ainda estar na raiz da questão. Toda estratégia de ensino deveria ser desenvolvida pelo professor com o objetivo de defender uma forma particular de ensinar ou de argumentar sobre a validade dos saberes com os quais trabalha. Ao buscar o significado etimológico do termo *método*, encontramos que seu sentido mais íntimo corresponde à escolha de um caminho para a busca da verdade que acreditamos existir. Assim, ao utilizar uma determinada estratégia de ensino, de certa forma estamos também praticando a escolha de um método, de um caminho que acreditamos ser o ideal para essa finalidade.

## Argumentação na Matemática e no Cotidiano

As relações entre o saber escolar e os conhecimentos não-escolares interferem no estudo da matemática, e no caso da argumentação essa interferência é ainda mais complexa. No contexto das organizações matemáticas, uma demonstração consiste em uma sequência de deduções baseadas em afirmações verdadeiras. Para que a demonstração esteja correta é necessário que cada componente dessa sequência esteja correto. Para isso acontecer é preciso que cada passagem esteja fundamentada em postulados, teoremas, definições e propriedades, os quais são elementos que constituem a organização dedutiva da matemática e que já foram aceitos como válidos. Não se pode passar de uma afirmação a outra sem fazer referência a regras que nada mais são que conteúdos já demonstrados ou aceitos como evidentes, como é o caso dos axiomas. No caso do diálogo usual do cotidiano, a fundamentação das passagens que compõem a argumentação segue outras regras.

A verificação da validade de uma proposição matemática para casos particulares não é suficiente para garantir que ela seja sempre válida. No entanto, esse tipo de procedimento exerce um papel importante na busca de contraexemplos, que, se encontrados, garantem a não-validade da proposição. Basta um contraexemplo para provar que a propriedade não vale, basta uma exceção para invalidar a regra, enquanto na linguagem do cotidiano podemos dizer que "a exceção confirma a regra". Verifica-se aí um conflito entre o princípio do terceiro excluído, da lógica formal e o da verdade estatística, da língua natural.

Há outras regras do discurso matemático que não obedecem à lógica do cotidiano. A hipótese e a conclusão de um teorema nem sempre são permutáveis, enquanto na lógica do cotidiano, quase sempre, funciona o *princípio da simetria*, ou seja, uma implicação normalmente subentende a validade de sua recíproca. Em matemática, para se provar que algo é verdade é necessário produzir uma sequência de implicações verdadeiras, isto é, partir de hipóteses e chegar a conclusões mediante deduções válidas, enquanto no cotidiano dizer a verdade significa "dizer toda a verdade". Além disso, as deduções geométricas devem se basear na parte não ostensiva do saber matemático, e não na parte ostensiva, como os desenhos, mesmo que estes tenham sido feitos com máximo rigor.

As regras implícitas da lógica do cotidiano frequentemente não obedecem aos mesmos princípios do discurso matemático formal, podendo mesmo se configurar em obstáculos à aprendizagem do funcionamento deste. Algumas pesquisas da área de psicologia cognitiva, conforme observa Lévy (1993), apontam que as dinâmicas de argumentação do cotidiano são muito menos estruturadas do que aquelas características dos textos escritos. É evidente que não se trata de desqualificar o discurso do cotidiano, pois ele é útil na própria dinâmica de fertilização de outras práticas argumentativas. A organização e coerência das afirmações usadas na argumentação cotidiana não seguem os mesmos princípios e regras do discurso científico. Entre esses dois extremos, situa-se a prática da argumentação no saber escolar. O desafio reside na articulação entre a argumentação do cotidiano e a científica, de tal modo que a primeira possa se aproximar da argumentação matemática.

Nesse sentido, acreditamos que o modelo de argumentação de Toulmin (1958) pode ser uma ferramenta importante para a análise do discurso dedutivo da matemática do ensino fundamental. Nesse modelo, a argumentação é composta de um esquema ternário semelhante ao utilizado por Aristóteles, consistindo de um enunciado ou conclusão (C), de um conjunto de dados (D) que justificam a afirmação (C) e de uma garantia (G) de que a passagem de D para C é legítima. O esquema ternário pode ser assim esquematizado:

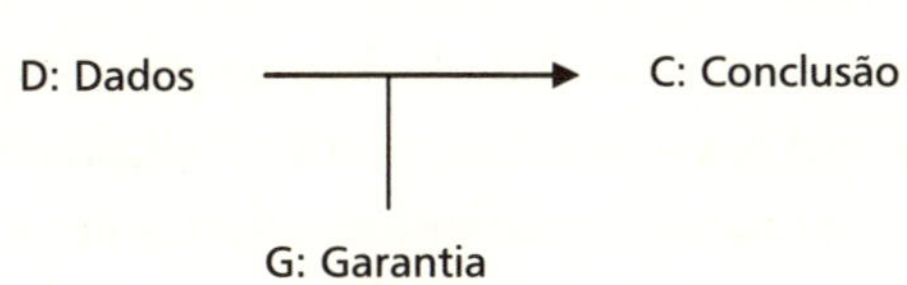


Tal esquema, apesar de simples, não está completo, pois, dependendo das características dos argumentos, a articulação do discurso pode ser mais complexa e necessitar de mais três elementos auxiliares, que são: a força (F) do argumento, a refutação potencial (R) do argumento e o suporte (S) da garantia. Assim Toulmin elabora um modelo completo, que toma a seguinte forma:

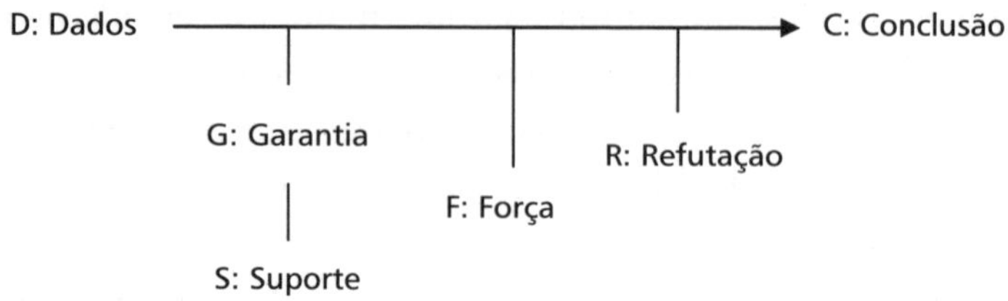


Embora nosso objetivo aqui não seja apresentar uma análise fina de argumentos contidos nos livros didáticos de matemática por meio do modelo de Toulmin, acreditamos que tal modelo seja adequado para o estudo de argumentações tanto do discurso do cotidiano quanto do discurso matemático formal. Os livros didáticos destinam-se ao trabalho com o saber escolar, saber esse que se constrói com elementos do saber do cotidiano, mas que busca o científico. Por isso, esses livros devem favorecer o acesso à argumentação científica, que nesse caso deve ocorrer por meio de textos discursivos que utilizem tanto a linguagem natural quanto a linguagem simbólica da matemática.

## Argumentação na Prática Educativa em Matemática

A argumentação científica e a didática, embora relacionadas, não se situam no mesmo plano epistemológico. Tampouco a argumentação tem o mesmo sentido em cada campo científico. Dependendo da área científica, os procedimentos metodológicos da argumentação podem se alterar. Nas praxeologias mais usuais da educação escolar da matemática, a argumentação se faz por meio de procedimentos e com diferentes estatutos. Muitas vezes a validade de uma ideia é argumentada por meio da simples exibição de uma figura ou da verificação de alguns casos particulares. Evidencia-se aí um conflito entre as lógicas indutiva e dedutiva. Embora a indução – a afirmação da validade de uma proposição geral com base na observação de casos particulares – seja uma prática utilizada na descoberta de propriedades matemáticas, esta não é uma conduta adequada na fase de formalização do conhecimento, pois não satisfaz a exigência de generalidade da matemática. O estatuto das provas e demonstrações se constitui num dos pontos centrais da valorização do estudo da matemática como ciência lógico-dedutiva. Embora no plano escolar a construção dessa lógica possa ser iniciada com práticas argumentativas do cotidiano, a partir de certo nível deverá haver rupturas.

Nas atividades características da cultura escolar não se trabalha somente com o argumento científico. No estudo da matemática, por exemplo, mesmo que seja legítimo defender a valorização da argumentação lógico-dedutiva, a exemplo do que é feito na apresentação textual do saber matemático, parece mais adequado considerá-lo como ponto de chegada e não de partida. Quanto menor o nível de escolaridade, mais válida nos parece essa postura. No âmbito da comunidade escolar, no espaço da sala de aula, é natural explorar formas diferenciadas de argumentação, como aquelas que consistem na verificação ou nas provas não formais. Denominamos verificação o exercício da comprovação ou não da validade em casos particulares de uma proposição.

## A Organização do Estudo da Matemática

A escolha de conteúdos, métodos e recursos resulta das fontes de influência que atuam na transposição didática, conforme destaca Chevallard (1991). Tais elementos encontram-se registrados em relatórios, teses, *softwares*, parâmetros, programas e outras publicações, entre as quais estão os livros didáticos. Entre os diversos registros textuais do saber existentes no contexto cultural da escola, escolhemos o livro didático para servir como fonte primária de dados da pesquisa aqui relatada. Na evolução das ideias contidas na teoria da transposição didática, encontra-se a teoria antropológica do didático, a qual estabelece elementos para a definição de uma praxeologia para estudar a organização do trabalho do professor de matemática. Ao estudar a prática cultural que se encontra enraizada no trabalho docente, Chevallard (2002) destaca a importância de identificar as tarefas, técnicas, tecnologias e teorias que proporcionam sustentação dos outros elementos. De maneira geral, qualquer momento de ensino caracteriza-se pela presença de alguma tarefa a ser desenvolvida. Por outro lado, a cultura escolar levou à definição de tarefas resolúveis por técnicas que devem ser ensinadas. Assim, podemos identificar a existência de um bloco que estabelece uma proximidade importante entre a dimensão prática e técnica da educação matemática. No entanto, as técnicas devem ser fundamentadas por alguma teoria que lhes dê sustentação, e essa teoria recebe o nome de tecnologia. Interessa-nos identificar como ocorrem as ligações entre as organizações matemáticas e didáticas induzidas pelos livros didáticos no caso mais pontual do Teorema de Pitágoras, e que traduzem elementos básicos da praxeologia do professor de matemática. Em termos dessa teoria, a questão norteadora desta pesquisa pode ser assim expressa: "Como os livros didáticos apresentam as articulações entre as organizações matemáticas e didáticas relativas ao ensino de teoremas básicos de geometria?".

## Aspectos Metodológicos da Pesquisa

Esta pesquisa foi empreendida com abordagem fenomenológica, no sentido descrito por Bicudo e Espósito (1994), buscando-se e analisando-se as essências contidas nos discursos dos livros didáticos. Focalizamos esse discurso a partir da materialidade encontrada nas páginas dos livros, na totalidade de seus textos, incluindo figuras, fotos e outros recursos. Estamos supondo que algumas das escolhas feitas pelos autores dos livros são realizadas em consequência de orientações pedagógicas publicadas pela comunidade de educadores matemáticos. Em outros termos, nossa intenção não é analisar tendências do ensino da matemática com base na subjetividade de um grupo de autores, mas identificar aspectos comuns nessas publicações e em que sentido tais orientações caracterizam uma tendência na área de Educação Matemática. Outro argumento para estudar tais tendências consiste em nosso compromisso com a formação de professores.

Os dados da pesquisa foram obtidos de 24 livros didáticos, sendo 12 da 7ª série e 12 da 8ª, publicados no Brasil no período de 1997 a 2002, os quais estão identificados no Anexo I por um código cujo primeiro dígito corresponde à série e o segundo ao número de ordem do livro. O período foi escolhido com base na implantação do PNLD, em 1995, o que poderia servir como mais uma fonte de influência da transposição didática. Por sua trajetória na história das disciplinas, tal como observa Chervel (1990), o livro didático revela uma parte considerável dos saberes com os quais os agentes da educação estão envolvidos. Isso acontece em relação a todas as disciplinas e em cada área esse tipo de livro assume características particulares. No caso da matemática, em decorrência da influência recebida das raízes positivistas, a estabilidade do texto didático assume um papel importante em vista de seus aspectos formais. Para explicitar a objetividade típica do saber matemático, valoriza-se a publicação de um texto que possa servir de referência na organização didática. Trata-se, por exemplo, de explicitar definições, propriedades, representações, teoremas e processos argumentativos, tais como as demonstrações, que conjuntamente expressam o raciocínio lógico típico da disciplina matemática. A partir dessa análise, foi obtido um conjunto de informações em relação à questão da pesquisa. Em seguida, essas unidades foram classificadas e submetidas a um processo de convergência e análise teórica, pelo qual destacamos ideias centrais que permeiam os livros didáticos.

## Descrição da Análise nos Livros Didáticos

Nesta seção descrevemos os principais elementos que identificamos no estudo dos ângulos opostos pelo vértice. Em quase todos os livros analisados encontramos uma mesma sequência. Ela se inicia pela apresentação de ângulos formados por duas retas concorrentes e pela definição de *ângulos opostos pelo vértice* a partir da observação de uma figura contendo duas retas e as indicações das medidas dos ângulos. Em seguida, tem-se o enunciado da propriedade, afirmando que ângulos opostos pelo vértice são congruentes (têm a mesma medida). A seguir, descreve-se uma sequência dedutiva indicando os ângulos diretamente sobre a figura e registrando que a soma dos ângulos adjacentes é igual a 180°. A sequência se finaliza com uma sessão de exercícios que apresentam retas concorrentes, nos quais é preciso encontrar o valor da medida de alguns ângulos opostos pelo vértice, normalmente indicados por letras minúsculas.

Alguns livros, além do relatado anteriormente, antes de enunciarem a propriedade, sugerem que os alunos meçam os ângulos da figura utilizando instrumentos do desenho (7.4, 7.8, 7.9, 7.11 e 7.12). Outros (7.5, 7.11) pedem que os alunos encontrem medidas de ângulos, em casos particulares com medidas dadas. Outros apresentam a notação de congruência (7.5 e 7.6). O livro 7.5 explica o significado dos termos *postulado*, *teorema* e *demonstração*. O livro 7.7 faz considerações históricas sobre Tales de Mileto e apresenta um exercício resolvido, precedendo os exercícios propostos. Os livros 7.8 e 7.12 apresentam figuras do mundo real contendo ângulos opostos pelo vértice (pés de uma tábua de passar roupa e duas espadas de esgrima que se cruzam). O livro 7.8 é o único que apresenta um pequeno texto em que um personagem enuncia a proposição. Os únicos livros que sugerem articulações com outros conteúdos de geometria são 7.8 (feixe de paralelas cortadas por uma transversal) e 7.11 (diagonais de quadriláteros e feixe de paralelas cortadas por transversal).

No que concerne ao Teorema de Pitágoras, observamos que alguns livros publicados na última década já apresentam demonstrações utilizando áreas, mas a maioria traz a demonstração clássica usando semelhança de triângulos. Essa diversificação revela também outro componente presente em alguns livros, que consiste em relacionar um conteúdo da matemática com outros conteúdos da própria matemática, o que chamamos de *articulação interna*.

O livro 8.8 (p. 36) anuncia a intenção de construir uma sequência lógico-dedutiva: "Vamos deduzir o Teorema de Pitágoras, isto é, mostrar que ele é verdadeiro". Dessa maneira, o livro revela a existência de uma tarefa que está na essência epistemológica da matemática, que é a demonstração de teoremas, ligada ao problema da verdade do conhecimento. Em outros termos, esse livro vincula explicitamente o problema da argumentação ao problema da verdade na construção do conhecimento matemático. Dessa maneira, a dedução é proposta como técnica para realizar uma tarefa, que neste caso consiste em mostrar que o teorema é verdadeiro. Nos termos adotados por Chevallard (2002), podemos dizer que as demonstrações, tal como aparecem nos livros didáticos, caracterizam-se como a realização de um *tipo de tarefa*.

No contexto das séries finais do ensino fundamental surgem as primeiras proposições demonstráveis da geometria. A partir da intenção de mostrar que o teorema é verdadeiro, o livro 8.8 propõe ainda uma articulação entre uma representação gráfica e uma expressão algébrica, como mostra o seguinte parágrafo: "Na situação da figura, sabemos que: $b^2 = a \cdot m$ e $c^2 = a \cdot n$. Vamos somar as duas igualdades: $b^2 + c^2 = a \cdot m + a \cdot n$". Assim, o livro explicita uma parte da técnica empregada para construir a demonstração do teorema, ou seja, operações algébricas são realizadas a partir das igualdades obtidas, cuja continuidade depende da aplicação de outra técnica, estudada anteriormente, que é a fatoração. Não devemos esquecer que, ao descrever a técnica, o livro lança mão de, no mínimo, três tipos de representação: gráfica (desenho de uma figura geométrica), algébrica e também o texto na língua materna, procurando desenvolver certas articulações entre elas.

A proposta de diversificação de linguagem é também uma das tendências mostradas pelos livros didáticos mais recentes. Ao recorrer à aplicação da técnica da fatoração, o texto esclarece: "Agora fatoramos a expressão a.m + a.n, colocando o fator "a" em evidência: $b^2 + c^2 = a \cdot (m + n)$". Mais uma vez tem-se uma articulação entre a representação gráfica e a dedução de relações: "Veja <u>na figura</u> que $m + n = a$. Logo, $b^2 + c^2 = a \cdot a$, ou seja, $b^2 + c^2 = a^2$" (grifo dos autores). Ao esclarecer para o leitor que "deduzimos o Teorema de Pitágoras, usando as fórmulas que foram deduzidas com base na semelhança de triângulos", o texto sintetiza uma das mais fortes características do pensamento lógico-dedutivo, que consiste no encadeamento de afirmações e na articulação com conceitos já estudados.

Para exemplificar a *presença da lógica argumentativa* nos livros didáticos, no que se refere ao ensino da geometria, destacamos uma situação proposta no livro 8.10 (p. 214), na qual o desenho de um personagem é usado para colocar a questão: "Mas como ter certeza que esta proposição é sempre válida?". Assim, além de fazer referência à validação, esse livro mostra uma articulação entre um componente matemático e um dispositivo didático, que é o uso de desenhos de personagens para expandir as condições de comunicação com o aluno. Essa situação, tal como aparece no livro, levanta o problema da validação no estudo da matemática, que, colocada no contexto da resolução de problemas, pode estar associada à apresentação de uma sequência lógico-dedutiva, embora nem sempre isso aconteça.

## Elementos de Síntese

Ao finalizar este artigo, reconhecemos que a vertente aqui iniciada nos proporciona um amplo espectro de questões motivadoras para realizar outras pesquisas. Na linguagem usual da fenomenologia, podemos falar em termos de levantar algumas *categorias abertas*, cujo significado revele a ideia, bem didática, de sinalizar a existência de direções potencialmente capazes de abrir novas frentes de estudo. A partir desse entendimento, passamos a enumerar alguns pontos que se destacaram na análise realizada.

## Presença da Argumentação nos Livros Didáticos

A realização da pesquisa permitiu constatar que o tema da argumentação – e mais particularmente a parte relacionada ao estudo da geometria em nível das séries finais do ensino fundamental – está fortemente presente nos livros didáticos publicados nos últimos anos no Brasil. Foi possível constatar que esse tema se constitui em uma categoria epistemológica e didática que tem sido relativamente preservada no atual ensino da matemática escolar. Adotando a noção de *vulgata*, proposta por Chervel (2000), podemos dizer que esse tema se constitui em um dos traços da atual vulgata de ensino da matemática, o que sinaliza um tipo específico de tarefas matemáticas para o qual os professores e os formadores de professores devem estar atentos. Essa presença não tem a mesma intensidade ou clareza em todos os livros didáticos, dada a diversidade significativa constatada ao observarmos todos os livros. Dos 24 livros analisados, alguns destacam o tema por meio da proposição direta de questões sobre a validade de um enunciado da geometria, procurando estabelecer um diálogo direto com o aluno. Por exemplo, no contexto do estudo dos ângulos opostos pelos vértices, após se verificarem casos particulares, pode constar uma frase do tipo: "Será sempre verdade que os ângulos opostos pelo vértice têm a mesma medida?", revelando sinais de valorização de um *momento exploratório* do processo de estudo, tal como teoriza Chevallard (2002), para destacar a passagem do *momento do primeiro contato* com um tipo de tarefa para aquele que caracteriza o *trabalho com a técnica* propriamente dita. Por outro lado, alguns dos livros didáticos publicados há mais de uma década colocam o mesmo tema de maneira mais sistematizada, recorrendo à formalização do enunciado de um teorema seguido da respectiva demonstração. Ao constatar essa diferença na forma de apresentação do tema, fomos levados a identificar traços de alterações nas organizações didáticas relacionadas à argumentação.

## Alterações na Sistematização do Estudo da Argumentação

Os livros didáticos analisados revelam alterações significativas quanto aos diferentes graus de sistematização na maneira de organizar o estudo da argumentação no estudo da geometria. De modo geral, nos livros didáticos publicados há mais de uma década o tratamento didático do tema da argumentação é conduzido de maneira mais sistematizada, usando, por exemplo, uma linguagem mais específica do contexto epistemológico da ciência de referência. Por outro lado, os livros didáticos mais recentes tendem a alterar essa sistematização, não somente no aspecto da linguagem matemática como também na forma de apresentar o discurso dedutivo. Do ponto de vista teórico, podemos dizer que alguns livros didáticos mais recentes revelam sinais de redução da abordagem euclidiana tradicional da geometria. Entendemos que o ponto de equilíbrio necessário e desejável nessa mudança é a superação do euclidianismo, segundo linguagem adotada por Gascón (2003) ao descrever diferentes modelos epistemológicos existentes no quadro geral das organizações didáticas da matemática. Entendemos que não se trata de desvalorizar o estudo da argumentação, mas corrigir um exagero de formalismo que predominou durante vários séculos no ensino da matemática. Observamos ainda que alguns livros didáticos publicados mais recentemente mostram uma tendência que consiste na diversificação das estratégias e dos recursos sugeridos para o ensino da argumentação.

## Articulação da Argumentação com a Resolução de Problemas

Os livros didáticos de matemática publicados no transcorrer dos últimos anos no Brasil revelam uma forte tendência que consiste em valorizar diferentes tipos de articulação entre os conteúdos estudados para expandir as condições de ensino e aprendizagem. Entre os diferentes tipos de articulação, a pesquisa realizada revelou a existência da estratégia de ligar a resolução de problemas com o tema da argumentação. Em outras palavras, quando o livro didático adota a estratégia de resolução de problemas, há aparentemente um menor grau de formalidade no tratamento conceitual do saber matemático, embora não seja possível fazer afirmações genéricas quanto a isso, uma vez que as entrelinhas do texto apresentado podem revelar aspectos essenciais da construção lógica de argumentação do saber matemático.

## Dialética entre Dedução e Indução no Estudo da Argumentação

A realização desta pesquisa nos permitiu constatar ainda que alguns livros didáticos publicados nos últimos anos revelam uma tendência de complementar a organização lógico-dedutiva da argumentação geométrica por meio da valorização de estratégias indutivas em atividades voltadas à validação do conhecimento. Esta é uma estratégia diferenciada porque não estabelece uma única maneira de ensinar a validação do saber matemático. Do ponto de vista teórico, estamos interpretando essa estratégia como a valorização de uma dialética entre o pensamento dedutivo e o indutivo no tratamento didático da argumentação. Caraça (1941), ao analisar a fundamentação lógica de conceitos, rejeita a ideia de atribuir ao saber matemático uma origem somente racional e defende o princípio de que a elaboração do saber deve passar por permanentes laços dialéticos entre a dimensão racional e aspectos experimentais do conhecimento. Dessa maneira, entendemos que o ensino da argumentação, por meio dessa visão dialética, constitui-se como uma das estratégias que pode ampliar as condições de estudo desse tema, que é central na epistemologia do saber matemático.

## Referências

BICUDO, M. ESPÓSITO, V. *Pesquisa qualitativa em educação*. Piracicaba: Editora da Unimep, 1994.

CARAÇA, B. J. *Conceitos fundamentais da matemática.* Lisboa: Editorial, 1941.

CHERVEL, A. *História das disciplinas escolares:* reflexões sobre um campo de pesquisa. Porto Alegre: Teoria e Educação. n. 2, p. 177-229, 1990.

__________. *La culture scolaire*. Paris: Belin, 2000.

CHEVALLARD, Y. *La transposition didactique*. Paris: Pensée Souvage, 1991.

CHEVALLARD, Y. et al. *Organiser l'étude*. Actes de la 11e École d'Été de Didactique des Mathématiques. Grenoble: La Pensée Sauvage, 2002.

FREITAS, J. L. M.; PAIS, L. C. *Um estudo dos processos de provas no ensino e aprendizagem da geometria no primeiro grau*. Rio Claro: Bolema. p. 42-62, 1999.

GASCÓN, J. La necesidade de utilizar modelos en didática de las matemáticas. In: *Educação Matemática Pesquisa*. v. 5, n. 3. São Paulo. EDUC. p. 11-37, 2003.

LEVY, P. *As tecnologias da inteligência*. O futuro do pensamento na era da informática. Rio de Janeiro: Editora 34, 1993.

PAVANELLO, R. O abandono do ensino da geometria no Brasil. *Zetetiké*. Campinas: UNICAMP. n. 1, 1993.

PEDEMONTE, B. *Étude didactique et cognitive des rapports de l'argumentation et de la démonstration dans l'apprentissage des mathématiques*. Thèse de l'Université Joseph Fourier, Grenoble I, 2002.

PERELMAN, C. *Tratado da argumentação*. São Paulo: Martins Fontes, 1993.

TOULMIN, S. E. The use of arguments. Cambridge: University Press, 1958; Tradução francesa por De Brabanter P. *Les usages de l'argumentation*. Paris: Presse Universitaire de France, 1993.

# ANEXO I – IDENTIFICAÇÃO DOS LIVROS DIDÁTICOS

| CÓDIGO | AUTOR | EDITORA | ANO |
|---|---|---|---|
| 7.1 e 8.1 | Fernando Trotta | Scipione | 1986 |
| 7.2 e 8.2 | Álvaro Andrini | Brasil | 1989 |
| 7.3 e 8.3 | Gelson Iezzi, Oswaldo Dolce, Antônio Machado | Atual | 1991 |
| 7.4 e 8.4 | José Ruy Giovanni, Castrucci e Giovanni Jr. | FTD | 1992 |
| 7.5 e 8.5 | Edwaldo Bianchini | Moderna | 1993 |
| 7.6 e 8.6 | Scipione Di Pierro Netto | Scipione | 1995 |
| 7.7 e 8.7 | Oscar Guelli | Ática | 1997 |
| 7.8 e 8.8 | Luiz Márcio Imenes e Marcelo Lellis | Scipione | 1999 |
| 7.9 e 8.9 | José Jakubo, Marcelo Lellis e Marília Centurión | Scipione | 1999 |
| 7.10 e 8.10 | Antônio José Lopes Bigode | Scipione | 2000 |
| 7.11 e 8.11 | Célia Carolino Pires, Edda Curi, Ruy Pietropaolo | Atual | 2001 |
| 7.12 e 8.12 | José Ruy Giovanni e Eduardo Parente | FTD | 2002 |

# PARTE IV

# ORGANIZAÇÃO E DESENVOLVIMENTO CURRICULAR

# CAPÍTULO 12

## IMPLEMENTAÇÃO DE INOVAÇÕES CURRICULARES EM MATEMÁTICA: EMBATES COM CONCEPÇÕES, CRENÇAS E SABERES DE PROFESSORES

Célia Maria Carolino Pires – PUC-SP


### Resumo

No presente artigo, apresentamos uma análise da trajetória histórica de reformas curriculares no Brasil, para a etapa correspondente à educação fundamental (que atende a alunos de 7 a 14 anos e é de caráter obrigatório), buscando resgatar avanços e dificuldades enfrentadas no processo de implementação de inovações na sala de aula. Apresentamos reflexões a respeito da desarticulação entre formação de professores e processos de mudança, inovação e desenvolvimento curricular, que sempre caracterizou as ações das políticas públicas em nosso país. Por não levar em conta as concepções, crenças, conhecimentos e atitudes de um dos principais protagonistas do processo de implementação, o professor, as concepções norteadoras das propostas, via de regra, passaram a fazer parte do discurso pedagógico sem, no entanto, penetrar na raiz das questões que se procurava enfrentar. A produção de pesquisas na área de formação de professores, que se expandiu e aprofundou a partir dos anos 1980, fornece pistas importantes para compreender e buscar encontrar soluções, de modo que o processo de inovação curricular promova uma educação matemática dos alunos, com a qualidade desejada.


**Palavras-chave:** Reformas Curriculares; Formação de Professores; Ensino de Matemática.


### Abstract

This article analyzes the historic trajectory of curriculum reforms in Brazil, in relation to the stage corresponding to Basic Education (compulsory schooling for students aged between 7 and 14). It highlights the mismatch between teacher education and the processes of change, innovation and curriculum development that has always characterized public policy in our country. In not taking into account the beliefs, knowledge and attitudes of the principal protagonist of curriculum implementation, the teacher, the conceptions behind the proposals generally become part of the pedagogic discourse without penetrating the roots of the issues they seek to address. Researches in the area of teacher education, that have been growing in number and in depth since the 80s, point to factors important in both developing understandings and searching for solutions that will enable the realization of process of curriculum innovation that supports students' learning.

**Keywords:** Curriculum Reform; Teacher Education; Mathematics Education.

## Introdução

O presente artigo é um dos produtos do projeto de pesquisa que coordenamos no âmbito do Programa de Estudos Pós-Graduados em Educação Matemática da PUC/SP, denominado "Formação de Professores e Inovações Curriculares nos Ensinos Fundamental e Médio", que reúne mestrandos e doutorandos e tem como finalidade investigar os processos de organização, desenvolvimento e implementação curricular nos ensinos fundamental e médio, no sistema educacional brasileiro e as relações entre esses processos e a formação inicial e continuada de professores. Os trabalhos desenvolvidos dedicam-se a análises sobre a trajetória da organização curricular brasileira para essas etapas da escolaridade e, em especial, as atuais propostas de ensino de matemática, focalizam diferentes variáveis que intervêm na formulação de propostas curriculares e discutem como as diretrizes veiculadas por documentos oficiais são traduzidas na prática dos professores em sala de aula e nos livros didáticos. Desse modo, o projeto visa também investigar não apenas as prescrições dos documentos oficiais, mas também o currículo efetivamente desenvolvido nas salas de aula. Uma das preocupações que emergiram ao longo do desenvolvimento do projeto refere-se à relação entre processos de mudança, inovação e desenvolvimento curricular e os processos de formação inicial e continuada de professores. Embora esses dois processos sejam alvo de estudos importantes na área de Educação Matemática, em especial o da formação de professores, geralmente tais estudos são feitos isoladamente.

A leitura de autores como Garcia (1998) que discute a necessidade de integrar a formação de professores em processos de mudança, inovação e desenvolvimento curricular, despertou o interesse do grupo de pesquisa pelo tema. Garcia considera que a formação de professores deve ser analisada em relação ao desenvolvimento curricular e deve ser concebida como uma estratégia para facilitar a melhoria do ensino. Garcia cita Escudero (1992) que se refere à dissociação que existe atualmente entre os processos de mudança curricular e a formação de professores. Do ponto de vista deste autor,

> "a formação e a mudança têm de ser pensadas em conjunto; como duas faces da mesma moeda. Hoje é pouco defensável uma perspectiva sobre a mudança para a melhoria da educação que não seja, em si mesma, capacitadora, geradora de sonho e compromisso, estimuladora de novas aprendizagens e, em suma, formativa para os agentes que têm de desenvolver na prática as reformas. Simultaneamente, a formação, se bem entendida, deve estar preferencialmente orientada para a mudança, ativando reaprendizagens nos sujeitos e na sua prática docente que dever ser, por sua vez, facilitadora de processos de ensino e de aprendizagens dos alunos" (Escudero, 1992, p. 57, apud Garcia 1998, p. 28).

Ao reconstituir a trajetória histórica das reformas curriculares no Brasil, incluindo o período mais recente, constatamos que a participação e o envolvimento dos professores que atuam em sala e aula no processo de elaboração, discussão e implementação de inovações curriculares sempre foi bastante restrita. Desse modo, muitas questões podem ser formuladas a respeito das relações entre a implementação de inovações curriculares e a participação de professores: "Por que professores aparentam ser resistentes às novas ideias que, em geral, são veiculadas nos documentos curriculares? A exclusão dos professores no processo de elaboração de propostas pode ser um dos elementos responsáveis por essa 'resistência'?".

Neste artigo, com base em pesquisa documental que realizamos, em alguns dados coletados no âmbito do grupo de pesquisa e ainda em nossas experiências em processos de reformas curriculares[1], reunimos alguns elementos da trajetória histórica das reformas buscando evidenciar essa relação entre implementação de inovações curriculares e o envolvimento de professores de sala de aula nesse processo.

## Reformas Curriculares e Processos de Mudança

Os termos "reorientação", "inovação", "revisão" são inerentes aos processos de reformas curriculares. Poder-se-ia interpretar que quando uma reforma curricular é posta em ação isso acontece devido à constatação de que algo não vai bem e precisa ser modificado. A retrospectiva das reformas, no entanto, mostra que

[1] Integramos a equipe de coordenação e de elaboração dos Parâmetros Curriculares Nacionais para o ensino fundamental e para a Educação de Jovens e Adultos, do Ministério da Educação do Brasil.

nem sempre isso ocorre ou, pelo menos, não ficam tão explicitadas as motivações presentes.

Em geral, no Brasil, as reformas de projetos curriculares das disciplinas, são atreladas a alterações na estrutura do sistema de ensino como, por exemplo, a expansão do período de escolaridade obrigatória. Outra motivação para as reformas, num período mais recente, é a necessidade de organizar currículos que se adaptem às avaliações internacionais. Esse fato, que ocorre em diferentes países, é destacado por Keitel e Kilpatrick:

> "As investigações comparativas internacionais têm-se tornado cada vez mais sofisticadas. Em conjunto com os julgamentos dos especialistas sobre o modo como o currículo da Matemática deve ser representado internacionalmente, têm sido feitas análises cuidadosas de documentos oficiais e materiais escritos. Foram efetuadas análises a variáveis como o tempo reservado para vários tópicos em diferentes sistemas, a proporção de sistemas que tratam um dado tópico em cada ano, a forma como varia, nos manuais, o espaço concedido a um tópico, e como difere a organização dos manuais nos diferentes sistemas. Mesmo assim, o currículo internacional idealizado, definido por um conjunto comum de tarefas organizadas por tópicos de conteúdo, continua a ser a norma para medir o desempenho. Não é concedida nenhuma tolerância pelo fato de existirem objetivos, questões, histórias e contextos que são diferentes entre os currículos de Matemática dos sistemas em estudo. Ninguém aborda realmente em que medida os alunos de um dado sistema estão aprendendo o currículo de Matemática que o seu sistema lhes oferece.[2]"

Esses mesmos autores destacam um ponto bastante importante sobre a participação dos professores, quando fazem referência a "currículos planejados" e "currículos implementados":

> "Uma tentativa para lidar com a complexidade curricular foi a de distinguir entre o currículo planejado e o currículo implementado. Uma distinção entre o currículo planejado (tal como está representado em documentos oficiais, manuais ou em ambos) e o currículo implementado (normalmente medido por questionários aos professores) foi feita no Second International Mathematics Study – SIMS (Travers e Westbury, 1989). A distinção já tinha sido antecipada no First International Mathematics Study – FIMS

[2] KEITEL, Christine; KILPATRICK, Jeremy. In: *The rationality and irrationality of international comparative studies.* Capítulo 16. International comparisons in mathematics education (studies in mathematics education series 11, p. 241-256). Editado por G. Keiser, E. Luna; I. Huntley. Londres: Falmer Press,1998.

(Husén, 1967) – pela utilização de classificações dos professores das oportunidades de aprendizagem dos conteúdos relativos a cada item testado. Apesar dos termos planejado e implementado transportarem a infeliz conotação de que as únicas intenções que contam são as oficiais, e de que *os professores não passam de meros executores que implantam no terreno planos de outras pessoas,* esta distinção foi útil, na medida em que ajudou a distinguir o planejado do que é a realidade curricular."

Em artigo publicado em 2003, destacamos que no Brasil, um fenômeno comum a diferentes níveis do sistema de ensino é a introdução, em determinados períodos, de mudanças curriculares que não têm o apoio de experiências concretas anteriores nem o envolvimento dos professores, protagonistas de sua implementação. Historicamente, uma das marcas das políticas públicas brasileiras no que se refere a questões curriculares é, sem dúvida, a falta de ações de implementação curricular, como se novas ideias se transformassem em prática num passe de mágica. Além da ausência de ações de implementação, outra marca é a falta de acompanhamento/avaliação das inovações propostas, o que não permite fazer um "julgamento" adequado, contabilizando acertos e erros.

Em virtude disso, destacamos algumas consequências bastante conhecidas: uma delas é a convivência "eterna" de currículos prescritivos (os dos documentos oficiais) e os currículos reais (os da sala de aula, que os professores realizam); outra consequência é a falta de dados consistentes para promover as mudanças necessárias ou investir fortemente naquilo que vem dando bons resultados.

Enfatizamos ainda a presença de um descompasso frequente entre as orientações curriculares e as avaliações institucionais. Geralmente, as avaliações pautam-se em matrizes curriculares elaboradas especialmente com a finalidade de "medir" algumas competências dos estudantes, deixando de avaliar (às vezes pelas próprias limitações de uma prova) outras competências importantes, em particular as que envolvem, por exemplo, atitudes, valores etc. Ademais, cobram o domínio de conteúdos matemáticos que nem sempre os professores trabalharam em sala de aula por falta de orientações curriculares mais claras. O baixo desempenho dos estudantes divulgado pelos órgãos de avaliação provocam espanto e inquietude na sociedade, sem, no entanto, aprofundar as causas dessa ocorrência: a ausência do debate curricular nos sistemas de ensino e nas escolas.

## Os Professores e as Reformas Curriculares

Os termos "saberes", "conhecimentos", "concepções", "crenças" têm sido objeto de discussões teóricas de vários autores que estudam a formação de professores e procuram caracterizar cada um deles para melhor compreender as variáveis que interferem na formação e na atuação profissional docente. Embora esse não seja o foco deste artigo, indicaremos os autores que tomamos como referência na utilização desses termos.

Destacamos inicialmente a contribuição de Thompson (1992), o conhecimento dos professores para ensinar matemática está muito ligado às crenças e concepções que os professores têm sobre a matemática e seu ensino. Para essa autora, tanto as concepções como as crenças têm um componente cognitivo, mas a diferença entre elas é que as primeiras são mantidas pelas convicções, são consensuais e têm procedimentos para valorizar sua validade e as segundas não.

Ball (1991), por sua vez, considera que os pressupostos e crenças do professor interagem com o conhecimento que eles têm da matemática, influenciando a tomada de decisões e as ações do professor para ensinar matemática.

Para Tardif (2002) as crenças e representações que os futuros professores possuem a respeito do ensino agem como conhecimentos prévios que calibram as experiências de formação e orientam seus resultados.

Para Tardif (2002, p. 72)

> "o professor em sua atuação profissional, baseia-se em juízos provenientes de tradições escolares que ele interiorizou, em sua experiência vivida, enquanto fonte viva de sentidos a partir da qual o passado lhe possibilita esclarecer o presente e antecipar o futuro."

Elbaz (1983) afirma que todas as espécies de conhecimento do professor são integradas e filtradas pelos valores e crenças pessoais, constituindo assim, um saber que orienta a prática profissional.

Cury (1999) chama a atenção para o fato de que para os termos "concepções" e "crenças" não há definições unânimes e que muitas vezes são até conflitantes. Com relação às concepções de professores de matemática, Cury (1999) afirma:

> "Os professores de Matemática concebem a Matemática a partir das experiências que tiveram como alunos e professores, do conhecimento que construíram, das opiniões de seus mestres, enfim, das influências socioculturais que sofreram durante sua vida, influências que vêm sendo construídas e passadas de geração para geração, a partir das ideias de filósofos que refletiram sobre a Matemática" (Cury, 1999, p. 40).

A autora comenta ainda que a essas ideias somam-se todas as opiniões que os professores formam sobre a matemática como disciplina, sobre seu ensino e aprendizagem, sobre seu papel como professores de matemática, sobre o aluno como aprendiz, ideias essas nem sempre bem justificadas (Cury, 1999, p. 41).

Consideramos que, no processo de discussão sobre reformas curriculares e sua implementação, os professores não têm sido ouvidos e também suas práticas e os saberes que constroem por meio dela não são levados em conta. Da mesma forma, os estudos sobre concepções e crenças como os que fizemos referência também não têm interferência na reflexão sobre a aparente resistência a novas ideias do âmbito curricular, mesmo quando essas ideias parecem, aos olhos dos elaboradores de currículo e da comunidade acadêmica, bastante claras e sua proposição se revelaria como autoexplicável: é o caso da resolução de problemas como eixo metodológico, da necessidade de estabelecer conexões intra e extramatemática para os diferentes assuntos trabalhados etc. A consequência é a não incorporação dessas ideias ou sua incorporação distorcida, nas salas de aula.

## Reformas Curriculares no Brasil: O Que Trouxeram de Novo? Como os Professores Foram Incorporados nas Discussões?

O debate sobre "currículo" é sempre muito polêmico, pois envolve a análise de diferentes perspectivas em que se incluem dimensões sobre a própria área de conhecimento, bem como as dimensões sociais, culturais e políticas em que esse currículo vai estar inserido.

Além da natural complexidade do processo, as decisões curriculares no Brasil foram, historicamente, marcadas por procedimentos bastante questionáveis. Uma das marcas das políticas públicas brasileiras no que se refere a questões curriculares é, sem dúvida, a falta de ações de implementação curricular, como se novas ideias se transformassem em prática, num passe de mágica. Além da ausência de ações de implementação, outra marca é a falta de acompanhamento/avaliação das inovações propostas, o que não permite fazer um "julgamento" adequado, contabilizando acertos e erros. As consequências são conhecidas: uma delas é a convivência "eterna" de currículos prescritivos (os dos documentos oficiais) e os currículos reais (os da sala de aula, que os professores realizam); outra consequência é a falta de dados consistentes para promover as mudanças necessárias ou investir fortemente naquilo que vem dando bons resultados.

Assim, um fenômeno comum a diferentes níveis do sistema de ensino (federal, estadual, municipal) é a introdução, em determinados períodos, de mudanças curriculares que não têm o apoio de experiências concretas anteriores nem o envolvimento dos professores, protagonistas de sua implementação.

A pesquisa de documentos que permitem reconstituir partes da história das reformas curriculares no Brasil evidenciam dois importantes marcos na primeira metade do século XX: a chamada reforma Francisco Campos, em 1931, e a reforma Gustavo Capanema, em 1942. Na primeira, o educador brasileiro Euclides Roxo teve papel importante, ao propor a unificação dos campos matemáticos – álgebra, aritmética e geometria – numa única disciplina, a matemática, com a finalidade de abordá-los de forma articulada inter-relacionada, uma vez que anteriormente cada um deles era estudado como disciplina independente. Roxo defendeu ainda a ideia de que o ensino da geometria dedutiva deveria ser antecedido de uma abordagem prática da geometria. Se na Reforma Francisco Campos, a concepção de currículo foi ampliada para além da mera listagem de conteúdos a serem ensinados, incluindo uma discussão de orientações didáticas, na reforma seguinte, de 1942, essas inovações não se mantiveram, o que revela que as decisões curriculares, no Brasil, foram historicamente marcadas por procedimentos bastante questionáveis, influenciados por questões políticas ou influências de poder de alguns grupos ou mesmo de pessoas.

Na história mais recente, que será objeto de nossa análise, podemos identificar três períodos marcantes: o primeiro, caracterizado pela influência do Movimento Matemática Moderna (de 1965 a 1980); o segundo, caracterizado por reformas que buscavam se contrapor ao ideário do Movimento Matemática Moderna (de 1980 a 1994) e lideradas por Secretarias Estaduais e Municipais de Ensino; o terceiro, organizado em nível nacional e consubstanciado num documento divulgado ao conjunto das escolas brasileiras, denominado Parâmetros Curriculares Nacionais (a partir de 1995).

## O Período de Influência da Matemática Moderna

O Movimento Matemática Moderna foi, sem sombra de dúvida, um dos principais marcos de reformas, provocando alterações curriculares em países com sistemas educativos e realidades diversas. No Brasil, a Matemática Moderna foi veiculada inicialmente por meio de livros didáticos, sem adequada preparação dos educadores nem suficiente discussão de seus propósitos. A Matemática Moderna surgiu no Brasil como substituta definitiva da velha matemática, com a qual parecia não manter relação alguma.

As primeiras manifestações oficiais da introdução de novos programas bem como a introdução da linguagem da Matemática Moderna, destinada aos alunos da escola secundária, foram feitas nos Congressos Brasileiros do Ensino de Matemática, realizados em Salvador (1955), Porto Alegre (1957), Rio de Janeiro (1962) e Belém (1967), com a participação de grupos restritos de professores.

No artigo "Introdução da Matemática Moderna no Brasil", Oswaldo Sangiorgi, professor de matemática e um dos pioneiros na divulgação do movimento no Brasil, relata:

> "...Nos dois primeiros Congressos, o problema da introdução da Matemática Moderna foi tratado como um simples aceno traduzido em algumas resoluções aprovadas em plenário e, no realizado no Rio de Janeiro, foram aprovadas decisões no sentido de serem experimentadas estas novas áreas da Matemática e os resultados serem apresentados no Congresso seguinte; foi no Congresso de Belém que se tratou com objetividade a introdução da Matemática Moderna no ensino secundário" (p. 9).

No sistema de ensino público do Estado de São Paulo, a presença da Matemática Moderna ficou especialmente registrada na elaboração dos chamados Guias Curriculares, organizados para orientar as escolas de 1º grau, que se estruturavam em cursos de oito séries, por força da Lei de Diretrizes e Bases da Educação Nacional (L.F. nº 5692/71).

Neles, observa-se também a preocupação da Secretaria da Educação em oferecer sugestões de caráter metodológico, definir objetivos, além da apresentação dos conteúdos. Trechos extraídos da "Introdução" desse documento evidenciam a tentativa de incorporar algumas críticas que já vinham sendo feitas à implantação da Matemática Moderna.

Com relação à orientação a ser dada à matemática – clássica ou moderna – dizia-se no documento:

> "Achamos conveniente dizer algumas palavras quanto à assim chamada Matemática Moderna. Esse assunto tem dado oportunidade a muitas polêmicas, a nosso ver estéreis. Pensamos que todo o problema se resume na infeliz escolha do nome: Matemática Moderna. A Matemática não é moderna nem clássica: é simplesmente a Matemática. Ocorre que, como muitas outras ciências, ela experimentou nos últimos tempos uma evolução extraordinária, provocando uma enorme defasagem entre a pesquisa e o ensino da matéria. O que deve ser feito, e isso é importante, é uma reformulação radical dos programas, para adaptá-los às novas concepções surgidas, reformulação essa que deve atingir as técnicas e estratégias utilizadas para a obtenção dos objetivos propostos. Nessa acepção, achamos que o movimento que levou a uma orientação moderna no ensino da Matemática é irreversível, no sentido de um maior dinamismo na aprendizagem da mesma, em contraste com a maneira estática como era apresentada. Sentimos, portanto, que a orientação dada a um curso de

> Matemática deve ser moderna e, para isso, é necessário que se dê ênfase, no estudo da matéria, a certos aspectos que visam destacar a indiscutível unidade da Matemática, mostrando-a como uma construção única sem compartimentos estanques. Dentre esses aspectos, gostaríamos de evidenciar dois deles, que consideramos de importância fundamental: o papel central desempenhado pelas estruturas matemáticas, estruturas essas que podem ser evidenciadas no estudo dos campos numéricos bem como na geometria, e o importantíssimo conceito de relação e, mais especificamente, o conceito de função, que pode ser abordado não só no estudo das funções numéricas, como também no estudo das transformações geométricas. Além disso, é de importância primordial destacar o papel do raciocínio matemático" (p. 171).

O documento explicava ainda:

> "Para a apresentação do programa foi adotado um agrupamento dos assuntos que, por ser um programa de transição, não atinge a unidade completa que consideramos ideal, mas que pode ser sentida principalmente no primeiro tema, que é indiscutivelmente o fator unificador da Matemática. A divisão foi feita em quatro temas enumerados a seguir:
>
> I. Relações e funções.
> II. Campos numéricos.
> III. Equações e Inequações.
> IV. Geometria" (p. 172).

Para cada tema, foram explicitados os objetivos e a distribuição ao longo dos níveis e séries. A título de exemplo, reproduzimos indicações referentes ao tema "Relações e funções".

### Tema I: Relações e Funções

Objetivos

- Adquirir uma linguagem e conceitos que se constituem em elementos unificadores da matemática e aplicá-los sempre que necessário.
- Desenvolver habilidades de construir e interpretar gráficos cartesianos e diagramas de relações.

| Conteúdo | Nível I<br>1ª | <br>2ª | Nível II<br>3ª | <br>4ª | 5ª | 6ª | 7ª | 8ª |
|---|---|---|---|---|---|---|---|---|
| *Conjuntos; elementos; pertinência; diagramas.* | X | X | (*) | X | X | | | |
| *Igualdade e inclusão* | (*) | (*) | (*) | (*) | X | | | |
| *Reunião e intersecção* | (*) | (*) | (*) | (*) | X | | | |
| *Partição* | (*) | (*) | (*) | (*) | X | | | |
| *Par ordenado; Produto cartesiano* | (*) | (*) | (*) | (*) | X | | | |
| *Relações* | X | X | X | X | X | | | |
| *Propriedades das relações: reflexiva, simétrica e transitiva. relações de equivalência.* | (*) | (*) | (*) | (*) | X | X | | |
| *Propriedade antissimétrica. Relação de ordem.* | (*) | (*) | (*) | (*) | (*) | X | | |
| *Aplicações ou funções.* | (*) | (*) | (*) | (*) | X | X | (*) | X |
| *Equipotência.* | (*) | (*) | (*) | (*) | X | | | |

*X: indica que o conteúdo é trabalhado explicitamente.*

*(*): indica que o conteúdo é trabalhado implicitamente nas atividades.*

Quanto à utilização da linguagem da Teoria dos Conjuntos no tratamento de todos os temas, o documento alertava:

> "...contribui, como fator unificador para obtenção desse objetivo. Cabe apenas alertar o professor no sentido de não transformar essa linguagem auxiliar em objetivo principal no ensino da disciplina..." (p. 172).

A reforma "Matemática Moderna" foi implantada inicialmente, por meio de sua incorporação aos livros didáticos, sem discussão mais profunda de seus princípios ou finalidades com os professores, aos quais foram oferecidos cursos/treinamentos bastante pontuais. Em São Paulo, em 1961, foi fundado o Grupo de Estudos do Ensino de Matemática (GEEM), que englobava em seus quadros professores universitários, secundários, psicólogos, pedagogos e trabalhava de forma cooperativa com a Secretaria de Estado da Educação, no treinamento de professores, procurando conceituar os novos métodos de abordagem da matemática. Esses "treinamentos" consistiam em ensinar aos professores a "linguagem dos conjuntos" e passar-lhes sugestões de como trabalhar com relações de pertinência, inclusão, as operações de reunião e intersecção (especialmente com a utilização de blocos lógicos), as propriedades reflexiva, simétrica, transitiva de algumas relações.

No entanto, as motivações da reforma, sua dimensão internacional e seus propósitos não foram discutidos com a profundidade que sua complexidade exigia. Como se sabe, mesmo em países como a França, a implantação dessa proposta trouxe problemas. O próprio Dieudonné, um dos mentores da reforma, denunciava em 1974, uma nova escolástica, em seu famoso artigo "Devons-nous enseigner les mathématiques modernes?", publicado num Boletim da APMEP. A aparição dessa nova "escolástica" era uma perversão. Ela se transformou exatamente naquilo que eles não queriam que fosse. Definir a matemática como linguagem acabou orientando seu ensino para a aprendizagem de palavras transformando-o em discussão sobre palavras. Em resumo, a reforma acabou se traduzindo bem mais por um jargão impenetrável, por um excesso de simbolismo, por austeras abstrações, do que por uma pedagogia ativa e aberta, como se pretendia. Outro fato marcante consta do artigo escrito em 1973, por Choquet, "L' École libératrice", em que ele desabafa:

> "Eu estou estarrecido com o que constato no ensino da escola primária e secundária. Fui um dos promotores da reforma de ensino da Matemática, mas o que eu preconizava era simplesmente uma poda de galhos mortos, atravancadores, e a introdução de um pouco de álgebra. Pois bem, em suma, os novos programas e as instruções correspondentes são mais satisfatórios que os antigos, em que pesem erros razoáveis: mas, há toda uma atmosfera nociva, que tem acompanhado seu desenvolvimento. Em particular, um ataque contra a Geometria e contra os recursos da intuição: foi dito aos professores que seria lastimável que eles estudassem os triângulos e que a álgebra linear substituiria toda a velha geometria... o resultado é tal que, sem uma forte reação de base, eu penso que a geração atual de nossa escola receberá uma formação matemática que não a prepara nem para a pesquisa nem para a utilização da Matemática em técnicas ou ciências experimentais" (Apud Charlot, 1986, p. 18-19).

Pode-se afirmar que treinamentos desenvolvidos e materiais de apoio veiculados e uma série de publicações da Secretaria de Educação de São Paulo não foram suficientes. As mudanças em jogo eram bastante complexas, pois envolviam:

- conhecimentos matemáticos desconhecidos dos professores (polivalentes ou especialistas), como os elementos da teoria dos conjuntos, as estruturas algébricas, a simbologia etc.;

- conhecimentos didáticos "novos", trazidos pela perspectiva construtivista piagetiana de aprendizagem e por decorrências como a do uso de materiais didáticos;
- conhecimentos curriculares trazidos pela necessidade de transformar programas traduzidos por listagem de conteúdos em propostas pedagógicas que explicitassem objetivos, conteúdo, metodologia e avaliação.

Na prática, o que se consolidou foi o trabalho com os conjuntos no início de todas as séries, reprisando sempre os mesmos exemplos e buscando "concretizar" ideias bastante abstratas como as de conjunto, conjunto vazio, conjunto unitário etc. A resolução aritmética de problemas foi colocada de lado e o apoio da álgebra foi proposto desde as séries iniciais, ficando conhecidos como "problemas de quadradinho" (pois na equação que traduzia o problema, a incógnita era representada por um quadradinho no lugar de uma letra). O estudo de geometria era feito como tema ilustrativo dos conjuntos ou da álgebra, e o estudo das medidas foi completamente abandonado. Positivamente, o que os treinamentos veiculavam era a preocupação em tornar a aula de matemática mais atraente, com o uso de jogos, de materiais didáticos (como o material dourado Montessori, os blocos lógicos, a escala Cuisenaire, entre outros), embora nem sempre tenham sido explorados nessa perspectiva.

Do mesmo modo que não houve preparação adequada para a entrada dos professores no Movimento Matemática Moderna, também não houve discussão suficiente para que pudessem entender o que estava sendo criticado no trabalho com os conjuntos ou os prejuízos acarretados pelo excesso de algebrismo, ou abandono da geometria, ou falta de vínculos com o cotidiano.

## Propostas que Orientaram os Currículos nas Décadas de 80 e 90

Os anos 80 no Brasil foram marcados politicamente pelo processo chamado de abertura democrática que colocava fim ao longo período de ditadura militar que se implantou em 1964. O novo contexto político e social era favorável para a apresentação de propostas para a construção de uma escola inspirada em valores democráticos, grande aspiração da sociedade brasileira.

No caso específico dos currículos de matemática, os debates travados em torno do Movimento Matemática Moderna, as discussões motivadas por concepções e distorções que ficavam cada vez mais evidentes, impulsionaram Secretarias Estaduais e Municipais de Educação a elaborarem novas propostas curriculares para o ensino de matemática.

Na rede pública estadual de São Paulo, teve início em 1985, o processo de elaboração da chamada Proposta Curricular para o ensino de 1º grau. Na apresentação dessa proposta (p. 7), eram apresentados os principais problemas diagnosticados:

- a preocupação excessiva com o treino de habilidades, com a mecanização de algoritmos, com a memorização de regras e esquemas de resolução de problemas, com a repetição e a imitação não com uma aprendizagem que se dê, inicialmente, pela compreensão de conceitos e de propriedades, pela exploração de situações-problema nas quais o aluno é levado a exercitar sua criatividade, sua intuição;
- a priorização dos temas algébricos e a redução ou, muitas vezes, eliminação de um trabalho envolvendo tópicos de geometria;
- a tentativa de se exigir do aluno uma formalização precoce e um nível de abstração em desacordo com seu amadurecimento.

Nessa proposta, conferia-se à matemática uma dupla função, defendendo-se que "ela é necessária em atividades práticas que envolvem aspectos quantitativos da realidade, como são as que lidam com grandezas, contagens, medidas, técnicas de cálculo" e que "ela desenvolve o raciocínio lógico, a capacidade de abstrair, generalizar, transcender o que é imediatamente sensível" (p. 9).

Outra sugestão explicitada era apresentar o conteúdo em diferentes níveis de abordagem, em que se procura respeitar a integração dos temas a serem trabalhados, bem como seu desenvolvimento "em espiral", conforme preconizava Jerome Bruner (1972). Esse modelo apoiava-se no pressuposto de que qualquer matéria oferece elementos interessantes para a educação da criança, de forma que algo pode ser ensinado a ela, honradamente, em qualquer momento e que, portanto, um plano de estudos deve ser elaborado em torno de grandes questões, princípios e valores que uma sociedade estima dignos do interesse contínuo de seus membros. Defendia-se a opinião de que dominar as ideias básicas e usá-las eficientemente, exige constante aprofundamento da compreensão que delas se tem, o que se pode conseguir aprendendo-se a utilizá-las em formas progressivamente mais complexas.

Contrariamente às finalidades de mensuração dos resultados para fins de classificação do aluno em candidato à aprovação ou retenção, a proposta apregoava que a avaliação deveria buscar um diagnóstico do processo de aprendizagem do aluno e levantar elementos para corrigir distorções observadas nesse processo. Assim, tanto os progressos como as dificuldades de aprendizagem do aluno deveriam ser observados por constituírem parâmetros importantes e permanentes para o replanejamento das ações do professor e aperfeiçoamento do seu trabalho pedagógico.

A proposta defendia que o conteúdo a ser ensinado deveria ser compreendido como veículo para o desenvolvimento de uma série de ideias fundamentais, convenientemente articuladas, tendo em vista as grandes metas que são a instrumentação para a vida e o desenvolvimento do raciocínio. Tais ideias fundamentais, como por exemplo, as de proporcionalidade, equivalência, semelhança, têm como suporte, muitas vezes, mais de um assunto da lista de conteúdos. Elas, no entanto, é que são fundamentais e não os assuntos em si. Embora relativizando a importância de um rol fixo de conteúdos, a proposta apresentava quadros de conteúdo, por série.

Três grandes temas foram tomados como eixos organizadores do currículo:

- *Números* – indicando-se como fio condutor a história da matemática, em lugar das propriedades estruturais;
- *Geometria* – explorando-se a manipulação dos objetos, o reconhecimento das formas, as suas características e propriedades, até chegar a uma sistematização.
- *Medidas* – apontando-se como o fio que tece a junção entre números e geometria.

A participação dos professores de matemática da rede pública estadual de São Paulo na construção dessa proposta foi bastante significativa. O clima de abertura política favorecia e estimulava o envolvimento das bases do sistema educativo, em especial dos professores. Diferentes versões do documento elaborado por uma equipe de professores de matemática, com assessoria de especialistas da área foram submetidas à análise dos professores, que também enviavam sugestões.

No entanto, nesse período, um princípio da reforma confrontou-se com algumas crenças manifestadas por grupos bastante numerosos de professores. Os documentos oficiais preconizavam uma educação democrática, que incluísse cada vez mais as camadas menos favorecidas da sociedade brasileira. No caso da matemática, defendia-se que todos os alunos podem fazer matemática em sala de aula, o que significa construí-la, fabricá-la, produzi-la. Por outro lado, as denúncias eram que a matemática era uma das disciplinas que mais reprovavam alunos, sendo em grande parte responsável pela evasão de estudantes.

Nesse ponto, sem dúvida, um conflito nem sempre explicitado estava estabelecido: professores revelavam crenças arraigadas como de que "matemática é algo para quem tem o dom", para quem é geneticamente dotado de certas qualidades ou de que "é preciso ter um certo capital cultural para atingir o universo matemático". Essas crenças batiam de frente com a perspectiva de que todos os alunos podem fazer matemática em sala de aula como mencionado no parágrafo anterior.

É interessante destacar que, nesse período, outros documentos curriculares importantes foram elaborados, também com a preocupação de envolver os professores em sua discussão. É o caso da Secretaria Municipal de Educação de São Paulo, capital, que desencadeou no período de 89 a 92, o "Movimento de Reorientação Curricular", em que a interdisciplinaridade era o eixo do projeto curricular para a ação pedagógica da escola. O argumento usado para essa escolha era que "o conhecimento concretizado nos conteúdos escolares, além de ser proposto e organizado em gabinetes, é compartimentalizado e fragmentado artificialmente, havendo uma desconsideração total com a interdisciplinaridade natural do objeto do conhecimento".

Essa Secretaria fez uma opção por "temas geradores" para desenvolver propostas interdisciplinares. Os temas geradores indicados pelas escolas foram: transporte, moradia, saúde, saneamento básico, trabalho, lazer, convivência.

Segundo os documentos oficiais publicados pela Secretaria...

> "A opção pelos temas geradores se traduz numa nova relação a ser estabelecida entre o currículo da escola e a realidade da comunidade local. Os temas geradores enunciam situações problemáticas significativas de uma dada comunidade que, em sendo trazida para escola, devem ser compreendidas criticamente, apontando possibilidades de intervenção nessa realidade histórica... Os temas refletem uma realidade que é global, interdisciplinar na sua natureza. Por serem situações amplas, permitem uma abordagem interdisciplinar, menos fragmentada possível, gerando relações entre essa realidade e o conhecimento produzido e acumulado historicamente pela humanidade, permitindo, ao mesmo tempo, a compreensão do tema gerador pela apropriação do conhecimento e a criação e/ou reconstrução de novos conhecimentos."

Também nesse caso, embora tenha sido incentivada a participação dos professores, na implementação surgiram muitas críticas quanto ao que se considerava uma imposição das articulações interdisciplinares que acabava limitando e descaracterizando o papel das disciplinas para a formação dos alunos.

De modo geral, nas décadas de 80 e 90, as novas gerações de professores de matemática foram construindo um discurso, provavelmente esclarecedor de suas concepções e crenças. Dentre elas a mais recorrente foi de que a matemática a ser ensinada tem que estar de acordo com a realidade dos alunos e deve enfatizar as suas aplicações no cotidiano.

## Propostas de Âmbito Nacional Elaboradas no Fim da Década de 90

De 1995 a 2002, o Ministério da Educação desencadeou o processo de elaboração de Parâmetros Curriculares Nacionais – PCNs, para diferentes níveis e modalidades de ensino. Também nesse período, o Conselho Nacional de Educação apresentou Diretrizes Curriculares Nacionais, com força de lei. Nesse processo, envolto em muita polêmica, alguns dilemas clássicos da educação brasileira voltaram à discussão.

Um deles refere-se ao caráter de centralização ou descentralização que deve estar presente na tomada de decisões curriculares. Os programas nacionais obrigatórios explicitados ao tempo das reformas Campos e Capanema foram sendo substituídos por guias/propostas não obrigatórias elaboradas pelas secretarias estaduais e secretarias municipais de educação, ao longo das décadas de 70/80. Essa descentralização, se por um lado tinha aspectos positivos em termos da flexibilização curricular e possibilidade de incluir aspectos regionais, por outro, acarretava problemas bastante graves. Ao deixar essa atribuição aos Estados e municípios, o reflexo das desigualdades regionais nos currículos ficava evidente: regiões mais desenvolvidas economica e socialmente, com maior acesso à produção de conhecimentos científicos, reuniam melhores condições de elaborar projetos curriculares contemporâneos, incluindo os avanços das pesquisas tanto das áreas de conhecimento específico, como das áreas didático-pedagógicas. Em contrapartida, as demais continuavam reproduzindo listas de conteúdos sem maior reflexão sobre a relevância destes e sem discutir questões referentes à sua abordagem. Esse fato foi revelado claramente num estudo feito pela Fundação Carlos Chagas (1996), que buscava identificar o que se ensinava nas diferentes regiões brasileiras a partir da análise de documentos curriculares oficiais.

Assim, constatou-se que a profunda segmentação social, decorrente da iníqua distribuição de renda, que sempre funcionou como um entrave para que a população pobre fizesse valer seu direito à educação era também um obstáculo para que tivessem acesso a um ensino "contemporâneo" e de qualidade.

Foi por força da Lei Federal nº 9.394, em 20/12/96, que se estabeleceu a competência da União, em colaboração com Estados, Distrito Federal e municípios, de definir diretrizes para nortear os currículos, de modo a assegurar uma formação básica comum. Esse dispositivo legal conduziu à elaboração das Diretrizes Gerais e de Parâmetros Curriculares para as diferentes disciplinas escolares. Equipes foram constituídas para a formulação de um texto preliminar que foi analisado e discutido por professores e especialistas, tanto nas secretarias de educação como nas universidades.

A tarefa implicou o enfrentamento de várias tensões e na tentativa de buscar respostas a questões como por exemplo: "Como construir referências nacionais de modo a enfrentar antigos problemas da educação brasileira e, ao mesmo tempo, enfrentar novos desafios colocados pela conjuntura mundial e pelas novas características da sociedade, como a urbanização crescente? O que significa indicar pontos comuns do processo educativo em todas as regiões mas, ao mesmo tempo, respeitar as diversidades regionais, culturais e políticas existentes, no quadro de desigualdades da realidade brasileira? Como equacionar problemas referentes à possibilidade de acesso aos centros de produção de conhecimento, tanto das áreas curriculares quanto da área pedagógica, e que se refletem na formação dos professores que colocaram as ideias curriculares em prática? Que matemática deve ser ensinada às crianças e jovens de hoje e com que finalidade? De que modo teorias didáticas e metodológicas devem ser incorporadas ao debate curricular, sem que sejam distorcidas e tragam prejuízos à aprendizagem dos alunos?".

Os Parâmetros Curriculares Nacionais da área de Matemática para o Ensino Fundamental (7 a 14 anos) – PCNEF – buscaram expressar a contribuição das investigações e das experiências na área de Educação Matemática. Eles explicitaram o papel da matemática pela proposição de objetivos que evidenciam a importância de o aluno valorizá-la como instrumental para compreender o mundo à sua volta e de vê-la como área do conhecimento que estimula o interesse, a curiosidade, o espírito de investigação e o desenvolvimento da capacidade para resolver problemas.

Os Parâmetros indicaram a Resolução de Problemas como ponto de partida da atividade matemática e discutiram caminhos para "fazer matemática" na sala de aula, destacando a importância da História da Matemática e das Tecnologias da Comunicação. Apontara também a importância de estabelecer conexões entre os blocos de conteúdos, entre a matemática e as outras áreas do conhecimento e suas relações com o cotidiano e com os chamados Temas Sociais Urgentes (como meio ambiente, saúde, pluralidade cultural, ética etc.). Nesse contexto, as investigações e projetos pilotos, desenvolvidos em áreas como a da Modelagem e da Etnomatemática, focalizando a interferência de aspectos sociais e culturais nos currículos, também são possibilidades de trabalho abertas nesse documento.

Os PCNEF destacaram a importância de o aluno desenvolver atitudes de segurança com relação à própria capacidade de construir conhecimentos matemáticos, de cultivar a autoestima, de respeitar o trabalho dos colegas e de perseverar na busca de soluções. Adotaram como critérios para seleção dos conteúdos sua relevância social e sua contribuição para o desenvolvimento intelectual do aluno. Indicaram conteúdos não apenas na dimensão de conceitos, mas também na dimensão de procedimentos e de atitudes. Enfatizaram a importância de superar a organização linear dos conteúdos e a necessidade de explicitar as conexões entre eles, inspirando-se na metáfora de construção do conhecimento como "rede".

Ainda em relação aos conteúdos, os Parâmetros incorporaram, já no ensino fundamental, o estudo da probabilidade e da estatística e evidenciaram a importância da geometria e das medidas para desenvolver as capacidades cognitivas fundamentais. Os blocos de conteúdos para o ensino fundamental são os seguintes: Números e Operações. Espaço e Forma. Grandezas e Medidas. Tratamento da Informação.

Os Parâmetros discutiram orientações didáticas relativas a conceitos e procedimentos matemáticos, analisando obstáculos que podem surgir na aprendizagem de certos conteúdos e sugerindo alternativas que possam favorecer sua superação.

De modo geral, as propostas apresentadas nos PCNEF não significaram um rompimento radical com as propostas dos anos 80 em termos de seus princípios mais amplos. No entanto, trouxeram alguns aspectos novos, incorporando as mais recentes contribuições das investigações em Educação Matemática e que também esbarram em concepções e crenças de professores.

Os PCNEF indicam a necessidade de incluir no trabalho da sala de aula, o que se pode denominar como componentes social e cultural do currículo, além do componente simbólico, conceitual. Neste contexto, emergem propostas de trabalho com projetos que estimulam a interpretação e explicação da realidade, permitindo aos alunos um processo de análise crítica de valores e ideias, mediante atividades apresentadas em contextos significativos para os alunos, centradas em problemas ou tarefas estimulantes referentes ao entorno físico e social mais amplo. Surgem também propostas de trabalho de "investigação em sala de aula", com o objetivo de aproximar o fazer do aluno do fazer matemático, ou seja, de atividades inerentes ao processo de construção histórica do conhecimento, como a experimentação, a validação, a comunicação por escrito da experiência, entre outros.

Evidentemente, tais propostas, embora muito fecundas, pressupõem conhecimentos do professor muito mais amplos e profundos do que os que ele constituiu em sua formação – conhecimentos contemplando não apenas uma diversidade significativa de conteúdos, temas, mas também, de métodos de investigação, de aplicações, de relações com outras áreas etc., mostrando a matemática como fenômeno cultural e rica fonte de explicações. Sem tais conhecimentos, ideias como de interdisciplinaridade ou propostas de se trabalhar os conteúdos de forma contextualizada, acabam sendo distorcidas em sua implementação. É o caso, por exemplo, do entendimento do que vem a ser contextualização. Observa-se uma relação muito forte entre "contextualização" e "cotidiano/realidade" e não de outras possibilidades de contextualização, inclusive as internas à própria matemática, o que pode conduzir a um empobrecimento de outros aspectos do conhecimento que deixariam de ser tratados nos currículos, por não serem automaticamente usados no dia a dia dos alunos.

Um ponto que ainda encontra resistências refere-se ao fato de que o professor deve identificar conhecimentos prévios e hipóteses levantadas pelos alunos, como um ponto de partida do trabalho a ser programado para a sala de aula. As crenças mais frequentes são que os alunos só podem resolver problemas que já conhecem, que já viram resolvidos e que podem tomar como modelo. Tal convicção dificulta a aceitação de que o ponto de partida da atividade matemática não deve ser a definição, mas o problema. E que o problema não é certamente um exercício em que se aplica, de forma quase mecânica, uma fórmula ou um processo operatório. Ainda é bastante discutida a atividade matemática essencialmente como elaboração de hipóteses, de conjecturas, que são confrontadas a outras e testadas na resolução do problema.

Estudos como os de Fayol, Lerner e Sadovski, que evidenciam hipóteses que as crianças elaboram sobre as escritas numéricas, sobre as operações, as diferentes formas que encontram para resolver uma mesma situação-problema também ainda são pouco conhecidos pela grande maioria dos professores. Da mesma forma, pouco se conhece sobre o papel do erro na aprendizagem dos alunos, as diferenças entre obstáculos didáticos e epistemológicos que interferem na aprendizagem.

Na prática, de modo geral, prevalece o treino pela repetição de exercícios a serem copiados de um modelo que vivenciaram em sua própria experiência como estudantes, muito provavelmente, essa estratégia de ensino foi dominante. A esse respeito, Ponte (1998) e Serrazina (1999) afirmam que quando os futuros professores chegam às escolas de formação já vivenciaram uma experiência de muitos anos como alunos e desenvolveram crenças em relação à matemática e seu ensino, que vão influenciar sua prática. Provavelmente, essas crenças residem também na dificuldade de muitos professores na utilização dos recursos tecnológicos; alguns ainda veem com preocupação o uso de calculadoras e computadores.

Segundo Gómez-Chacón, as crenças constituem-se num esquema conceitual que filtra novas informações sobre a base das processadas anteriormente (2002, p. 23). No entanto, no processo de formação inicial ou continuada de professores, em geral, essas crenças não são trabalhadas e acabam se constituindo em verdadeiros obstáculos no desenvolvimento de propostas curriculares que trazem ideias diferentes daquelas que vivenciaram em seu tempo de estudante.

## Conclusão

Ao longo do tempo verificamos que o processo de implementação de inovações curriculares evidencia um grande distanciamento entre o que se pretendia e o que de fato é desenvolvido em sala de aula. Sem dúvida, há fatores bastante decisivos como os referentes a baixos salários e à rotatividade de professores nas escolas, que interferem negativamente nesse processo.

No entanto, um dos problemas que podem ser identificados nesse processo diz respeito a uma das marcas das políticas públicas brasileiras no que se refere a questões curriculares, ou seja, a falta de ações de implementação curricular, como se novas ideias se transformassem em prática, num passe de mágica. Além da ausência de ações de implementação, outra marca é a falta de acompanhamento e avaliação das inovações propostas, o que não permite fazer um "julgamento" adequado, contabilizando acertos e erros.

Tal fato tem provocado uma espécie de "convivência eterna" de currículos prescritivos (os dos documentos oficiais) e os currículos reais (os da sala de aula, que os professores realizam). Desse modo, um fenômeno comum a diferentes níveis do sistema de ensino (federal, estadual, municipal) é a introdução, em determinados períodos, de mudanças curriculares que não têm o apoio de experiências concretas anteriores nem o envolvimento dos professores, protagonistas de sua implementação. Evidentemente, no cômputo geral, há experiências interessantes de mudanças na prática da sala de aula, servindo inclusive como matéria para estudos e avaliação. No entanto, elas são bastante pontuais.

Como vimos, no período do Movimento Matemática Moderna, o grande empenho era aproximar o ensino escolar da ciência, ter uma matemática útil para a técnica, útil para a ciência, útil para a economia moderna. No entanto, nas etapas correspondentes à educação infantil e às séries iniciais do ensino fundamental, a intenção de unificar a linguagem e de possibilitar ao aluno a construção de suas noções matemáticas, o levava, na realidade, a descrever, numa linguagem matemática mais ou menos confusa, situações pseudoconcretas e bastante mágicas. Mas o que se colocou em prática estava distante de ser um ensino renovado e democrático da matemática, preparando o aluno para a compreensão da ciência, mas um ensino formalizado ao extremo, decepado de todo suporte intuitivo, apresentado a partir de situações artificiais e, além de tudo, bastante seletivo.

No período que sucedeu o declínio da Matemática Moderna, em todo o mundo buscou-se construir currículos de matemática mais ricos, contextualizados cultural e socialmente, com possibilidades de estabelecimento de relações intra e extramatemática, com a conceituação e o rigor matemáticos apropriados, acessíveis aos estudantes, evidenciando o poder explicativo da matemática, com estruturas mais criativas que a tradicional organização linear (seja por meio de mapas conceituais, de concepção mais hierarquizada, seja por meio de redes de significados, de concepção menos hierarquizada). Essa deve ser uma meta a ser perseguida pelos educadores matemáticos em suas pesquisas e práticas. A resolução de problemas como eixo articulador, a incorporação da historicidade das ideias matemáticas, o uso de recursos tecnológicos apareceram como ingredientes para mudanças de qualidade.

No entanto, por não se levar em conta as concepções, crenças, conhecimentos e atitudes de um dos principais protagonistas da implementação, o professor, as concepções norteadoras das propostas, via de regra, passaram a fazer parte do discurso pedagógico sem, no entanto, penetrar na raiz das questões que se procurava enfrentar.

É fundamental destacar que cursos de formação inicial de professores de matemática, ao longo dessas décadas e ainda hoje, parecem desconsiderar a necessidade de integrar os futuros professores na discussão sobre currículos. Shulman (1992) destaca que o professor deve compreender a disciplina que vai ensinar a partir de diferentes perspectivas e estabelecer relações entre vários tópicos do conteúdo disciplinar e entre sua disciplina e outras áreas do conhecimento. Ele inclui o conhecimento do currículo como uma das três vertentes do conhecimento do professor, juntamente com conhecimento do conteúdo da disciplina e o conhecimento didático do conteúdo da disciplina.

É frequente, entre egressos dos cursos de Licenciatura em Matemática, o desconhecimento do Movimento Matemática Moderna e das reformas que o sucederam. Excluído desse debate, o professor tem enormes dificuldades em refletir sobre os processos que, historicamente, imprimiram à efetivação das propostas curriculares o caráter de seleção de conteúdos e montagem de tarefas a serem desenvolvidas cronologicamente, numa sequência linear, sem considerar as finalidades da educação, a reconstrução de conhecimentos pelos alunos e sem as necessárias elaborações na transmissão de conhecimentos, considerando-se a amplitude do capital cultural disponível e as diferenças naturais entre gerações.

## Referências

BALL, D. *Knowledge and reasoning in mathematical pedagogy:* examining what prospective teachers bring to teacher education. Tese (Doutoramento). 1991. Disponível – bem como outros artigos e textos – em: <http://wwwpersonal.umich.edu/~dball/>. Acesso em: 25/set./2003.

CHARLOT, B. Histoire de lá réforme des "maths modernes"; idées directrices et contexte institutionnel et socio-économique. *Bulletin APMEP*, n. 35. IREM du Mans. França, 1986.

GARCIA, C. M. *Formação de professores para uma mudança educativa.* Portugal: Porto, 1998.

GÓMEZ-CHACÓN, I. M. Cuestiones afectivas en la enseñanza de las Matemáticas: una perspectiva para el profesor. In: Contreras, Luis; Blanco, Lorenzo (Org.). *Aportaciones a la formación inicial de maestros en el área de matemáticas*: una mirada a la práctica docente. Cáceres: Universidad de Extremadura. p. 23-58, 2002.

MINISTÉRIO DA EDUCAÇÃO. Brasil. Secretaria do Ensino Fundamental. *Parâmetros Curriculares Nacionais.* Matemática. 1º e 2º ciclos, 1997.

PIRES, C. M. C. *Matemática. Currículos de matemática:* da organização linear à ideia de rede. São Paulo: FTD, 2000.

__________. As decisões sobre currículos no Brasil: os descaminhos das políticas públicas e suas consequências. E agora, para onde vamos? In: *Anais do XV Encontro Regional de Educação Matemática* – UNISINOS. São Leopoldo, 2003.

__________. Formação inicial e continuada de professores de matemática: possibilidades de mudança. In: *Anais do XV Encontro Regional de Educação Matemática* – UNISINOS. São Leopoldo, 2003.

__________. *Educación Matemática e su influencia en el processo de reorientación curricular del sistema educacional brasileño.* Comunicação científica apresentada nas XI Jornadas sobre Aprendizaje y Enseñanza de las Matemáticas, realizadas em Tenerife, Ilhas Canárias, Espanha, promovidas pela Federação Espanhola de Sociedades de Educação Matemática, em julho de 2003.

__________. *Articulando ações de formação continuada com trajetória escolar de professores.* Artigo apresentado na reunião do GT de Formação de professores, durante a realização do II SIPEM, publicado juntamente com Edda Curi. Santos, 2003

PONTE, J. P. Da formação ao desenvolvimento profissional. In: *Conferência Plenária apresentada no Encontro Nacional de Professores de Matemática ProfMat*, 1998.

SACRISTÁN, J. G. *O currículo:* uma reflexão sobre a prática. Porto Alegre: ArtMed, 2000.

SERRAZINA, L. *Reflexão, conhecimento e práticas letivas em matemática num contexto de reforma curricular no 1º ciclo.* Quadrante, Lisboa: APM, n. 8, p. 139-168, 1999.

SHULMAN, L. Renewing the pedagogy of teacher education: the impact of subject-specific conceptions of teaching. In: Mesa, L. Montero; Jeremias, J. M. Vaz. *Las didácticas específicas en la formación del profesorado.* Santiago de Compostela; Tórculo, 1992.

THOMPSON, A. A relação entre concepções de matemática e de ensino de matemática de professores na prática pedagógica. *Zetetiké,* Campinas: Unicamp. v. 5, n. 8, p. 9-45, jul./dez., 1997.

SANGIORGI, O. *Introdução da Matemática Moderna no ensino secundário.* Artigo publicado pelo GEEM – Grupo de estudos do ensino da Matemática. São Paulo, 1965.

SÃO PAULO (Estado) *Secretaria da Educação. Coordenadoria de Estudos e Normas Pedagógicas. Guias Curriculares para o Ensino de Matemática*: Primeiro grau. São Paulo, SE/CENP, 1976.

__________. *Proposta Curricular para o Ensino de Matemática*: Primeiro grau. São Paulo, SE/CENP, 1986.

SÃO PAULO. *Secretaria Municipal de Educação.* Um primeiro olhar sobre o projeto. Cadernos de Formação. Série: Ação Pedagógica da Escola pela via da interdisciplinaridade. São Paulo, 1990.

# CAPÍTULO 13

## CURRÍCULO DE MATEMÁTICA E PERFIL SOCIAL DO ALUNO

Maria Isabel Ramalho Ortigão – UERJ

### Resumo

Este artigo discute o currículo de matemática do ensino fundamental em relação à seleção de conteúdos. Especificamente, buscamos responder a três questões de pesquisa: (a) quais conteúdos de matemática são selecionados para o ensino de 5ª a 8ª séries? (b) como a seleção de conteúdos matemáticos se relaciona com a origem social do corpo discente da escola? (c) que características escolares influenciam a seleção de conteúdos matemáticos? Para a realização do estudo, dois questionários autoadministrados foram aplicados a alunos e professores em uma amostra probabilística de 48 escolas municipais e particulares situadas na cidade do Rio de Janeiro, envolvendo 2.298 alunos e 168 professores de matemática de 5ª a 8ª séries do ensino fundamental. A análise dos dados coletados foi baseada na aplicação de um modelo de regressão logística, especificamente para investigar a chance de seleção de temas de Tratamento da Informação. Os resultados indicam que a seleção de conteúdos desta área do currículo está condicionada às características do perfil socioeconômico médio dos estudantes da escola. Concluiu-se na pesquisa que alunos de menor poder aquisitivo são os que menos frequentemente lidam com Tratamento da Informação. Entretanto, quando o professor afirma adotar livro didático em sala, os alunos têm maior chance de lidarem com esses temas. Além do livro didático, outras características da prática docente mostraram-se associadas ao aumento na chance de seleção de conteúdos de Tratamento da Informação nas aulas de matemática, tais como, uso de jogos e quebra-cabeças e ênfase em resolução de problemas.

**Palavras-chave:** Currículo; Seleção de Conteúdos; Desigualdade Educacional; Tratamento da Informação.

### Abstract

This paper discusses the curriculum of Mathematics in middle school in relation to the choice of subjects. Specifically, we sought to answer 3 questions:

(a) what Math subjects are selected for teaching 5th through 8th grade? (b) how does the choice of Math subjects relate to the social background of faculty within a given school? (c) what school characteristics may influence the choice of Math subjects? To address these issues, two self-administered quizzes were applied to students and teachers within a statistic/probabilistic sample of 48 public and private schools located within the city of Rio de Janeiro. Altogether, the study involved 2298 students and 168 teachers from 5th to 8th grade. Analysis of data was based on a model of logistic regression to investigate the chance of selection of subjects related to Data Analysis and Probability. The results indicate that the selection of subjects from this area of the curriculum is associated with the average social-economic profile of students within a given school. The research shows that students of low income families are less likely to be exposed to Data Analysis and Probability. However, whenever teachers include text books in their class assignments, students have a greater chance of facing such subjects. In addition to the use of text book, other teaching practices such as the use of games, puzzles and problem solving tasks, were associated with an increased chance for selecting subjects related to Data Analysis and Probability during Math classes.

**Keywords:** Curriculum; Subject Selection; Educational Disparity; Data Analysis and Probability.

## Introdução

No campo da sociologia da educação é inegável o reconhecimento de relações entre desigualdades sociais e condições de oferta educacional. Desde a década de 1960 a literatura educacional vem contribuindo com vastas e recorrentes evidências sobre a associação entre condições escolares e características socioeconômicas e culturais dos estudantes. Foi marcante o Relatório Coleman (1966), o qual abalou profundamente a imagem da escola meritocrática americana, desencadeando uma imensa produção de pesquisas que focalizaram a questão das desigualdades educacionais.

Um estudo realizado nos Estados Unidos no fim da década de 1970, por Jean Anyon, evidenciou a associação entre o perfil social dos alunos da escola e o currículo ensinado em cada uma delas (Anyon, 1980). Nesse estudo, a autora procurou discutir o trabalho pedagógico realizado em cinco escolas americanas (escolhidas com base no perfil social dos alunos matriculados), por meio de observações de aula (ocorridas num período de um ano em turmas de 5ª série) e de entrevistas a alunos e professores. Anyon concluiu que os currículos, as práticas e as habilidades desenvolvidas estão associados aos diferentes perfis de alunos, contribuindo para a manutenção e reprodução das desigualdades existentes na sociedade.

No Brasil, principalmente a partir dos dados das avaliações nacionais (Sistema Nacional de Avaliação da Educação Básica/SAEB), tem sido possível investigar a relação entre características escolares e resultados acadêmicos dos estudantes. De maneira geral, as pesquisas brasileiras têm sugerido que as escolas são diferentes, não só em relação ao perfil socioeconômico e cultural dos estudantes, mas, também, pelos processos internos desenvolvidos em cada uma delas (Franco; Sztajn; Ortigão, 2005; Soares, 2002; Soares; Cesar; Mambrini, 2001).

As escolas, mesmo as de uma mesma rede de ensino, produzem impacto diferenciado na vida escolar e no futuro dos seus alunos. Franco, Sztajn e Ortigão (2005), com base nos dados do SAEB 2001, evidenciaram que, quando os professores enfatizam resolução de problemas em suas aulas de matemática, os estudantes tendem a apresentar desempenhos melhores nessa disciplina, resultando em uma melhor apropriação do conhecimento de matemática pelos alunos. No entanto, esse conhecimento não é apropriado por todos da mesma forma – os alunos que apresentam perfil socioeconômico acima da média da escola beneficiam-se mais, obtendo melhores resultados, comparativamente aos seus colegas com nível socioeconômico mais baixo.

Nos últimos anos, um conjunto significativo de pesquisas vem evidenciando a importância do papel do professor na distribuição social da educação e, consequentemente, a necessidade de se repensar a sua formação. De acordo com Carvalho (1994), a Educação Matemática no Brasil precisa ter como meta central a melhoria da atuação do professor no processo de ensino-aprendizagem. Para ele, o problema básico da Educação Matemática em nosso país é a formação inicial e continuada do professor, que deve almejar, prioritariamente, a mudança da prática pedagógica do professor em sala de aula.

Este texto apresenta os resultados de uma pesquisa realizada entre 2004/2005, no âmbito da Pós-Graduação em Educação da PUC-Rio, cujo objetivo foi investigar o currículo de matemática ensinado aos alunos do ensino fundamental de 5ª a 8ª série, associando-o ao perfil social dos estudantes da escola (Ortigão, 2005). Especificamente, discuto aqui a relação entre a seleção de tópicos de Tratamento da Informação, uma das áreas do currículo escolar da matemática, e características da prática pedagógica de professores de matemática do segundo segmento do ensino fundamental. A importância desta área do currículo é justificada pela demanda social e por sua constante utilização na sociedade atual. A despeito dessa valorização, os dados da pesquisa evidenciam que a seleção desses temas é condicionada pelo perfil social dos alunos, evidenciando mais um aspecto de discriminação social mediada pela escola.

## O Currículo e os Processos de Produção de Desigualdades

Nas últimas décadas, a discussão em torno do currículo colocou em destaque a relação entre dominação econômica e cultural e o currículo escolar, inserindo a problemática curricular no interior da discussão político-sociológica. Estudos críticos do currículo passaram a enfatizar que a seleção do conhecimento escolar não é um ato desinteressado e neutro, não podendo ser desvinculada da totalidade do contexto social (Carvalho, 1996).

Para Forquin (1992, 1996), o currículo pode designar não somente aquilo que é formalmente inscrito no programa, mas o que é realmente ensinado nas salas de aula, e que está, às vezes, muito distante do que é oficialmente prescrito. Nesse sentido, o currículo se constitui não só como o programa das matérias, mas também o percurso de formação na escola dos conteúdos e conhecimentos escolares. Diferentes escolas podem fazer diferentes tipos de seleção no interior da cultura. Os docentes podem ter hierarquias de prioridades divergentes, mas todos os docentes e escolas fazem seleções de um tipo ou de outro.

Forquin (1992, p. 32) utiliza as denominações "currículo a ensinar" e "currículo ensinado" como dois aspectos dessa seleção, conforme nos coloquemos do ponto de vista dos construtores de programas e responsáveis oficiais ou do ponto de vista dos docentes em salas de aula. Para o autor, o que é sugerido oficialmente nos programas ou documentos curriculares (currículo a ensinar) não corresponde àquilo que os docentes ensinam ou creem ensinar (currículo ensinado), pois a seleção e recepção da mensagem dependem do contexto social e cultural.

A consciência dessas diferentes concepções acerca do currículo leva a um deslocamento no modo de olhar a escola, que passa a ser vista como o local por excelência, nas sociedades modernas, de gestão e de transmissão de saberes e símbolos. Do ponto de vista de Forquin (1992), a escola é o espaço institucional privilegiado que tem o objetivo de transmitir os conhecimentos, os valores, as crenças e os hábitos produzidos e acumulados da humanidade. Para ele, a compreensão de aspectos relacionados à escolha dos conteúdos do ensino e de sua incorporação aos programas escolares pode possibilitar um olhar mais crítico para questões até então restritas apenas ao plano pedagógico. A elaboração curricular envolve tomada de decisão em relação à seleção, organização e distribuição do conhecimento que toda uma população estará sujeita na sua formação escolar (*op. cit.*, p. 28).

Partindo dessas ideias, neste artigo discuto a seleção de conteúdos para as aulas de matemática, relacionando o currículo ensinado com o nível socioeconômico médio dos alunos da escola. E também algumas características da prática docente de professores de matemática que se mostraram significativas na diminuição da desigualdade encontrada.

Na seção que segue, um breve relato da pesquisa, apresento as questões tomadas como referência, os dados, as variáveis utilizadas e a abordagem analítica implementada na investigação da associação entre seleção de conteúdos de Tratamento da Informação e características da prática docente em sala de aula.

## A Pesquisa

Este artigo baseia-se em uma pesquisa que teve por objetivo responder a três questões gerais. São elas:

- Quais conteúdos de matemática os professores de 5ª a 8ª série do ensino fundamental selecionam para as suas aulas?
- Como a escolha desses conteúdos se relaciona com a origem social do corpo discente da escola?
- Quais são as características escolares que influenciam na seleção de conteúdos matemáticos?

Para responder às questões, a pesquisa fez uso de dois questionários semiestruturados aplicados a alunos e professores em uma amostra probabilística[1] de 48 escolas municipais e particulares situadas na cidade do Rio de Janeiro. O instrumento submetido aos alunos teve por objetivo obter uma medida do nível socioeconômico médio (NSE) dos estudantes da escola, sendo aplicado a 2.298 alunos de 8ª série do ensino fundamental, em 80 turmas. O questionário do professor foi aplicado a 168 professores de matemática, nessas mesmas escolas. Seu objetivo envolveu a investigação dos currículos ensinados em relação à seleção de conteúdos e às práticas didáticas utilizadas nas aulas. No questionário estavam incluídas, também, questões que ajudavam a traçar um perfil do docente.

Esses instrumentos foram construídos de acordo com as recomendações de Babbie (1999)[2] e partiram do princípio de que alguns conceitos sobre a prática docente não podem ser observados diretamente, como por exemplo ênfase em re-

[1] O plano amostral da pesquisa baseou-se em amostragem probabilística complexa, tendo como referência o Censo Escolar 2003, realizado pelo MEC/INEP.

[2] Para Earl Babbie (1999), a construção de um questionário abarca um longo processo que se inicia com a definição dos conceitos – e suas manifestações – que se deseja medir e que devem estar apoiados em um quadro de referência conceitual. Após esta etapa, parte-se para a formulação, propriamente, das questões (ou itens) do questionário, que, por sua vez, precisam passar por validação. Babbie sugere os seguintes procedimentos de validação: pré-testagem, validação de face, validação por construção e, finalmente, validação por triangulação.

solução de problemas[3]. Para a construção do questionário do professor foram considerados, inicialmente, os estudos que discutem a prática pedagógica do professor de matemática. Ross, Hogoboam-Grau e McDougall (2002) realizaram uma ampla pesquisa em diversos periódicos da língua inglesa com o objetivo de revisar os estudos empíricos acerca dos impactos da reforma do ensino de matemática sobre alunos e professores. Todos os artigos revisados mencionavam características consideradas fundamentais em um ensino que se pretende renovador. As mais importantes e que aparecem citadas nos documentos oficiais (NCTM, 1989, 1991, 2000) são: (1) ampliação do campo de conteúdos matemáticos a serem ensinados (necessidade de se dar mais atenção aos aspectos comumente menos ensinados como, por exemplo, probabilidade, em vez de focar exclusivamente números e operações); (2) todos os alunos precisam ser engajados em tarefas complexas de resolução de problemas e encorajados a investigar e a transmitir ideias matemáticas em suas classes; (3) os conhecimentos prévios dos alunos devem ser valorizados, respeitados e ampliados; (4) os alunos precisam ser expostos a problemas envolvendo mais de uma solução e cuja solução não seja imediata; (5) as classes devem ser organizadas de forma a encorajar a interação entre os estudantes; (6) o professor tem um papel relevante no sentido de ajudar o aluno a desenvolver sua autoconfiança (*op. cit.*, p. 125).

A abordagem analítica baseou-se em duas lógicas: descrever o currículo de matemática ensinado e explicar a seleção de conteúdos por meio de algumas características da prática pedagógica. A análise estatística baseou-se em um modelo de regressão logística para a seleção de conteúdos de Tratamento da Informação, com a finalidade de explicar o comportamento da variável dependente (Y), em função de outras variáveis (variáveis independentes ou explicativas – X). Especificamente utilizou-se um modelo de proteção[4] para a seleção de conteúdos de Tratamento da Informação.

A escala utilizada, neste estudo, para interpretar os coeficientes da regressão foi obtida pela exponenciação do coeficiente de cada um dos regressores. A exponenciação do coeficiente associado a uma variável representa uma razão (odds ratio – OR) que indica como as chances do evento estudado modificam quando se transita entre diferentes categorias de um mesmo fator, sendo a categoria de partida o nível adotado como referência. Assim, quando o valor da OR da variável independente que está sendo estudada for maior do que 1, esta é considerada um fator de proteção da seleção de conteúdos de Tratamento da Informação. Já

---

[3] A literatura educacional chama esse tipo de conceito de latente.

[4] Quando a variável dependente é desfavorável dizemos que implementamos um modelo de risco; caso contrário, é chamado de modelo de proteção.

quando a OR da variável for menor do que 1, ela é considerada um fator de risco. Os resultados obtidos no modelo de regressão logística são apresentados mais adiante, na tabela 1 da seção 2. A seguir, o Quadro 1 traz as variáveis utilizadas no estudo, bem como a descrição delas e o coeficiente de confiabilidade das escalas construídas a partir das respostas dos participantes da pesquisa.

Quadro 1: Descrição das variáveis utilizadas na análise

| Variável | Confiabilidade | | Descrição |
|---|---|---|---|
| DEPENDENTE | Rho* | Alpha** | |
| Seleção de conteúdos de Tratamento da Informação | | | Obtida a partir da resposta dos professores ao questionário sobre a seleção de conteúdos. A variável foi recodificada de forma que o valor 1 indica que o professor seleciona estes conteúdos para as suas aulas. |
| EXPLICATIVAS | | | |
| Nível socioeconômico médio dos alunos da escola (NSE) | 0,87<br>0,67 | 0,85<br>0,65 | Obtida a partir de itens ordinais do questionário do aluno, com base em metodologia utilizada no PISA (OECD, 2001), envolvendo *escolaridade familiar* (máxima educação dos pais), *capital econômico* (banheiro; aparelho de rádio; aparelho de televisão; videocassete ou DVD; computador; telefone fixo; celular; máquina de lavar roupa; máquina de lavar louça; automóvel) e *disponibilidade de recursos educacionais/culturais familiar* (enciclopédia; atlas; dicionário; internet; livros de literatura; CD de música clássica; softwares educativos). Os três indicadores foram agregados, por análise fatorial, em um único índice e em seguida, foram padronizados de forma a assumir média zero e desvio padrão. |
| Uso de livro didático em aula | | | Obtida a partir de resposta dos professores ao questionário sobre o uso de livro didático em sala de aula. |
| Uso de jogos e quebra-cabeças em aula | | | Obtida a partir de resposta dos professores ao questionário sobre o uso de jogos e quebra-cabeças em sala de aula. |
| Uso de jornais e revistas em aula | | | Obtida a partir de resposta dos professores ao questionário sobre o uso de jornais e revistas informativas em sala de aula. |
| Ênfase em trabalho conjunto | 0,76 | 0,71 | Obtida por TRI Não Paramétrica a partir de itens ordinais do questionário do professor. As questões buscam conhecer as concepções de professores sobre estratégias que favoreçam o trabalho em equipe e a exploração em grupo de ideias matemáticas.<br>Possibilidade de resposta: concordo totalmente, concordo parcialmente, discordo parcialmente, discordo totalmente. |

| Variável | Confiabilidade | | Descrição |
|---|---|---|---|
| Ênfase em resolução de problemas | 0,65 | 0,67 | Obtida por TRI Não Paramétrica a partir de itens ordinais do questionário do professor. As questões buscam conhecer a frequência com que os professores utilizam como recurso didático a coleta e análise de dados e informações, além da frequência com que os professores possibilitam aos alunos lidar com exemplos do cotidiano; com temas de jornais e/ou revistas, discutindo a relação dos temas com a matemática; discutir soluções. Os itens foram revertidos para que valores altos da escala indiquem que o professor utiliza muito estas estratégias em suas aulas. |
| Formação continuada | | | Obtida a partir de resposta dos professores ao questionário sobre continuidade dos estudos relacionados com Educação Matemática. A variável foi recodificada em duas variáveis ordinais. |

(*) Confiabilidade Rho de Mokken (**) Confiabilidade Alpha de Cronbach

Na continuidade, são apresentados os resultados das análises realizadas. Primeiramente, é discutido o currículo ensinado aos alunos em virtude de suas características socioeconômicas e culturais. Em seguida, são apresentados os resultados da modelagem implementada para estudar a associação entre seleção de tópicos de Tratamento da Informação e características da prática pedagógica do professor de matemática.

## Resultados e Discussão

### 1. A distribuição social do currículo de matemática: análise exploratória

De forma bastante reduzida, é possível dizer que o currículo de matemática ensinado no ensino fundamental é essencialmente aquele sugerido na grande maioria dos livros didáticos e nos planos curriculares. Tópicos de Números e de Operações aparecem com bastante ênfase nas respostas dos professores de 5ª e 6ª séries (78% e 68%) e temas de álgebra são mais enfatizados nas respostas dos docentes de 7ª e 8ª séries (80% e 70%). Tópicos de geometria são reportados com bastante frequência pelos docentes de todas as séries (de 5ª a 8ª, respectivamente, 78%, 67%, 93% e 70%). Já tópicos de Tratamento da Informação são discretamente citados pelos professores das quatro séries (de 5ª a 8ª, respectivamente, 46%, 30%, 35% e 35%).

Observa-se ainda que muitos docentes mencionam ensinar temas que extrapolam os "compartimentos" ou áreas da matemática escolar (por exemplo: ler e escrever, questões de concurso, demonstrações e arte de argumentar). Esses temas, muitas vezes considerados como algo "extra" (Sztajn, 1998) parecem já incorporados ao currículo de matemática ensinado em muitas salas de aula, evidenciando a incorporação de práticas que vão além do ensino de números, operações e resolução de equações, por exemplo.

Para analisar a associação entre currículo ensinado e características dos estudantes, os temas citados pelos professores foram agrupados em grandes áreas da matemática. As análises estatísticas evidenciam não haver diferenças significativas na porcentagem de professores que afirma selecionar temas de Números e Operações, de álgebra ou de geometria em escolas que atendem alunos de nível socioeconômico (NSE) baixo ou médio/alto. Ou seja, o nível socioeconômico médio dos alunos da escola parece não influenciar a seleção desses temas do currículo escolar. Já em relação à seleção de temas de Tratamento da Informação, essa relação ocorre de forma diferente: o nível socioeconômico médio dos alunos da escola parece ter um efeito positivo na seleção de conteúdos de Tratamento da Informação, visto que o percentual de professores que informa ter selecionado conteúdos dessa natureza aumenta à medida que o nível socioeconômico médio também aumenta. Consequentemente, no grupo que afirma não selecionar tais conteúdos, o percentual de professores diminui com o aumento do nível socioeconômico médio. Os gráficos 1 e 2 ilustram essas situações, em relação aos tópicos de Geometria e de Tratamento da Informação.

Gráfico 1: Porcentagem de docentes que afirma selecionar tópicos de Geometria, segundo o NSE médio dos alunos da escola

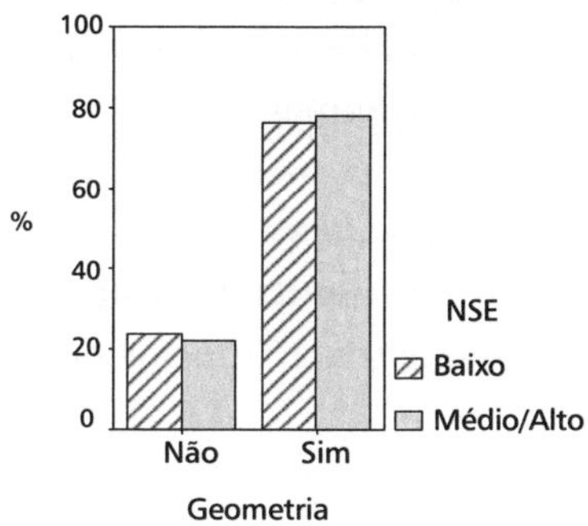


Gráfico 2: Porcentagem de docentes que afirma selecionar tópicos de Tratamento da Informação, segundo o NSE médio dos alunos da escola

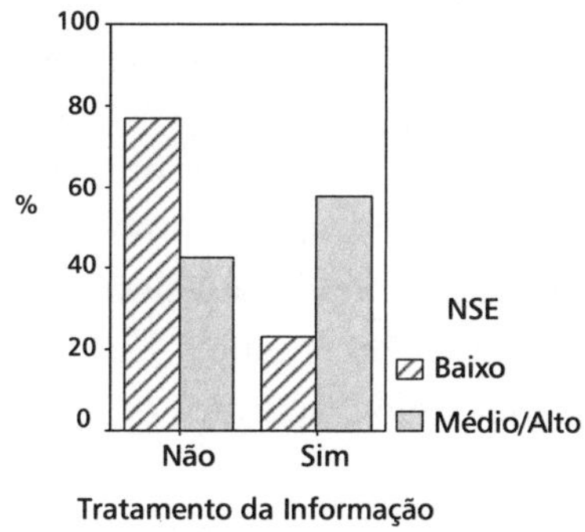


O gráfico 1 evidencia que o nível socioeconômico dos alunos da escola não está associado à seleção de temas da geometria nas aulas de matemática. Com relação ao gráfico 2, quando o professor afirma selecionar tópicos de Tratamento

da Informação para as suas aulas, os alunos do ensino fundamental que se situam no nível socioeconômico mais baixo apresentam percentuais de acesso a esses temas menores (23%) do que os do grupo de nível socioeconômico médio/alto (60%). Esse resultado sugere que os maiores índices de ausência de conteúdos de Tratamento da Informação se concentram nos alunos pobres, evidenciando uma distribuição desigual do currículo de Matemática ensinado nas escolas brasileiras. Em contrapartida, dentre os professores que afirmam não abordar esses temas, a maioria ensina em escolas que atende a alunos provenientes de famílias de NSE médio mais baixo.

Certamente, esse resultado não permite dizer como os professores ensinam, mas, apenas, quais conteúdos eles selecionam para as suas aulas. A inclusão de tópicos de Tratamento da Informação no currículo de Matemática do ensino fundamental, embora justificada pela demanda social, não é valorizada pelos docentes que atendem alunos provenientes de camadas menos favorecidas. Provavelmente, isso ocorra por causa da visão que muitos docentes têm de que seus alunos de nível socioeconômico mais baixo não conseguem aprender matemática, ou que esta ciência não é para todos, ou ainda que a matemática que eles precisam é aquela que, além de saber fazer contas, ensina a ser obediente e organizado (Sztajn, 1998).

## 2. A distribuição social do currículo de matemática: análise multivariada

Nesta seção são apresentados os resultados da estimação do modelo de regressão logística para a seleção de conteúdos de Tratamento da Informação. Foram implementados dois modelos de regressão – um para cada rede de ensino – pois as análises preliminares evidenciaram o quanto as escolas municipais se diferenciam das escolas particulares, seja com relação ao perfil da clientela atendida, pelo número de alunos nas salas de aula, seja com relação a algumas práticas pedagógicas nas aulas de matemática. Cabe observar que não devemos interpretar os resultados como sendo determinantes do evento estudado; a presença deles apenas sugere indício de que o professor seleciona tópicos de Tratamento da Informação em suas aulas de matemática. A tabela 1 apresenta os coeficientes estimados pelo modelo e, na sequência, são discutidos os resultados.

Tabela 1: Parâmetros estimados pelos modelos de chance de seleção de conteúdos de Tratamento da Informação para cada uma das redes de ensino

| Variáveis | Razão de chance (OR) | |
|---|---|---|
| | Modelo para a Rede Municipal | Modelo para a Rede Particular |
| Nível socioeconômico médio dos alunos da escola | - | 1,702*** |
| Uso de jogos e quebra-cabeças em aula | 16,991*** | - |
| Uso de jornais e revistas em aula | 0,246** | - |
| Uso de livro didático | 2,409* | 0,460** |
| Ênfase em resolução de problemas | 1,121ns | - |
| Ênfase em trabalho conjunto | - | 1,592** |
| Formação continuada | | |
| Em Educação Matemática | - | 3,615** |
| Em outra área | - | 3,268* |
| Constante | 0,046*** | 0,151* |

Legenda: (***) p-valor ≤ 0,01; (**) p-valor ≤ 0,05; (*) p-valor ≤ 0,1; (ns) p-valor > 0,1.

- **Nível socioeconômico médio dos alunos da escola**

A seleção de conteúdos de Tratamento da Informação está associada com o nível socioeconômico médio dos alunos da escola da rede particular. Os resultados indicam que as chances de seleção de conteúdos dessa natureza aumentam à medida que o nível socioeconômico médio dos alunos também aumenta (OR = 1,702; significativo a 1%). Esta característica não se mostrou significativa na modelagem da rede municipal, talvez, devido a pouca variabilidade das escolas desta rede em relação ao perfil dos alunos[5].

No estudo de Anyon (1980), já citado, a autora chegou a conclusões análogas em sua pesquisa envolvendo cinco escolas americanas que atendiam alunos de perfis socioeconômicos bastante distintos. Para a autora, o currículo ensinado nas escolas que atendiam a elite econômica voltava-se ao desenvolvimento de habilidades de alta ordem (análise, interpretação, inferência, resolução de problemas

[5] A pesquisa realizada pela OCDE – Programa Internacional de Avaliação de Estudantes (PISA) – envolvendo 32 países evidenciou que o Brasil apresenta um dos mais altos índices de correlação entre o nível socioeconômico médio dos alunos e a presença de recursos escolares relevantes para o aprendizado. Esses resultados têm sido confirmados em estudos envolvendo, por exemplo os dados do SAEB, que mostram que nível socioeconômico é uma variável definidora da segmentação do sistema de ensino, e que a alocação dos alunos nas escolas não é aleatória (Soares, 2002).

etc.) em todas as disciplinas, enquanto nas escolas que atendiam a população mais pobre, o ensino focalizava treinamento e atividades repetitivas. Nessas escolas, os professores não se preocupavam tanto com os "porquês" do ensino, mas, apenas, com o "como" fazer. Já na escola para a elite, todos os docentes preocupavam-se em explicitar não só as razões do ensino, mas discutiam com os alunos os "porquês" e o "como" do tema estudado. A autora concluiu que os currículos das escolas contribuem para a manutenção do *status* social.

- **Uso de jogos e quebra-cabeças em sala**

Os resultados encontrados na regressão logística (OR = 16,991; significativo a 1%) indicam que a utilização de jogos e quebra-cabeças nas aulas de matemática está associada ao aumento na OR de seleção de tópicos de Tratamento da Informação. A magnitude do efeito indica um aumento considerável (1.599% em relação à categoria de referência) nas probabilidades de ocorrência do evento, sinalizando para uma alta associação entre a estratégia didática envolvendo o uso de jogos e a seleção de conteúdos de Tratamento da Informação. Provavelmente, esse resultado deva estar captando um estilo de abordagem didática que favoreça o desenvolvimento de habilidades e competências, como as citadas, e que estão associadas a atitudes fundamentais para o trabalho não somente no campo das probabilidades e estatística, mas em todos os domínios da matemática (Coutinho, 2002).

Pesquisas qualitativas têm reportado resultados interessantes, quando são utilizadas estratégias de jogos e quebra-cabeças nas aulas de matemática. Florsheim e Borges (1982) observaram que, ao propor jogos aos alunos, estes demonstravam uma postura semelhante à de um cientista na busca de uma solução para um problema.

Jogos e quebra-cabeças constituem uma forma interessante de lidar com problemas pela possibilidade de serem propostos de modo atrativo, favorecendo a criatividade na elaboração de estratégias de resolução e busca de soluções. Além disso, segundo Silva e Kodama (2004), o uso de jogos está associado a uma mudança de postura do professor em relação ao que é ensinar matemática.

- **Uso de jornais e revistas informativas em sala de aula**

O uso de jornais e revistas como recurso didático nas aulas de matemática é uma recomendação recente. Sua fundamentação justifica-se, basicamente, por dois aspectos: desenvolver o hábito de leitura nas crianças e jovens, tornando-os leitores críticos e informados e aproximar a matemática da realidade, discutindo o conteúdo e o tratamento das informações veiculadas.

O reconhecimento do jornal, sua especificidade e função como objeto social e a importância ou o papel que pode ocupar como recurso didático, tem sido tratado por diversos autores[6].

O resultado encontrado na regressão logística para a rede municipal de ensino (OR = 0,246; significativo a 5%) indica que a utilização de jornais e revistas nas aulas de matemática está associada à diminuição na razão de chance de seleção de tópicos de Tratamento da Informação. Para compreender melhor este resultado, foram tomadas emprestadas as considerações de Rosemary Reis (2001) em seu estudo com professores de língua portuguesa. Cabe observar que embora a discussão da autora se situe na área do ensino da linguagem, suas considerações permitem generalizações para o ensino da matemática. Na pesquisa de Reis, todas as professoras entrevistadas reconhecem o uso de jornais como um dos principais portadores de texto que utilizam. Entretanto, a forma como descrevem o uso de jornais em sala de aula,

> "reflete uma compreensão ainda muito restrita às propostas que o conduzem a uma mera fonte de pesquisa e recorte de palavras ou de textos para estudos de aspectos gramaticais, distanciando-se da compreensão que o caracteriza como um rico recurso didático para a formação de leitores críticos e informados, assim como para a exploração de infindáveis possibilidades de ampliar conhecimentos linguísticos ou conhecimentos de outras formas de linguagem a partir dos gêneros de textos presentes neste portado" (*apud*, p. 107).

É possível levantar a hipótese de que o resultado obtido na modelagem esteja captando um uso de jornais pouco eficaz, aproximando-se de uma compreensão restrita às propostas que o conduzem a uma mera fonte de pesquisa e recorte de números, gráficos e tabelas, sem que haja uma discussão em sala dos conteúdos destes e de sua relação com a matemática. Nesse caso, o uso de tal recurso em aula, como observado por Reis (*op. cit.*), distancia-se da compreensão que caracteriza o jornal "como um rico recurso didático para a formação de leitores críticos e informados".

[6] A maioria dos artigos que aborda o uso social de jornais na educação situa a discussão na área da Língua Portuguesa. Exemplos neste sentido podem ser encontrados em: Faria, M. A. *O jornal na sala de aula*. São Paulo: Ática, 1994; Rezende, F. *O jornal na escola:* contando histórias do cotidiano. Presença Pedagógica. Belo Horizonte: Dimensão, 1996.

- **Uso de livro didático em sala de aula**

Os livros didáticos são instrumentos auxiliares importantes da atividade docente, seja para a formação de professores de matemática, seja como fonte de difusão de ideias defendidas por segmentos da Educação Matemática. Em muitos casos, é apontado como o principal referencial do trabalho em sala de aula (Dante, 1996), devido, em boa parte, à ausência de outros materiais que orientem os professores em relação a "o que ensinar" e "como ensinar".

O resultado obtido na modelagem evidencia que a presença do livro didático na escola pública é um fator de proteção para a seleção de temas de Tratamento da Informação (OR = 2,409; significativo a 1%). A magnitude do efeito dessa variável sobre a razão de chance de seleção de conteúdos indica a forte associação entre o uso de livro didático e os currículos ensinados aos alunos, no que se refere aos conteúdos de Tratamento da Informação.

Na literatura específica, podemos encontrar diversas referências de autores que se dedicaram a estudar o livro didático. Soares (1996), ao fazer uma análise sociológica do livro didático no Brasil, chama a atenção para a prática comum entre docentes de se transferir ao livro didático a tarefa de preparar aulas e exercícios. Para a autora, esse processo ocorre simultaneamente ao processo de depreciação da função docente[7].

Pfrom-Neto, Rosamilha e Dib (1974) chamam a atenção para a função da escola como fonte de conhecimentos, habilidades, atitudes, valores e experiências comuns, tendo um papel crucial no desenvolvimento dos hábitos de leitura, do gosto pela leitura e do estudo independente (p. 15). Nesse sentido, acreditam que "a utilização diária do livro na escola contribui para o desenvolvimento da capacidade de ler, do aluno" (p. 28). Os autores enfatizam também a importância do livro como auxiliar do trabalho do professor na medida em que pode ajudar tanto na determinação dos conteúdos matemáticos a serem ensinados como em relação aos métodos e técnicas de ensino. Recomendam, contudo, o não condicionamento entre a aula e as recomendações contidas no livro.

> "A fim de elaborar um programa eficiente e adequado a um grupo de alunos, o professor pode buscar auxílio em um livro-texto, ou em vários. Livros sugerem não só o conteúdo como o tipo de abordagem e o professor deve

[7] Para Soares, o processo de expansão da escolarização gerou a necessidade de recrutamento mais amplo e, portanto, menos seletivo de professores. Resultado da democratização do ensino e da multiplicação de alunos dela decorrente, esse processo vai conduzindo ao rebaixamento salarial e, consequentemente, a precárias condições de trabalho, como também a uma formação profissional deficiente. Tudo isso constitui uma situação que obriga os professores a buscar estratégias de facilitação de sua atividade docente – uma delas é transferir ao livro didático a tarefa de preparar aulas e exercícios (Soares, 1996, p. 62).

estar atento para esses dois aspectos: um não deve se sobrepor, de modo a sacrificar o outro" (p. 87).

A conscientização em relação ao papel e à função do livro didático levou à criação de uma política governamental – Programa Nacional do Livro Didático/PNLD – que garantisse a qualidade de material didático-escolar, provendo todas as escolas públicas do ensino fundamental de livros didáticos de qualidade para uso dos alunos[8].

Apesar da existência e das características do PNLD, observa-se nos resultados da pesquisa realizada que entre os docentes da escola pública 59,5% afirmaram usar livro didático em suas aulas, comparado com 87,5% de docentes da rede privada. Essa diferença indica que a política do livro didático (PNLD) implementada pelo MEC ainda não foi suficiente para mudar o quadro de acesso a esse instrumento. Alunos matriculados em escolas públicas do ensino fundamental deveriam receber gratuitamente (por direito) livros escolhidos previamente pela equipe pedagógica da escola. Mesmo assim, de acordo com o que foi observado, nem todos os professores da escola pública os utilizam nas suas aulas de matemática.

- **Ênfase em trabalho conjunto**

O uso de estratégias que valorizam o trabalho conjunto nas aulas de matemática favorece o aumento nas chances de seleção de conteúdos de Tratamento da Informação, quando o professor atua na rede particular de ensino. O efeito dessa variável é significativo a 5% e indica que professores de escolas particulares que enfatizam o trabalho coletivo têm mais chance (OR = 1,592) de selecionar tópicos desta área do currículo, em comparação àqueles que não enfatizam.

A literatura que discute o ambiente da sala de aula tem reservado importância fundamental a propostas que valorizam a troca de experiências, discussões e interações entre estudantes e o professor, argumentando que é nesse espaço (sala de aula) que acontecem encontros (Cândido, 2001, p. 27). O trabalho em equipe coloca os alunos em interação com seus colegas e, nesse sentido, as discussões orais em sala permitem que o aluno fale sobre suas descobertas, mostre o seu trabalho e entenda algum conceito por meio da explicação, da leitura ou da observação do trabalho de outro colega (idem). Essa estratégia didática possibilita evidenciar diferentes modos de pensamento sobre as ideias surgidas nas discussões, o que permite o desenvolvimento de habilidades de raciocínio, como investigação, inferência, reflexão e argumentação. Para Cândido (2001),

---

8 A avaliação nacional de livros didáticos é uma realização Ministério da Educação e do Desporto (MEC) por meio da Secretaria de Educação Fundamental – SEF. Já ocorreram quatro processos de avaliação de livros didáticos para o ensino fundamental de 5ª a 8ª séries: PNLD 1999, PNLD 2002, PNLD 2005 e PNLD 2008.

"...o trabalho em grupo, a roda e os painéis geram um ambiente que se caracteriza pela proposição, investigação e exploração de diferentes ideias por parte dos alunos, bem como pela interação entre os alunos, a socialização de procedimentos encontrados para solucionar uma questão e a troca de informações" (p. 27).

Evidências da pesquisa de campo refletem que apesar do potencial educativo de trabalho conjunto, este tem desempenhado um papel secundário nas práticas escolares, sobretudo em disciplinas mais acadêmicas e seletivas como é o caso da matemática. Os dados desta pesquisa mostram que a prática de organizar os alunos em grupo para trabalhar com matemática foi mais facilmente evidenciada em escolas da rede particular, talvez, devido ao número reduzido de alunos na sala, em comparação com escolas da rede municipal. Observa-se, contudo, que a organização das carteiras em grupo não implica um trabalho que valorize a comunicação[9] em sala de aula.

O resultado obtido na estimação do modelo para a rede privada mostra que a ênfase de trabalho conjunto está associada à seleção de tópicos matemáticos do bloco Tratamento da Informação. Provavelmente, essa associação positiva esteja captando práticas educativas no sentido desejado por educadores matemáticos.

- **Ênfase em resolução de problemas**

O resultado encontrado na modelagem indica que a resolução de problemas em matemática favorece a chance de seleção de conteúdos de Tratamento da Informação (OR = 1,121), ou seja, o coeficiente está associado ao aumento na probabilidade de ocorrência do evento. Embora esse resultado não seja significativo (p-valor > 0,1), a variável *resolução de problemas* foi mantida na modelagem, pois, a redução de 7 pontos na *deviance*[10] sinalizou um bom ajuste do mesmo.

A resolução de problemas é um tema central quando se discute qualidade no ensino de matemática (Ross; Mcdougall; Hogaboam-Gray, 2002). Diversos autores enfatizam a sua importância para o ensino e a aprendizagem dessa disciplina, afirmando que a atividade de resolução de problemas está no cerne da

[9] O termo comunicação em sala de aula é usado por Cândido (2001) para enfatizar um trabalho que contribua para o desenvolvimento de competências complexas, como investigação, inferência, reflexão e argumentação.

[10] A *deviance* avalia a verossimilhança do ajuste do modelo ante o conjunto dos dados observados. Recomenda-se que a decisão sobre a adequação do modelo estimado seja baseada na diminuição da *deviance*. O método utilizado para a especificação do modelo de regressão é a comparação da *deviance* de modelos que envolvem diferentes combinações de variáveis. Nesta pesquisa, o procedimento adotado foi a inclusão sucessiva de cada uma das variáveis independentes e a avaliação das variações correspondentes da *deviance*. Considerou-se também a estatística de Wald, para efeito da confirmação da relevância de cada uma das variáveis explicativas adicionadas ao modelo. Esta estatística testa a hipótese de que o coeficiente relacionado a cada uma dessas variáveis é diferente de zero.

ciência matemática (Lester, 1982; Charnay, 1996; Carvalho e Sztajn, 1997). Muitas pesquisas de cunho qualitativo foram conduzidas no âmbito das pós-graduações em Educação Matemática[11], ressaltando a importância da estratégia de resolução de problemas na construção do conhecimento matemático.

- **Continuidade dos estudos**

A variável indicadora do nível de formação do professor (continuidade dos estudos) mostrou-se significativa na modelagem da rede particular de ensino evidenciando que quando o professor informa ter prosseguido nos estudos, a chance de seleção de conteúdos de Tratamento da Informação aumenta (OR = 3,268; significativo a 10%) em relação aos que possuem apenas a graduação. Se esse estudo relaciona-se com a área de Educação Matemática, o coeficiente associado é ainda maior (OR = 3,615; significativa a 5%), comparado com a categoria de referência. A magnitude do efeito, nos dois casos, indica que há um aumento na probabilidade de ocorrência desses eventos (seleção de tópicos de Tratamento da Informação) de 227% e 261%.

A literatura educacional tem reportado diversos estudos de cunho quantitativo, nos quais há uma associação positiva entre desempenho médio dos alunos e qualificação dos professores (em geral, medida por nível de instrução). Albernaz, Ferreira e Franco (2002), reportaram que um maior nível de instrução dos professores tem impacto positivo sobre a eficácia escolar, mas negativo sobre a equidade. Nessa investigação, os autores utilizaram os dados do SAEB 99 e implementaram um tipo de modelagem (modelagem multinível) para investigar as características escolares associadas à qualidade da escola. Eles concluem, argumentando que em escolas onde os professores apresentam um maior nível de formação, o desempenho médio dos alunos é geralmente superior; porém, os alunos que tiram maior proveito desta característica são aqueles que apresentam nível socioeconômico mais elevado.

Soares (2002), fazendo uso do mesmo tipo de modelagem, mas usando os dados do SAEB 2001, verificou que, de maneira geral, o nível de escolaridade do professor apresenta um efeito positivo para o desempenho dos alunos, ainda que, em alguns casos, a associação não seja significativa. O autor observa que o efeito é ainda maior nas escolas públicas, onde, por exemplo, alunos de professores com licenciatura em matemática têm, em média, 4 pontos a mais do que os alunos de professores sem habilitação específica, e os alunos de professores com licenciatura em Língua Portuguesa somam 3 pontos, em média, em relação aos alunos em situação diversa. Nas escolas privadas, esse mesmo coeficiente é de apenas 1

[11] Referência: Banco de Teses em Educação Matemática do CEMPEM da FE-UNICAMP.

ponto nas duas disciplinas, refletindo o fato de que a maioria dos professores é qualificada. Para Soares, esse exemplo representa um caso excepcional em que o efeito é mais elevado na rede pública; porém, ele ocorre justamente numa situação muito rara.

No ensino fundamental, a especialização do professor por disciplina não é regra. Ao contrário, o mais comum é o aluno contar com um professor único que ministra o conteúdo de todas as disciplinas. O resultado do SAEB revela que terá resultado na proficiência dos alunos os esforços de prover professores com formação compatível com a disciplina que lecionam, ideia, aliás, contemplada pela LDB (p. 25).

Nesta pesquisa, diferentemente do que pode ser observado nos dados do SAEB, todos os docentes da amostra afirmam ter a titulação mínima exigida pela legislação. Observa-se que a grande maioria dos professores (89%) possui licenciatura plena em matemática; 10% deles possuem outra licenciatura (licenciatura plena em física ou em química); e apenas um dos professores possui licenciatura curta em ciências.

## Conclusão

Este texto discutiu o currículo ensinado, focando a relação entre características escolares e seleção de conteúdos de Tratamento da Informação para o ensino de Matemática no ensino fundamental. Este bloco de conteúdos, embora tenha a sua importância justificada pela demanda social e constante utilização na sociedade atual, sua incorporação ao currículo da escola básica é bem recente – data do final dos anos 1990, principalmente com a divulgação dos Parâmetros Curriculares Nacionais de Matemática (Brasil, 1998).

Certamente, os resultados aqui discutidos não possibilitam saber como os professores ensinam, mas, apenas, o que é selecionado para o ensino e como essa seleção se relaciona com o perfil social do corpo discente da escola. Nesse sentido, a seleção de temas de geometria e de Tratamento da Informação apresenta resultados bastante diferentes: enquanto a primeira não está relacionada com o nível socioeconômico médio dos alunos da escola, a segunda está. Argumento que, muito provavelmente, esse resultado esteja associado ao fato de que a seleção de tópicos de geometria já esteja incorporada às práticas de ensino, compondo parte dos tópicos tradicionalmente ensinados. Com relação à seleção de temas do bloco Tratamento da Informação, essa incorporação ao currículo ainda precisa ocorrer.

A análise das orientações curriculares tem recomendado que, na distribuição do currículo de matemática, a área de Tratamento da Informação tenha uma participação menor do que números e operações/álgebra e funções, por exemplo (NCTM, 2000).

Além disso, recomenda-se que, por meio de problemas propostos aos alunos, a matemática seja apresentada de forma significativa e contextualizada, contribuindo de forma efetiva para a formação dos estudantes. No entanto, recomenda-se que alunos de diferentes perfis sociais tenham as mesmas oportunidades de acesso aos conteúdos matemáticos na escola básica. Os dados apresentados evidenciam que a seleção de temas desta área do currículo é condicionada pelo perfil social dos estudantes, revelando mais um aspecto de discriminação social mediada pela escola.

Estudos que investigam as consequências da distribuição social do currículo sobre os resultados dos alunos afirmam haver fortes evidências empíricas de que os métodos de ensino implementados nas aulas influenciam o modo como os estudantes aprendem matemática. Em um estudo conduzido por Luppescu et al. (2005) verificou-se que métodos interativos de ensino estão associados a mais aprendizagem. Além disso, esses métodos são mais frequentemente encontrados em salas de aula cujos alunos pertencem às classes mais favorecidas. Em contrapartida, nas aulas cujos alunos são mais carentes, é mais comum encontrarmos métodos tradicionais de ensino.

Neste estudo foi mostrado, por meio dos resultados do modelo de regressão, que apesar de evidências de desigualdade na seleção do currículo de Matemática, há características na prática docente que podem contribuir para minimizar as diferenças encontradas. Nas escolas públicas, por exemplo, quando o professor utiliza livro didático e propõe aos seus alunos jogos e quebra-cabeças, a chance de ele selecionar temas de Tratamento da Informação é maior do que os que não têm essas práticas.

Concluindo, não é a intenção deste trabalho criticar os professores e suas aulas de matemática. É importante trazer para a formação docente a discussão sociológica, além da discussão matemática e pedagógica. Conteúdos, práticas pedagógicas e questões sociológicas são componentes importantes da formação de professores de matemática.

## Referências

ALBERNAZ, A.; FERREIRA, F.; FRANCO, C. Qualidade e equidade no ensino fundamental brasileiro. *Pesquisa e Planejamento Econômico.* v. 32, n. 3. Rio de Janeiro, IPEA, p. 453-476, 2002.

ANYON, J. *Social class and hidden curriculum of work.* Boston University Journal of Education, 162 (1), p. 67-92, 1980.

BABBIE, E. *Métodos de pesquisas de Survey.* Belo Horizonte: UFMG, 1999.

BRASIL. *Parâmetros Curriculares Nacionais* – Matemática/5ª a 8ª séries. Brasília: MEC/SEEF, 1998.

CÂNDIDO, P. Comunicação em matemática. In: SMOLE, K.; DINIZ, M. I. (Org.). *Ler, escrever e resolver problemas* – Habilidades básicas para aprender matemática. Porto Alegre: Artmed, 2001.

CARVALHO, J. P. *Avaliação e perspectivas da área de ensino da matemática no Brasil.* Em Aberto, 62, p. 74-88, abr./jun., 1994.

CARVALHO, J. P. Observações sobre os currículos de matemática. *Presença Pedagógica.* v. 2, n. 7, p. 55-63, jan./fev., 1996.

CARVALHO, J. P.; SZTAJN, P. As habilidades "básicas" em Matemática. *Presença Pedagógica.* Belo Horizonte: Dimensão, 3 (15), p. 15-21, 1997.

CHARNAY, R. Aprendendo (com) a resolução de problemas. In: Lerner, D. et al. (Org.). *Didática da Matemática* – reflexões psicológicas. Porto Alegre: Artes Médicas, p. 36-47, 1996.

COLLEMAN, J. S. *Report on equality of education opportunity.* US Government Printing Office for Department of Health, Education and Welfare, 1966.

COUTINHO, C. S. C. *Modelagem, simulação e as orientações dos PCN-EF para o ensino de probabilidade.* PUC-SP: PROEM (mimeo), 2002.

DANTE, L. R. Livro de matemática: uso ou abuso? *Em Aberto,* Brasília. v. 16, n. 69, p. 83-90, jan./mar, 1996.

FARIA, M. A. *O jornal na sala de aula.* São Paulo: Ática, 1994.

FLORSHEIM, G.; BORGES, S. M. Eleusis: um jogo que simula o método científico. *Revista do Ensino de Ciências,* FUNBEC, n. 5, jan., 1982.

FORQUIN, J-C. Saberes escolares, imperativos didáticos e dinâmicas sociais. Porto Alegre: *Teoria & Educação,* n. 5, p. 28-49, 1992.

__________. As abordagens sociológicas do currículo: orientações teóricas e perspectivas de pesquisa. *Educação e Realidade,* Porto Alegre. v. 21, n. 1, p. 187-198, 1996.

FRANCO, C.; SZTAJN, P.; ORTIGÃO, M. I. R. *Mathematics teachers, reform and equity*: results from Brazilian National Assessment. Global Conference on Education Research for Developing Countries. Prague, March 31 to April 2, 2005.

LESTER, F. e Charles, R. *Teaching problem solving* – what, why & how. Canada: Dale Seymour Publications, 1982.

LUPPESCU, S. et al. *Improving Chicago's schools*: 2005 Survey Report, 2005. Disponível em: www.consortium-chicago.corg/publications (Acesso em: 15 mar. 2005).

NCTM/National Council of Teachers of Mathematics. *Curriculum and evaluation standards for school mathematics.* Reston, VA: Author, 1989.

__________. *Professional standards for teaching mathematics*. Reston, VA: Author, 1991.

__________. *Principles and standards for school mathematics: An overview*. Reston, VA: Author, 2000.

OCDE/PISA 2000. *Knowledge and Skill for Life. First Results from OCDE Programme for International Student Assessment* (PISA), 2000.

ORTIGÃO M. I. R. *Currículo de Matemática e Desigualdades Educacionais*. Tese de Doutorado: Departamento de Educação/PUC-Rio, 2005.

PFROM-NETO, S.; ROSAMILHA, N.; DIB, Z. C. *O livro na educação*. Rio de Janeiro: Primor/INL, 1974.

REIS, R. F. *Práticas de leitura e produção de textos nas séries iniciais do ensino fundamental /saberes docentes e processo de construção*. Dissertação de Mestrado: Departamento de Educação/PUC-Rio, 2001.

REZENDE, F. *O jornal na escola:* contando histórias do cotidiano. Presença Pedagógica. Belo Horizonte: Dimensão, 1996.

ROSS, J. A.; McDOUGALL, D.; HOGABOAM-GRAY, A. Research on Reform in Mathematics Education, 1993-2000. *The Alberta Journal of Educational Research*, v. XLVIII, n. 2, Summer, p. 122-138, 2002.

SILVA, A. F.; KODAMA, L. M. Y. *Jogos no ensino da matemática*. Trabalho apresentado na II Bienal da Sociedade Brasileira de Matemática. Salvador: Universidade Federal da Bahia, 25 a 29 de outubro de 2004.

SOARES, F. *SAEB 2001:* Relatório Técnico. INEP/UFMG-GAME, 2002.

SOARES, J. F.; CESAR, C. C.; MAMBRINI, J. Determinantes de desempenho dos alunos do ensino básico brasileiro: evidências do SAEB 1997. In: Franco, C. (Org.). *Avaliação, ciclos e promoção na educação*. Porto Alegre: Artmed, p. 121-154, 2001.

SOARES, M. B. Um olhar sobre o livro didático. *Presença Pedagógica*. v. 2 (12). Belo Horizonte: Dimensão, 1996.

SZTAJN, P. Conteúdos, atitudes e ideologia: a formação do professor de matemática. In: CANDAU, V. (Org.) *Magistério/Construção cotidiana*. Petrópolis: Vozes. p. 184-204, 1998.

# CAPÍTULO 14

## ENSINO DE MATEMÁTICA NA 5ª SÉRIE DO ENSINO FUNDAMENTAL: UMA PROPOSTA COM O TEMA TRANSVERSAL TRABALHO E CONSUMO

Sandra Berndt e Claudia Lisete Oliveira Groenwald – ULBRA

### Resumo

A presente investigação foi realizada no município de Marechal Cândido Rondon, no Estado do Paraná, no Colégio Estadual Frentino Sackser. O público-alvo da pesquisa foram 35 alunos da 5ª série A, do ensino fundamental. A situação-problema: "Como implementar um trabalho com projetos na 5ª série do ensino fundamental com o tema transversal trabalho e consumo com uma metodologia adequada para a construção do conhecimento matemático?". O estudo teve como objetivo geral "Investigar a metodologia de projetos de trabalho na 5ª série do ensino fundamental, na disciplina de matemática, dando ênfase ao como ensinar e aprender os conteúdos programados no currículo, propondo-se a desenvolver projetos de trabalho com o tema transversal trabalho e consumo, visando ao desenvolvimento de competências".

**Palavras-chave:** Projetos de Trabalho; Currículo de Matemática; Educação Matemática.

### Abstract

The present investigation was accomplished in Marechal Cândido Rondon, in the state of Paraná, at Frentino Sackser State School. The target public of the research were 35 students of 5th grade A, from elementary school. The problem-situation was: "How to implement a work with projects in the 5th grade from the elementary school with the transversal themes work and consumption, with a methodology adequate for the construction of the mathematical knowledge?". The study had as general goal "to investigate the methodology of work project in the 5th grade, in Mathematics, emphasizing the concept of how to teach and learn the subject programmed in the curriculum, intending to develop work projects with the transversal themes work and consumption, seeking the development of competencies.

**Keywords:** Work Projects; Mathematics Curriculum; Mathematical Education.

## Introdução

> "A Matemática tem um papel importante na construção da cidadania, pois é através dessa ciência que muitas situações cotidianas são entendidas e resolvidas de forma crítica, sendo papel da escola, '[...] enriquecer as estruturas de pensamento, de modo que, dispondo de um rol maior de possibilidades, o aluno possa optar, no futuro, por soluções mais eficazes'" (Carvalho, 1994, p. 52).

Percebe-se que há falhas no ensino da matemática, porque não existe um desenvolvimento cognitivo satisfatório por parte do aluno. A explicação pode ser encontrada na teoria de Vygotsky, que diz: "o desenvolvimento cognitivo não ocorre independentemente do contexto social, histórico e cultural" (Moreira, 1999, p.109). Esses contextos são normalmente esquecidos no processo de ensino e aprendizagem da matemática.

Por meio de estudos sobre teorias como de Vigotski, Ausubel, Freire e outros, Mora afirma:

> ...a Matemática somente será entendida, aprendida e dominada, pela maioria das pessoas, quando sua relação com elas estiver baseada, em primeiro lugar, no trabalho, ativo, participativo e significativo dos sujeitos atores do processo educativo; em segundo lugar, como parte da estrutura formativa geral básica de todo o ser humano (Mora, 2003, p. 49).

Por esse motivo é preciso modificar o ensino da matemática, como mostram os PCNs, buscando selecionar e organizar os conteúdos matemáticos, não só pela lógica interna da matemática, mas levando-se em conta, também, sua importância social e a contribuição para o desenvolvimento intelectual do aluno. Trata-se, pois, de um processo de construção permanente. Ou seja,

> ...o desafio que se apresenta é o de identificar, dentro de cada um desses vastos campos que conceitos, procedimentos e atitudes socialmente relevantes. Também é necessário apontar em que medida os conteúdos contribuem para [...] a construção e coordenação do pensamento lógi-

> co-matemático, para o desenvolvimento da criatividade, da intuição, da capacidade de análise e de crítica, que constituem esquemas lógicos de referência para interpretar fatos e fenômenos (Brasil, 1998, p. 49).

O conhecimento matemático deve ser construído por meio de diferentes formas de ensinar e aprender, buscando uma maior participação do aluno e tendo o professor como mediador do processo.

Essa investigação foi realizada com a implementação do projeto "Matematizando". Suas etapas tiveram como objetivo trabalhar os conteúdos matemáticos por meio da realidade do aluno. Por meio da pesquisa de campo, em sua cidade, os alunos foram estimulados a coletar, organizar, analisar e avaliar dados, principalmente matemáticos, envolvendo os meios de trabalho e consumo da cidade, tirando conclusões e ampliando sua visão de mundo. Trabalhando, assim, com aplicações dos conteúdos matemáticos, almeja-se que o aluno do ensino fundamental seja "um parceiro de trabalho, ativo, participativo, produtivo, reconstrutivo, para que possa fazer e fazer-se oportunidade" (Demo, 2000, p.15). Desse modo, ele constrói o próprio conhecimento desenvolvendo uma aprendizagem significativa.

## Situação-Problema

Por meio de um currículo moderno, não linear e que utiliza estratégias de ensino e aprendizagem como forma de desenvolver competências, pode-se modificar a relação entre a teoria e a prática educacional, trabalhando-se o conteúdo por meio da realidade, podendo ser utilizado em diversos momentos, de maneira a substituir

> ...o acúmulo linear de informação pela busca de inter-relações entre diferentes fontes e problemas que pretendem conectar-se em espiral em torno de estruturas de conhecimento (Hernández, 1998, p. 38).

Logo, a situação-problema desta pesquisa foi: "Como implementar um trabalho com o método de projetos na 5ª série do ensino fundamental com o tema transversal trabalho e consumo com uma metodologia adequada para a construção do conhecimento matemático?".

## Objetivos

O objetivo geral foi investigar a metodologia de projetos de trabalho na 5ª série do ensino fundamental, na disciplina de matemática, dando ênfase a como ensinar e aprender os conteúdos programados no currículo, propondo-se a desenvolver projetos de trabalho com o tema transversal trabalho e consumo, visando ao desenvolvimento de competências.

Os objetivos específicos desta investigação são: investigar como desenvolver o tema transversal trabalho e consumo com a metodologia de projetos de trabalho na 5ª série de ensino fundamental; investigar se os projetos de trabalho propiciam o desenvolvimento de competências em alunos de 5ª série do ensino fundamental; analisar quais os conteúdos matemáticos que podem ser desenvolvidos com a implementação[1] de um projeto de trabalho com o tema transversal trabalho e consumo na 5ª série do ensino fundamental.

## Metodologia da Investigação

Esta investigação possui um enfoque qualitativo. Triviños (1987) salienta que "o pesquisador, orientado pelo enfoque qualitativo, tem ampla liberdade teórico-metodológica para realizar seu estudo. Os limites de sua iniciativa particular estarão exclusivamente fixados pelas condições de exigência de um trabalho científico" (Triviños, 1987, p. 133). Para Bogdan e Biklen (1982), a pesquisa qualitativa envolve a obtenção de dados descritivos, obtidos no contato direto do pesquisador com a situação estudada, enfatizando o processo e a perspectiva dos participantes.

As ações utilizadas para a coleta dos dados foram a observação direta do professor/pesquisador; o diário dos alunos (cadernetas de anotações); o diário do professor/pesquisador; filmagens das principais atividades realizadas pelos alunos na experiência de sala de aula com o projeto "Matematizando"; análise das avaliações dos alunos, dos pais e da direção da escola. As filmagens dos principais episódios foram utilizadas, pois o registro, por meio de vídeo, mostra, em se tratando de observar o comportamento dos alunos, uma descrição mais fidedigna da realidade. Como auxílio para análise, na coleta e organização desses dados, foi utilizada a técnica da triangulação e análise por categorias.

A pesquisa transcorreu nas seguintes etapas: nos meses de março e abril de 2005, foi realizada uma análise preliminar, para que houvesse compreensão da realidade e das concepções dos sujeitos da pesquisa. O projeto investigado foi aplicado nos seis meses seguintes, de maio a novembro, tendo quatro aulas semanais de matemática. Dessas, foram utilizadas, para a implementação do projeto, 12 horas-aula da disciplina de matemática e 40 horas em horário extraclasse, nas quais o professor/pesquisador ficava à disposição dos alunos para sanar qualquer dúvida a respeito das atividades que estavam sendo realizadas, orientando os grupos.

---

[1] Implementar foi usado no sentido de realizar um experimento, analisá-lo e avaliá-lo.

As etapas do projeto "Matematizando" foram: aprendendo a investigar; investigando a realidade de trabalho e consumo na cidade; divulgando os resultados. Nessas etapas, buscou-se desenvolver, com o auxílio da metodologia de projetos de trabalho, o tema transversal trabalho e consumo, com alunos de 5ª série, visando desenvolver competências em alunos dessa série do ensino fundamental.

Os conteúdos matemáticos a serem desenvolvidos durante a pesquisa foram deixados em aberto, para serem escolhidos durante o processo de pesquisa e o professor/pesquisador foi avaliando conforme seu desenvolvimento nos trabalhos dos alunos. A respeito da avaliação, Demo (2001) destaca que "é necessária, se tivermos compromisso político com a aprendizagem qualitativa dos alunos. Para garantir a aprendizagem do aluno [...] é mister saber, a cada momento e com a maior profundidade possível, como o aluno está aprendendo" (Demo, 2001, p. 68).

O público-alvo da pesquisa foram 35 alunos da 5ª série A do Colégio Estadual Frentino Sackser, no bairro do Botafogo, na cidade de Marechal Cândido Rondon, Estado do Paraná. O colégio tem aproximadamente 900 alunos, funciona em três turnos, com todas as séries do ensino fundamental nos turnos matutino e vespertino. Pela manhã e à noite, funciona também o ensino médio.

## Projetos de Trabalho

A utilização de projetos não ocorreu recentemente. Uma das primeiras ideias surgiu no século XV, na França, no ano de 1671, quando nasceu a academia de arquitetura em Paris, que tinha como pressuposto, além de provas finais teóricas, a apresentação de um trabalho prático como forma de complementação para finalização dos estudos. Esse trabalho prático era chamado de projeto (Mora, 2003). Nos Estados Unidos, a pedagogia de projetos surgiu no início do século XX, por meio do educador e filósofo John Dewey e seu discípulo Kilpatrick, que a desenvolveram. O método foi bem aceito e difundiu-se, chegando ao Brasil pelos trabalhos de Miguel Arroyo (Martins, 2001).

Segundo Martins, as propostas de projetos de trabalho de Dewey e Kilpatrick, nos EUA; de Freinet, na França; de Santomé e Hernández, na Espanha; de Ana Maria Haufman, na Argentina, e de Miguel Arroyo e Monique Deheinzelin, no Brasil, depois de sofrer algumas modificações, consistem de modo geral,

> em desenvolver trabalhos capazes de vincular a sala de aula à realidade social na qual o aluno vive, para que ele possa entendê-la melhor, mostrando, assim, que o processo de aprendizagem é um processo global, que integra o saber com o fazer, a prática com a teoria, em outros termos, a pedagogia da palavra com a pedagogia da ação (Martins, 2001, p. 32).

Em estudos mais recentes, Antunes salienta que "um projeto é, em verdade, uma pesquisa ou uma investigação, mas desenvolvida em profundidade sobre um tema ou um tópico que se acredita interessante conhecer" (Antunes, 2001b, p. 15), podendo ser realizada por um, poucos ou muitos alunos. É por meio do projeto que se busca encontrar respostas para perguntas que estão relacionadas a um tema previamente escolhido pelos alunos, professores ou outros que fazem parte do ambiente escolar.

Os PCNs destacam que os projetos "são uma das formas de organizar o trabalho didático, que pode integrar diferentes modos de organização curricular" (PCNS, 1998, p. 41). Um exemplo de sua utilização é, segundo o mesmo documento, em certos momentos do desenvolvimento do currículo, a "relevância às questões dos temas transversais, pois os projetos podem se desenvolver em torno deles e serem direcionados para metas objetivas, com a produção de algo que sirva como instrumento de intervenção nas situações reais" (PCNS, 1998, p. 41).

O método de projetos "contribui com uma visão mais humana, útil e atrativa da matemática como parte da formação geral básica de todas(os) as(os) alunas(os), que são a coluna vertebral da educação" (Mora, 2003, p. 20).

Pelos projetos, o processo de ensino e a aprendizagem da matemática se concretizam por meio do confronto dos assuntos matemáticos, levando-se em consideração a realidade do aluno e atividades conjuntas entre os envolvidos.

Groenwald et al. salientam que os projetos de trabalho utilizados para organizar "os conhecimentos escolares, proporcionam contextos que geram a necessidade e a possibilidade de conferir significado, tornando possível a construção de conceitos, a memorização de fatos e o desenvolvimento de procedimentos e atitudes" (Groenwald, 2003, p. 49).

Para que o trabalho com projetos tenha resultados satisfatórios, é preciso seguir algumas fases, preestabelecidas e organizadas. Para Martins (2001), um projeto de trabalho segue três etapas: a primeira consiste na preparação e planejamento do trabalho, a segunda, na execução ou implementação do projeto, a terceira, na análise dos resultados e deduções conclusivas.

Antunes (2001b) mostra, ainda, dez passos a serem utilizados para a realização de um projeto, depois de ter escolhido o tema: 1. determinar, de forma clara, os objetivos a serem alcançados; 2. fazer perguntas relacionadas com os objetivos traçados; 3. relacionar e disponibilizar as fontes de informações para os alunos; 4. explicar quais habilidades operatórias (comparar, analisar, sintetizar, deduzir, classificar, criticar, interrogar, interagir) são colocadas em prática, verificando se os alunos as compreendem e sabem usá-las; 5. fornecer ao aluno o conhecimento das fases do projeto, ou seja, o que o professor espera que o grupo faça nessas três fases; 6. fornecer algumas ideias, palavras-chave, para que os alunos possam pesquisar; 7. buscar uma maior ligação do que está sendo trabalhado no projeto com o contexto do aluno; 8. explicitar as linguagens a serem utilizadas na descrição dos resultados da investigação; 9. definir um cronograma para o projeto, estipulando os dias e as semanas em que os alunos devem realizar determinadas etapas do projeto; 10. definir as formas de avaliação do trabalho feito pelos alunos, podendo ser a avaliação do professor, de outros professores, de pais ou outros envolvidos e a autoavaliação, baseando-se sempre no processo efetivo do aluno (Antunes, 2001b).

Seguindo esses princípios, foi implementado o projeto de trabalho "Matematizando", apresentado a seguir.

## Projeto "Matematizando"

Esse projeto consistiu na utilização da metodologia de projetos com o tema transversal trabalho e consumo. No primeiro momento, trabalharam, de maneira conjunta, professor/pesquisador e alunos da turma escolhida, com um maior auxílio por parte do professor/pesquisador, de forma a expor, por meio de atividades, como seriam as etapas do projeto a ser realizado por eles posteriormente.

O projeto foi dividido em três etapas: a primeira, "aprendendo a investigar", com participação maior do professor/pesquisador de forma a direcionar as atividades da turma de alunos da 5ª série do ensino fundamental, que foi baseado no assunto "leite". A segunda, "investigando a realidade de trabalho e consumo da cidade", teve participação maior dos sujeitos da pesquisa, que escolheram os temas e pesquisaram sobre eles. Na terceira etapa, "divulgando os resultados", foram expostos os resultados à comunidade escolar.

Na primeira etapa, por serem alunos que nunca tinham realizado uma investigação, o professor organizou uma visita a uma grande empresa de venda de leite, pois a cidade faz parte da maior bacia leiteira do Estado do Paraná. Nessa visita, os alunos tiveram oportunidade de conhecer as relações de trabalho e consumo que são geradas na empresa. Os alunos realizaram perguntas, anotaram e organizaram os dados posteriormente. No segundo momento, a professora trabalhou as questões que surgiram e várias situações relacionadas à matemática foram desenvolvidas.

Pode-se observar um exemplo de situações matemáticas desenvolvidas na primeira etapa na Figura 1.

Na segunda etapa, os alunos foram divididos em grupos de quatro alunos e cada grupo escolheu um assunto, ligado ao tema central para ser investigado. Os assuntos escolhidos foram: farmácia (venda de remédios), bicicletaria, materiais de construção, celulares, bens de consumo, posto de gasolina, minimercado, água, luz, aviário, pesque-pague, loja de materiais esportivos, artesanato. Nessa etapa, os alunos colocaram em prática todos os procedimentos necessários à realização de um projeto e o professor mediou o processo, organizando problemas matemáticos com os dados pesquisados pelos grupos e, também, os grupos organizavam problemas matemáticos com os mesmos dados.

A seguir, apresentam-se duas situações-problema, uma elaborada pelos alunos do grupo que desenvolveu o tema materiais esportivos, Figura 2, e outra elaborada pelo professor para o grupo com o tema minimercado, Figura 3.

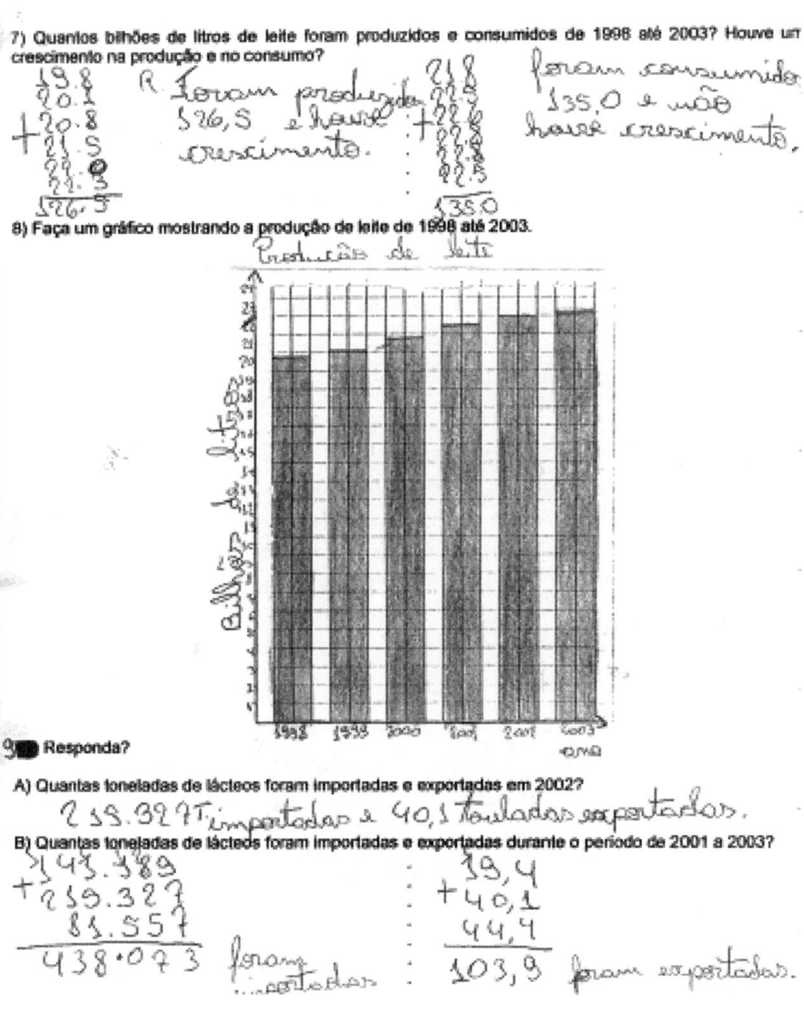


Figura 1: Exemplo de situações matemáticas desenvolvidas após a visita à Frimesa.

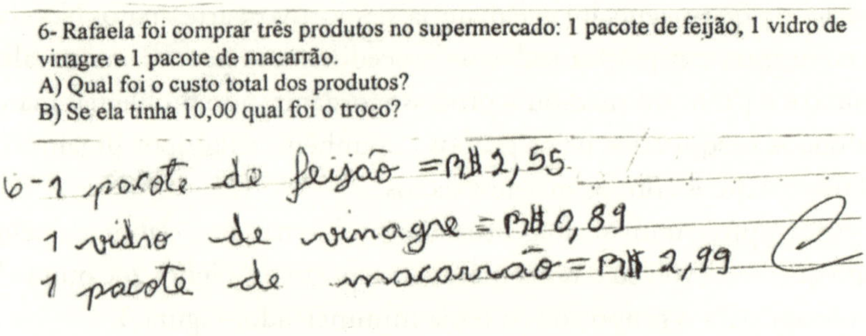
6- Rafaela foi comprar três produtos no supermercado: 1 pacote de feijão, 1 vidro de vinagre e 1 pacote de macarrão.
A) Qual foi o custo total dos produtos?
B) Se ela tinha 10,00 qual foi o troco?

6- 1 pacote de feijão = R$ 2,55
1 vidro de vinagre = R$ 0,89
1 pacote de macarrão = R$ 2,99

Figura 2: Exemplo de situação-problema elaborada pelos alunos.

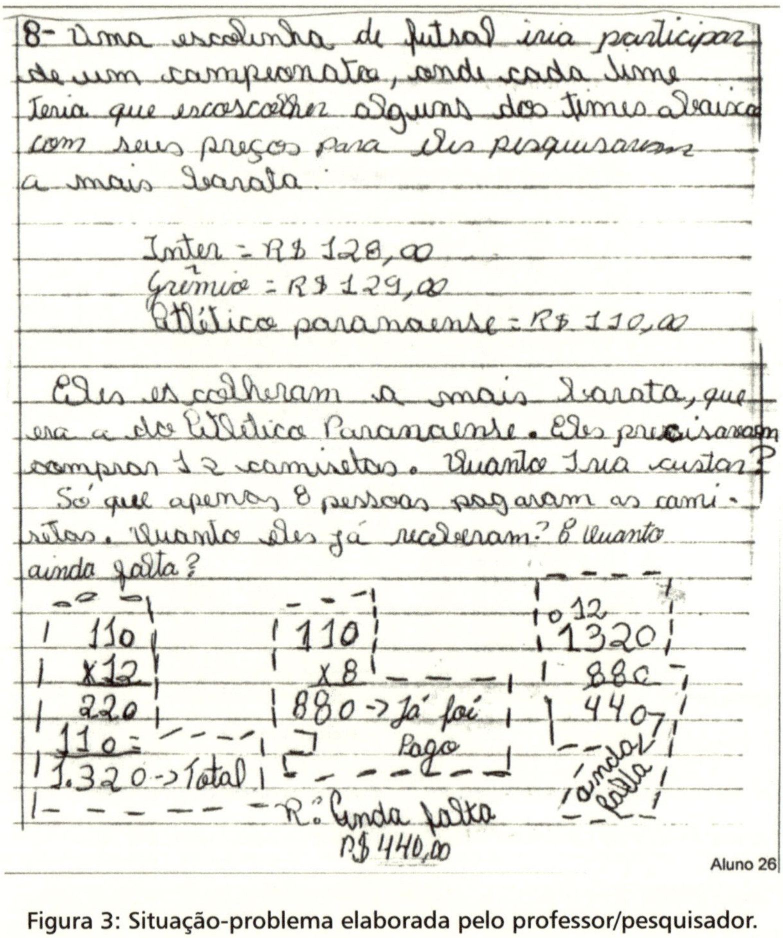
8- Uma escolinha de futsal iria participar de um campeonato, onde cada time teria que escolher alguns dos times abaixo com seus preços para eles pesquisarem a mais barata:

Inter = R$ 128,00
Grêmio = R$ 129,00
Atlético paranaense = R$ 110,00

Eles escolheram a mais barata, que era a do Atlético Paranaense. Eles precisaram comprar 12 camisetas. Quanto iria custar? Só que apenas 8 pessoas pagaram as camisetas. Quanto eles já receberam? E quanto ainda falta?



Figura 3: Situação-problema elaborada pelo professor/pesquisador.

Na terceira etapa, foi organizada uma feira para apresentação dos trabalhos realizados. A apresentação foi realizada por meio de pôsteres, onde cada grupo expunha os resultados para a comunidade escolar.

Na Figura 4, apresenta-se um pôster elaborado pelo grupo que desenvolveu o tema luz.

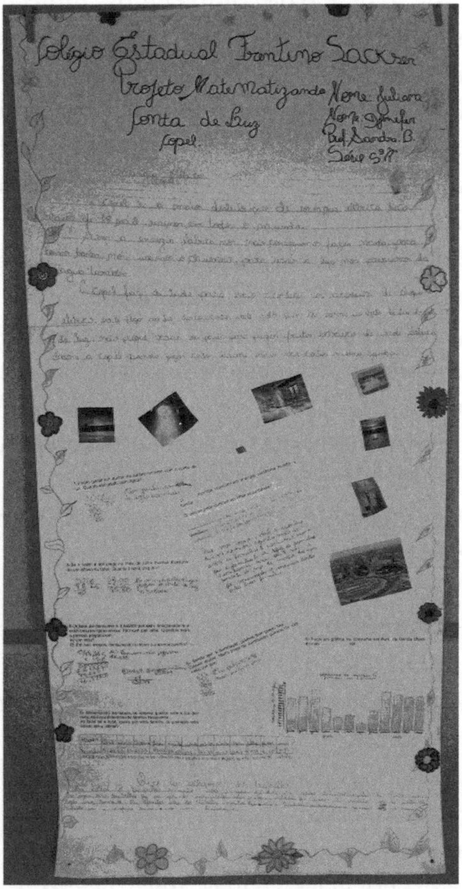

Figura 4: Exemplo de pôster do grupo que desenvolveu o tema Luz.

## Desenvolvimento de Competências e/ou Capacidades

Sabendo da sua importância, o desenvolvimento de competências e/ou capacidades fez parte dos objetivos da investigação, analisando se os projetos de trabalho propiciam o desenvolvimento de competências em alunos de 5ª série do ensino fundamental.

Competência, segundo D'Amore citado por Pinilla (2006) é um conceito complexo e dinâmico: complexo por tratar-se de um conjunto de dois componentes, o uso e o domínio, além de ser elaborativo, interpretativo e criativo de conhecimentos que relacionam diversos conteúdos; dinâmico porque a competência reúne como objeto, não só os conhecimentos chamados em causa, mas também fatores metacognitivos, como aceitação do estímulo para fazer uso desse conhecimento, o desejo de usá-lo, o desejo de completar os conhecimentos que se revelam na avaliação dos fatos e o desejo de aumentar a própria competência.

No projeto "Matematizando" competência foi entendida como a condição de saber fazer e de refazer, usando o conhecimento inovador, seguindo o conceito de Demo (2000). Capacidade foi entendida como um saber fazer que está em construção, necessitando que sejam realizados procedimentos pelo professor na sala de aula, para que os alunos possam, ao longo de sua vida escolar, adquirir e consolidar as habilidades necessárias às competências desejadas. Como o projeto foi desenvolvido em uma 5ª série, com alunos muito jovens, optou-se pelo uso da palavra capacidade, como uma competência em desenvolvimento, necessitando de atividades didáticas que possibilitassem e incentivassem esse processo de formação do sujeito competente.

A escola tem o importante papel de auxiliar na construção das "capacidades identificadas como imprescindíveis para se desenvolver em um determinado grupo social e cultural" (Coll, 2004, p. 18). É por meio do ensino que essas mudanças poderão ser concretizadas.

As capacidades podem ser desenvolvidas, para que "os alunos continuem aprendendo e utilizando o que sabem para viver e conviver com os outros, melhorando o ambiente natural e social de que fazem parte" (Coll, 2004, p.18).

No dicionário *Aurélio,* capacidade significa "[...] Poder de receber impressões, assimilar ideias, analisar, raciocinar, julgar, arrostar problemas; aptidão, habilidade mental..." (Ferreira, 2004).

As capacidades desenvolvidas no decorrer da implementação do projeto, nos alunos da 5ª série, foram: capacidade de trabalho em grupo, gosto pelo aprender, organização, relato de experiências vividas, investigação, síntese, análise, conclusão, resolução e elaboração de situações-problema, argumentação, análise de situações de trabalho e consumo, concentração, expressão oral, comprometimento.

A seguir, apresentam-se as capacidades trabalhadas durante o desenvolvimento do projeto "Matematizando".

## 1. Capacidade de trabalho em grupo

Pôde-se observar, durante toda a investigação, sinais positivos de trabalho em grupo. Na relação professor e aluno, percebeu-se uma boa relação, pois os alunos sempre estavam prontos para atender, realizando as atividades com motivação e interesse. Como exemplo, pode-se citar o grande número de alunos durante todas as tardes de encontros. Na relação aluno e aluno, citam-se as palavras de um aluno, descritas no pôster, no espaço de opinião sobre o trabalho: "O trabalho é muito fácil, mais ainda com a ajuda do Roberto, do Luan e do Michel, que ajudaram muito" (Aluno 24).

Para Demo (2000), transformar a sala de aula em local de trabalho conjunto é um desafio, porque significa não privilegiar o professor, mas o aluno.

Ele afirma, também, que a competência coletiva, supõe a individual, pois não se trata de somar a superficialidade, mas a capacidade de contribuição. Isso foi possível no desenvolvimento do projeto, os alunos movimentavam-se livremente; trocavam ideias com os elementos do grupo e com outros grupos; organizavam as tarefas de acordo com o ritmo do grupo; realizavam pesquisa; analisavam os dados e tiravam conclusões conjuntas; porém, todos os elementos do grupo eram ouvidos e podiam opinar livremente.

Por meio das palavras de Mora, exemplifica-se bem o motivo de os trabalhos serem realizados em grupo:

> [...], o êxito na re(solução) de problemas matemáticos e outros problemas com a ajuda da Matemática, dependerá, em grande medida, do trabalho cooperativo, sobretudo, quando se trata de Matemática escolar" (Mora, 2003, p. 52).

## 2. Capacidade do gosto pelo aprender

Isso foi percebido durante a pesquisa, pois houve o envolvimento e auxílio de todos. As aulas de matemática, às vezes, acabavam ficando tumultuadas porque os alunos vinham contar o que tinham descobrido por meio da pesquisa. Para Demo (2000) é fundamental um ambiente positivo na escola, para se conseguir no aluno participação ativa, presença dinâmica, interação envolvente, comunicação fácil, motivação à flor da pele.

Percebeu-se que a participação, principalmente dos pais, influenciou muito como forma de motivação, pois esses estavam empenhados em ajudar seus filhos na busca, organização e apresentação das informações da pesquisa. Tornando-se possível seguir os princípios de Demo (2000), que afirma que sempre há a possibilidade de o aluno trazer algo de casa, como material escrito sobre algum assunto, a opinião dos pais, irmãos ou de outras pessoas sobre algum tema, a exemplificação em torno de algo.

## 3. Capacidade de organização

A maioria do material entregue pelos alunos foi bem organizado. Quando isso não acontecia, o professor/pesquisador pedia para ser refeito e o resultado era melhorado, tornando-se bem organizado. Nos pôsteres, as normas estipuladas, no início, assustaram alguns alunos, mas depois eles perceberam que não era difícil e conseguiram organizar o trabalho. Isso é percebido, por exemplo, nas palavras de um aluno escrevendo sobre o que ele tinha achado de fazê-lo e se tinha sido melhor aprender matemática assim: "Sim, foi melhor de fazer porque é muito mais fácil do que eu pensava" (Aluno 11).

## 4. Capacidade de relatar experiências vividas

Os alunos falavam muito sobre o que descobriam em todos os momentos. Um exemplo pode ser descrito sobre o grupo do posto de gasolina. O integrante do grupo contou: "Toda vez que baixa o preço num posto e o outro fica a mesma coisa ou mais alto, o que 'tá' mais alto vai ter mais prejuízo, porque vai querer comprar no posto com o preço mais baixo" (Aluno 25).

Segundo Demo (2000) uma coisa é manejar textos, copiá-los, decorá-los, reproduzi-los, outra é interpretá-los com alguma autonomia para saber fazê-los e refazê-los. Na primeira condição o aluno ainda é objeto de ensino, na segunda, começa a despontar o sujeito com proposta própria.

No projeto, o desenvolvimento de interpretar a realidade foi crescendo, permitindo que os alunos relatassem suas experiências com conclusões e opiniões próprias.

## 5. Capacidade de investigação

Os alunos foram incentivados a explicar, nos locais em que iam pesquisar, o que estavam fazendo e a que escola pertenciam. Segue como exemplo, parte do diálogo com o grupo do tema material esportivo:

> Professor/pesquisador: *Conte-me o que você fez no trabalho?*
>
> Aluno 26: *Eu cheguei lá, daí falei que a gente era da escola, que a gente foi fazer um trabalho. Daí a mulher, ela foi assim, bem simpática, ela falou: "Oh, vocês olham lá os preços, vocês fazem o que vocês precisam". E daí fomos lá, olhamos, e agradecemos à moça, né? Depois a gente pediu o que a gente não tinha conseguido a informação, a gente pediu, né, daí ela respondeu para nós. Assim, foi bem legal.*
>
> Professor/pesquisador: *Ela falou que podia voltar?*
>
> Aluno 26: *Sim, ela falou, se precisar é só voltar, né?*

Professor/pesquisador: *O que vocês fizeram com as informações que vocês obtiveram?*

Aluno 26: *Nós pegamos, tipo, a gente foi em duas esportivas. E daí, a gente pegou primeiro, pegou de uma esportiva, aí fez o preço primeiro dos tênis.*

[o professor/pesquisador pediu que o aluno explicasse o material trazido por ele].

Aluno 26: *A gente pegou os preços dos tênis e fez menos o salário, né, para comparar. Isso a gente fez com todos os produtos. E depois a gente comparou o tênis de uma esportiva, né, da mesma marca e comparou com a da outra para ver, mais ou menos, a diferença de preços.*

Seguindo os princípios de Demo (2000) a educação escolar deve estar baseada no processo de pesquisa e formulação própria, onde o critério diferencial da pesquisa é o questionamento reconstrutivo que engloba teoria e prática, qualidade formal e política, inovação e ética. Devendo o conhecimento ser utilizado criticamente e criativamente.

## 6. Capacidade de síntese

A maioria dos alunos melhorou ou desenvolveu a capacidade de síntese nos trabalhos, pois descrevia em seu material somente o que era necessário, importante para os trabalhos. Como exemplo: "Nós achamos mais coisa aqui" (Aluno 3), quando entregou a caderneta, diário do aluno, para o professor/pesquisador. "E aqui também" (Aluno 3), começando a ler e explicar a parte do trabalho que continha o restante das informações colhidas no pesque-pague. Fez isso com a voz bem baixa, por causa da timidez, que tinha aumentado um pouco diante da câmera. Isso ocorreu apenas no início, pois, no fim da conversa já estava contando que tinha ido pescar e conseguia explicar todo o trabalho realizado com desenvoltura.

## 7. Capacidade de análise

Para exemplificar o desenvolvimento da capacidade de análise, segue a descrição de parte da informação contida no pôster, do grupo materiais de construção:

*"Na Vorpagel Materiais de Construção, o nº de funcionários é 21, já o nº de clientes é 8.787 e o de itens cadastrados é 10.009, o que já é o bastante. Em 2005, os preços ficaram na média, pois, quando o dólar aumentava, o preço subia; já agora o dólar abaixou, então o preço também abaixou e as vendas de março a outubro foram muito maiores. De junho a julho também houve preços baixos. Hidráulico = tubos e conexões, canos etc. Bruto = Areia, pedra, cimento, tijolo, cal (os mais vendidos). Acabamentos = pisos, revestimentos e cerâmica (que conclui parede e chão)" (Grupo do tema materiais de construção).*

## 8. Capacidade de concluir

O desenvolvimento da capacidade de concluir pode ser observado no grupo com o tema materiais esportivos, quando descreve que é caro, comparando com o salário mínimo, além de outras atitudes que podem ser percebidas em partes do diálogo:

> Professor/pesquisador: *O que você pode concluir com isso?*
>
> Aluno 26: *Tem alguns produtos que são bem mais caros do que os outros, né? Sendo assim, a gente pegou mais ou menos o mesmo estilo e mesmo modelo do tênis. Aí eu coloquei assim, tipo, se uma pessoa que recebe um salário compra esse tênis aqui, [mostrou no material], assim, vai sobrar para ele, esse tanto de salário.*

## 9. Capacidade de resolver e elaborar situações-problema

Essa capacidade pode ser exemplificada na fala de uma aluna, ao explicar o trabalho para um grupo de pais que a estava ouvindo durante a feira de exposição dos trabalhos. Ela leu a situação-problema, completando, quando necessário:

> *7 - Ricardo quer colocar azulejos na varanda da sua casa, a qual possui 5 metros por 2 metros, sendo que o valor de 1 m² de azulejo é... 10,00... reais em uma loja de material de construção.*
>
> *A) Qual é a área desta varanda?*
>
> *B) Qual o custo da sua obra à vista e a prazo?*
>
> *Aqui nós fizemos um cálculo [mostrando no pôster o desenho] com 5 metros e 2 metros. Cada quadrado tem 1 m². Ao todo, 5 . 2 dá 10, então deu:*
>
> *A) 10 metros quadrados (tamanho da varanda)*
>
> *B) 100,00 reais a prazo e 92,00 reais à vista.*
>
> *Como nós fizemos para chegar a essa conta? Nós pegamos 100,00 reais menos 8, porque é 8% de desconto. Isso deu 92,00 reais. Então, 100,00 reais é o valor a prazo e à vista ficou 92,00" (Aluno 21).*

## 10. Capacidade de argumentação

Saber pensar, segundo Demo, é

> Para além do domínio de conteúdos, interpretar até que ponto o aluno progride no saber pensar, na capacidade de argumentar com profundidade e autonomia, no manejo da pesquisa e da elaboração própria, na habilidade de reconstruir e aprender a aprender (Demo, 2001, p. 69).

A organização dos pôsteres foi muito construtiva, pois os próprios alunos questionavam o que estavam fazendo. Exemplificando, o grupo do tema posto de combustível estava passando o texto inicial para o pôster, quando um integrante do grupo afirmou: "nunca pode ser 43 mil carros, se tem 43 mil habitantes" (Aluno 16). Ou seja, o aluno percebeu que tinha erro na informação, porque durante a pesquisa ele aprendeu que eram 21 mil carros: "Como? Toda pessoa tem um carro, "tá" errado" (Aluno 16). Observa-se que são necessárias correções no texto.

## 11. Capacidade de análise de situações de trabalho e consumo

O desenvolvimento da capacidade de análise de situações de trabalho e consumo aconteceu em diversos momentos e conforme os alunos mantinham contato com os locais de pesquisa.

## 12. Capacidade de concentração

Esta capacidade foi desenvolvida de forma visivelmente gradual, pois, no início, podia-se perceber a agitação de alguns grupos. Como exemplo, com o grupo do tema posto de gasolina, o trabalho foi realizado com o auxílio do professor/pesquisador na questão concentração, resultando na conclusão de um bom trabalho, pois foi um dos grupos que mais recebeu elogio na apresentação, tanto pela organização de informações quanto pela apresentação.

## 13. Capacidade de expressar-se oralmente

Nos encontros, o professor/pesquisador questionava os alunos, pois não contavam o que tinham pesquisado de forma espontânea, talvez pela timidez. Como exemplo, será transcrita a conversa do professor/pesquisador com o Aluno 33 do grupo do tema água:

> Professor/pesquisador: *O que vocês fizeram lá?*
>
> Aluno 33: *Nós fomos lá, daí nós perguntamos as perguntas que estavam nas folhas.*
>
> Professor/pesquisador: *Naquelas folhas que vocês tinham achado correto perguntar para fazer a pesquisa?*
>
> Aluno 33: *[afirmou com a cabeça].*
>
> Professor/pesquisador: *E o que você aprendeu?*
>
> Aluno 33: *Nós aprendemos que para tratar a água eles colocam cloro, essas coisas assim.*
>
> *Professor/pesquisador: Quantidade?*

*Aluno 33: É, quantidade. Quanto que cada lugar ganha, assim, quanto tem que pagar, taxa, né?*

*Professor/pesquisador: Eles falaram a taxa. Está anotado então? São coisas que vocês não sabiam?*

*Aluno 33: É. Tem a taxa comercial e residencial.*

*Professor/pesquisador: Tem diferença?*

*Aluno 33: Tem.*

*Professor/pesquisador: E o que você achou pior, qual foi a parte ruim do trabalho?*

*Aluno 33: Acho que não tem nada, foi tudo legal.*

*Professor/pesquisador: Tudo legal?*

*Aluno 33: Sim, foi.*

*Professor/pesquisador: Que bom. Bom trabalho.*

### 14. Capacidade de comprometimento

Todos os participantes da investigação estavam comprometidos desde o início. Isso pôde ser observado pela presença dos alunos nos horários e locais marcados na entrega dos trabalhos nas datas certas, nas atitudes, no próprio empenho durante a apresentação.

## Conteúdos matemáticos desenvolvidos

Os conteúdos matemáticos foram deixados em aberto para serem desenvolvidos conforme os trabalhos dos alunos.

Na primeira etapa, aprendendo a investigar, os conteúdos matemáticos desenvolvidos foram: adição, subtração, multiplicação e divisão de números naturais, multiplicação de números decimais, adição e subtração de números naturais, gráficos, noções de medidas.

Além desses conteúdos, foram trabalhadas questões como uso de técnicas de resolução de problemas, interpretações de informações do texto e das situações-problema e formas diferentes de resolução das atividades propostas.

Outro ponto que teve destaque, nos mais variados momentos da investigação, foi o questionamento, orientado pelo professor que atuava como mediador do processo de ensino e aprendizagem. O questionamento reconstrutivo é

> ...a formação da capacidade de superação da pobreza política, da consciência crítica perante os seus problemas, os da sociedade, do mercado e do Estado, em confronto com os desafios que já antevê criticamente, de habilidade autocrítica para além da crítica (Demo, 2001, p. 69).

Na segunda etapa da pesquisa, cada grupo teve liberdade de escolher os conteúdos matemáticos para a elaboração das situações-problema desenvolvidas pelos grupos, havendo diferentes conteúdos utilizados. Nas situações-problema elaboradas pelo professor também houve vários tipos de conteúdos matemáticos utilizados, pois cada grupo tinha suas especificidades de informações.

De modo geral, os conteúdos utilizados foram adição, subtração, multiplicação e divisão de números naturais e decimais, organização dos dados coletados, tabelas, gráficos, frações, porcentagem, mínimo múltiplo comum, máximo divisor comum e medidas.

Um exemplo de utilização do conteúdo de mínimo múltiplo comum foi a situação elaborada por um grupo com o auxílio do livro didático:

> *Um pai e um filho gostam de andar de bicicleta em um parque. O pai sempre vai de 21 em 21 dias para o parque, já o filho vai a cada 14 dias. Em quantos dias eles vão juntos ao passeio?* Os alunos resolveram da seguinte forma:
>
> *Pai = 21,* ***42****, 63,* ***84****,...*    *Filho = 14, 28,* ***42****, 56, 70,* ***84****, 98,...*
>
> R: Eles se encontrarão a cada 42 dias.

Salienta-se que o auxílio do professor, nesses momentos, como mediador, orientador e questionador do processo é de fundamental importância, pois foi por meio da ajuda do professor/pesquisador que os alunos puderam sanar as dúvidas durante todo o processo. Como exemplo, pode-se citar o auxílio na construção de gráficos, dado durante a primeira etapa nas correções das atividades que continham gráficos.

Também foi percebida sua importância nos momentos de contextualização do ensino, pois os alunos tinham dificuldades em ligar todas as informações aos conteúdos já desenvolvidos em séries anteriores.

Os questionamentos também foram utilizados para a formalização dos conteúdos, ou seja, para eles era difícil demonstrar, por meio de cálculos, situações que eles estavam acostumados a fazer mentalmente.

A seguir apresentam-se dois exemplos de situações-problema elaborados pelos alunos:

> 1) *Franscisco toma 2 banhos por dia e em cada banho ele gasta 8 litros. Quantos litros ele gastará: a) em uma semana? b) em um mês? c) em um ano?*

2) *Roger desejava comprar dois celulares, mas ganhava somente R$ 350,00. Os celulares custavam juntos R$ 596,00. Ele paga R$ 125,00 em contas. Qual o máximo que ele pagará em cada parcela?*

## Conclusão

Pôde-se perceber que a metodologia de projetos possibilita um trabalho com os conteúdos matemáticos de forma integrada, em diversos momentos, sendo uma alternativa para o professor, que precisa alcançar os objetivos descritos no planejamento escolar ao iniciar o ano letivo, permitindo integrar situações da realidade do aluno com as aulas de matemática. Logo, conclui-se que é possível desenvolver projetos e conteúdos ao mesmo tempo, pois os alunos, ao investigarem situações ligadas a um tema, deparam com situações matemáticas e buscam soluções que permitem a revisão e o desenvolvimento de conteúdos matemáticos.

Foram desenvolvidos inúmeros conteúdos matemáticos da 5ª série, na implementação do projeto "Matematizando", como operações com números naturais, decimais, frações etc. Além disso, esse trabalho possibilitou o desenvolvimento de outros conteúdos, não programados na série, como gráficos, pois a necessidade de organizar e apresentar dados remete à utilização de tabelas e gráficos.

Essa metodologia é uma alternativa de modificação da passividade em sala de aula, tornando o aluno um sujeito ativo, criativo e crítico, capaz de construir o próprio conhecimento por meio da pesquisa. Isso ocorre porque essa metodologia utiliza como ferramenta principal, a realidade onde o aluno se insere, justificando as palavras de Hernández (1998): "o aluno aprende (melhor) quando torna significativa a informação ou os conhecimentos que se apresentam na sala de aula" (Hernández, 1998, p. 31).

O tema transversal trabalho e consumo também auxiliou no desenvolvimento do senso crítico, pois tornou os alunos mais seletivos diante das atitudes consumistas que chegam até eles, pela *mídia*, a fim de convencê-los a adquirirem produtos ou aceitar fatos que nem sempre são necessários, verdadeiros. Não foi diferente com situações de trabalho, pois o tema possibilitou a identificação de várias situações de trabalho existentes na cidade.

Por meio da metodologia de projetos de trabalho com o tema transversal trabalho e consumo, fez-se com que os alunos fossem desafiados e que se sentissem motivados, podendo se expressar livremente, adquirindo confiança em si, tomando iniciativas e trabalhando em situações-problema interessantes, chegando aos resultados através dos próprios meios.

Com as situações-problema, também foi possível levar os alunos a perceberem a matemática e suas relações com o mundo, mostrando que ela não se separa das situações em que os alunos estão inseridos. (Como cita um aluno) "Com a matemática, a gente aprende contas, números e, aliás, contas e números estão em nossa vida, em momentos e lugares, todos os dias" (Aluno 10).

O trabalho com o projeto "Matematizando" fez com que os alunos assimilassem conceitos mais concretos sobre o tema leite e, posteriormente, sobre o tema por eles escolhido, conhecendo melhor as situações de trabalho e consumo da cidade em que vivem, refletindo sobre os problemas ligados a eles e relacionados à cidade, buscando apresentar possíveis soluções para esses problemas, utilizando os conceitos matemáticos. Possibilitou-lhes, também, ampliar a própria compreensão sobre a sociedade e suas relações.

O projeto "Matematizando" permitiu o desenvolvimento das capacidades como trabalho em grupo, gosto pelo aprender, relato de experiências vividas, organização, investigação, síntese, conclusão, entre outros, confirmando que: "o trabalho escolar tradicional estimula a mera apresentação de resultados, enquanto a abordagem por competências torna visíveis os processos, os ritmos e os modos de pensar e agir" (Perrenoud, 1999, p. 69).

Salienta-se a importância de que o aluno, no futuro, possa reconstruir conhecimento, enfrentando qualquer desafio de conhecimento porque sabe pensar, aprendeu a aprender, maneja criticamente lógica, raciocínio, argumentação, dedução e indução, teoria e prática. Nos procedimentos realizados no desenvolvimento do projeto "Matematizando" esses princípios foram possíveis, permitindo ao professor seguir uma Educação Matemática pela pesquisa, orientando-se por Demo (2000) que afirma que "é inestimável o valor educativo de um ambiente marcado pela discussão aberta, trabalho conjunto criativo e ético, conjugação natural entre teoria e prática".

Além de desenvolver competências e capacidades, poderia ter sido desenvolvido um trabalho interdisciplinar por meio dessa pesquisa, no qual poderiam ter sido trabalhados, por exemplo, conteúdos de português, quando organizadas as informações nos trabalhos escritos e na organização do pôsteres. Também auxiliaria na melhora da maneira de os alunos expressarem-se e comunicarem os resultados dos trabalhos. Infelizmente, a montagem dos pôsteres não foi possível na disciplina de Educação Artística, pelas dificuldades da escola e pelas constantes mudanças de professores da turma participante do projeto.

Percebeu-se, no decorrer desta pesquisa, que o projeto "Matematizando" serviu, também, para aproximar as pessoas. Isso foi perceptível na relação do professor/pesquisador com a estrutura da escola, com os alunos, entre os alunos, e, principalmente, na relação família e escola, pois os pais foram muito participativos. "A família, mais do que ninguém, educa todo dia e toda hora, sendo a instância mais responsável pelas condições de emancipação dos filhos" (Demo, 2000, p. 6).

Enfim, a presente investigação cumpriu seus objetivos. Utilizou a metodologia de projetos de trabalho com o tema transversal trabalho e consumo, desenvolvendo conteúdos matemáticos, além das competências na 5ª série do ensino fundamental. Isso permitiu ao professor desenvolver um trabalho como orientador do processo, tornando o aluno ativo, o centro da aprendizagem e a comunidade escolar participante e colaboradora da pesquisa.

A pesquisa serviu, também, para modificar a imagem que os alunos tinham da matemática, mostrando que, por meio do desenvolvimento de projetos é possível transformar um ensino tradicional em um ensino motivador e de interesse.

## Referências

ANTUNES, C. *Como desenvolver as competências em sala de aula.* Petrópolis: Vozes, 2001a.

__________. *Um método para o ensino fundamental:* o projeto. Petrópolis: Vozes, 2001b.

BOGDAN, R.; BIKLEN S. K. *Qualitative research for education.* Boston: Allyn and Bacon, 1982.

__________. *Investigação qualitativa em educação.* Porto, 1994.

CARVALHO, D. L. de. *Metodologia do ensino da matemática.* 2. ed. São Paulo: Cortez, 1994.

COLL, C. (Org.); MARTÍN, E. (Org.). A educação escolar e o desenvolvimento das capacidades. In: ______. *Aprender conteúdos & desenvolver capacidades.* Traduzido por Cláudia Schilling. Porto Alegre: Artmed, 2004. Tradução de: Aprender contenidos, desarrolar capacidades.

DEMO, P. *Pesquisa e informação qualitativa:* aportes metodológicos. Campinas: Papirus, 2001.

__________. *Educar pela pesquisa.* 4. ed. Campinas: Autores Associados, 2000.

FERREIRA, A. B. de H. *Novo dicionário Aurélio da Língua Portuguesa.* São Paulo: Positivo, 2004.

GROENWALD, C. L. O; SILVA, C. K. da; MORA, C. D. *Perspectivas em Educação Matemática.* Acta Scientiae. Canoas. v. 1, 2004.

HERNÁNDEZ, F.; VENTURA, M. *A organização do currículo por projetos de trabalho.* Traduzido por: Jussara Haubert Rodrigues. 5. ed. Porto Alegre: Artes Médicas, 1998.

MARTINS, J. S. *O trabalho com projetos de pesquisa:* do ensino fundamental ao ensino médio. Campinas: Papirus, 2001.

MORA, D. *Aprendizaje y enseñanza:* proyectos y estrategias para una educación matemática del futuro. La Paz: Campo Íris, 2003.

MOREIRA, M. A. *Teorias de aprendizagem.* São Paulo: EPU, 1999.

Brasil, Secretária de Educação Fundamental. *Parâmetros Curriculares Nacionais:* Matemática. Brasília: MEC/SEF, 1998.

PERRENOUD, P. *Construir as competências desde a escola.* Traduzido por Bruno Charles Magne. Porto Alegre: Artes Médicas Sul, 1999. Tradução: Construire des compétences des l'école.

PINILLA, M. I. F. *Currículo, evaluación y formación docente en matemática.* Bogotá: Magistério, 2006.

TRIVIÑOS, A. N. S. *Introdução à pesquisa em ciências sociais:* a pesquisa qualitativa em educação. São Paulo: Atlas, 1987.

# PARTE V

# PANORAMAS DE PESQUISAS

# CAPÍTULO 15

## DEMONSTRAÇÕES E PROVAS E EDUCAÇÃO MATEMÁTICA – UMA ANÁLISE DE PESQUISAS EXISTENTES

Ruy César Pietropaolo – UNIBAN

### Resumo

Este artigo analisa pesquisas sobre demonstrações e provas com o objetivo de delinear um panorama das principais questões debatidas pelos pesquisadores em Educação Matemática e contribuir para uma reflexão sobre a necessidade, ou não, da inclusão desse tema nos currículos da educação básica. Pode-se, por exemplo, verificar a existência de poucas pesquisas brasileiras sobre esse assunto, ao contrário de outros países como França, Inglaterra e Itália. Tampouco, parece haver sobre esse tema projetos articulados entre si e nos diferentes níveis de ensino. Mostra-se, sobretudo, a necessidade de pesquisas brasileiras nessa área e de discussão sobre as potencialidades da prova nos currículos de educação básica. Metodologicamente, este breve estudo insere-se numa abordagem qualitativa de pesquisa e para o qual utilizou-se a pesquisa bibliográfica e documental.

**Palavra–chave:** Educação Matemática; Demonstrações e Provas; Currículos da Educação Básica.

### Abstract

The present paper aims to present a panorama including the principal questions on *proof and demonstration* studied by Mathematics Education researchers and to contribute to a reflection about the need of implementing this theme in school mathematics curricula (from elementary through secondary education grades). Among the body of researches realized in other countries, such as French, England and Italy, into mathematical proof, just a little studies were identified in Brazilian context. In general, these studies were not based on a consistent theory, tended not to be articulated with each other and neither did they seek to articulate different teaching levels. This study has shown the need of Brazilian researches in that area and of discussion about the potentialities of the *proof* in the curricula of Basic Education.

**Keywords:** Mathematics Education; Proof and Proving: School Mathematics Curricula.

## Introdução

Apresentamos neste artigo uma breve análise de pesquisas sobre argumentações e provas com o objetivo de contribuir para delinear um panorama, ainda que bastante amplo, das principais questões debatidas por pesquisadores em Educação Matemática e contribuir para uma reflexão sobre a necessidade da inclusão, ou não, desse tema nos currículos da educação básica.

Convém inicialmente assinalar que em artigos sobre a história da matemática e, em particular, sobre Educação Matemática são usados variados termos para se referir às *demonstrações*, tais como: demonstrações formais, demonstrações rigorosas, provas rigorosas ou simplesmente provas. E nem sempre essas expressões são utilizadas como sinônimas. É possível identificar, inclusive, significados não exatamente idênticos para uma determinada expressão em um mesmo artigo.

Essa questão aparece não apenas na língua portuguesa, mas também em outras línguas. Em francês, as palavras *preuve* e *demonstration* têm o mesmo significado, mas há muitos autores que consideram necessária a distinção, sobretudo os educadores matemáticos. Na literatura anglófona, por exemplo, usam-se as palavras *proof* e *proving*, e alguns fazem distinção entre *formal proof* e *mathematical proof*.

Em relação ao termo *demonstração*, embora este seja empregado muitas vezes como sinônimo de *prova*, sobretudo em matemática, alguns fazem distinção entre eles. Nos dicionários de filosofia *prova* tem um sentido mais amplo que *demonstração*:

> "Prova (gr. τεχμηριον; lat. Probatio; ingl. Proof; franc. Preuve; al. Beweis). Um procedimento próprio para estabelecer um saber, isto é um conhecimento válido. Constitui P. todo procedimento desse gênero, qualquer que seja sua natureza: o mostrar ad oculos uma coisa ou um fato, o exibir de um documento, o trazer um testemunho, o efetuar uma indução são P. como são P. as demonstrações da matemática e da lógica. O termo é, portanto, mais extenso do que demonstração (v): as demonstrações são provas, mas nem todas as provas são demonstrações" (Abbagnano, 1982, p. 772).

Salientamos que a palavra prova neste artigo pode assumir significados distintos, a depender dos sentidos que os pesquisadores dos estudos apresentados lhe deram.

Metodologicamente, este estudo insere-se numa abordagem qualitativa de pesquisa e utilizou-se a pesquisa bibliográfica e documental.

## Educação Matemática e Prova

O recente debate em torno das possibilidades do trabalho com argumentações e demonstrações em escolas de educação básica, entre pesquisadores em Educação Matemática, tem sido muito intenso e profícuo em alguns países, em especial, Inglaterra, Estados Unidos, França e Itália, enquanto no Brasil o número de trabalhos nessa área é ainda bastante reduzido. Esse tema, ao longo dos últimos anos, tem chamado tanto a atenção dos pesquisadores, que há um jornal a ele dedicado – *International Newsletter on the Teaching and Learning of Mathematical Proof* – cujo *site* é http://www.lettredelapreuve.it. Para comprovar esse fato basta contabilizar os artigos que constam no *site* com as respectivas datas de publicação.

É importante salientar que a grande maioria das pesquisas envolvendo esse assunto foi desenvolvida a partir de meados dos anos 80 e intensificada nos anos 90.

Sabe-se que a "retomada" das demonstrações nos currículos prescritos em alguns países decorre de pesquisas, cujos resultados reconhecem que a prova, sendo um aspecto fundamental da atividade matemática, principalmente em função de suas potencialidades para desenvolver o raciocínio dedutivo, deveria estar presente também na formação dos alunos. Como exemplo, referimos o caso dos Estados Unidos que, após um período em que esse tema ficou relegado ao esquecimento, passaram a considerá-lo, segundo os novos Standards (2000) do National Council of Teachers of Mathematics, um dos aspectos centrais dos currículos de matemática.

A urgência em estudar esse tema também pode ser atestada pelas discussões que têm ocorrido nos dois principais congressos internacionais de Educação Matemática – The International Group for the Psychology of Mathematics Education – PME, e o International Congress on Mathematical Education – ICME. Inclusive, no 10º ICME, realizado em Copenhagen, 2004, dois grupos de trabalho tiveram como tema "Reasoning, Proof and Proving in Mathematics Education".

Uma das tarefas do ICME seria elaborar um panorama que indicaria o estado de arte neste campo. Essa discussão seria organizada em torno das questões: 1) "Qual é o *status* da prova no currículo de diferentes países? Qual é a situação real nas escolas? 2) "É a prova tão crucial na cultura matemática para ser incluída no currículo escolar?" 3) "Como as pesquisas em Educação Matemática têm abordado o problema da prova no currículo escolar? Em particular, é possível superar as dificuldades tão frequentemente descritas pelos professores quando introduzem provas para os alunos?".

Julgamos oportuno aqui aludir a essas questões do ICME, pois, de certa forma, são elas que têm orientado os trabalhos de pesquisadores em Educação Matemática a respeito desse tema e, em especial, os referentes às dificuldades dos alunos. Todavia, responder a esses questionamentos não é tarefa fácil, e menos ainda projetar pesquisas com vistas ao favorecimento da construção de caminhos para a superação de dificuldades dos alunos e dos professores no processo de ensino e de aprendizagem da demonstração.

Pudemos constatar em nossa pesquisa que os estudos a respeito das demonstrações nas escolas elementares contemplam aspectos bastante distintos como: análises de dificuldades de alunos da educação básica no processo de aprendizagem de provas (Balacheff, 1988); estudos das concepções de provas pelos alunos (Healy; Hoyles, 2000); a estrutura do "raciocínio dedutivo" e a aprendizagem da demonstração (Duval, 1991); concepções de professores sobre provas (Knuth, 2002; Dreyfus, 2000); relações entre argumentações e provas formais (Balacheff, 1988; Duval, 1991 e 1993; Boero, 1999; Mariotti, 2001).

Apesar da diversidade de enfoques, não encontramos nenhum autor que discordasse radicalmente do princípio de que é importante incorporar nos currículos de matemática um trabalho envolvendo provas desde as séries iniciais. Muito pelo contrário, todos parecem ser enfáticos quanto a essa necessidade em qualquer nível de ensino: "não se pode ensinar matemática sem introduzir a demonstração" (Mariotti, 2001). Schoenfeld (1994), por exemplo, discute que a demonstração não é algo que possa ser retirado da matemática, como ocorre em muitos programas de ensino, pois para ele a prova é um componente essencial da prática e da comunicação matemática.

Essa concordância não significa que os pesquisadores consideram uma tarefa fácil incluir provas nos currículos, pois os trabalhos têm indicado a existência de sérias dificuldades nos processos de ensino e aprendizagem da prova. Como exemplo, podemos assinalar as pesquisas que estudaram a relação entre argumentações e provas formais. Essas pesquisas, mesmo sendo desenvolvidas sob diferentes perspectivas, concluem que essa relação é complexa.

A relação entre argumentação e demonstração torna-se evidente no caso da construção de um teorema e, portanto, na elaboração de uma conjectura e de sua prova. Certos pesquisadores analisam se existe ou não unidade cognitiva entre argumentação e demonstração, pois para provar uma proposição deve-se fazer uma conjectura, que, por sua vez, está fundamentada em argumentações.

Existem essencialmente duas posições contrárias. Para alguns educadores, a separação entre as características funcionais e as características estruturais na análise da argumentação e da demonstração poderia acontecer também no nível cognitivo, ou seja, haveria uma ruptura cognitiva entre argumentação e prova. Duval (1991), partidário dessa posição, sustenta que a argumentação não poderia sugerir um caminho para a construção da demonstração, pois a "heterogeneidade entre argumentação e a demonstração ocorre não apenas do ponto de vista lógico, mas também do cognitivo".

Duval afirma que o prevalecente na demonstração é o raciocínio dedutivo formal – em nada semelhante ao raciocínio discurso natural, pois aquele exige o uso de proposições, com os respectivos estatutos teóricos (axioma, definição, teorema, hipótese etc.) para os sucessivos estágios, até a conclusão, estando as proposições relacionadas conforme o estatuto, numa substituição de proposições e não por associação ou oposição, como ocorre no discurso natural.

No entanto, Boero, Garutti e Mariotti (1996) contestam fortemente a posição de Duval e defendem que haveria uma unidade cognitiva entre essas estruturas tomando como base os aspectos conceituais de Vergnaud (1990), as mudanças de quadros de Douady (1986), as expressões verbais e as heurísticas da argumentação e da demonstração. Segundo Boero (1999), a relação entre argumentação e prova, apesar de complexa, é produtiva e inevitável, tanto em matemática como em Educação Matemática.

Nesse sentido, Douek (1998) salienta que, apesar de não se poder entender a demonstração como sinônimo de argumentação, principalmente em decorrência de suas diferenças enquanto produtos sociais, essas duas noções apresentam muitas semelhanças epistemológicas, bem como do ponto de vista cognitivo.

Já para Balacheff (1999), não haveria nem continuidade nem ruptura entre argumentação e demonstração, mas uma relação complexa e constitutiva de cada uma: a argumentação constitui um obstáculo epistemológico à aprendizagem da prova em matemática. Haveria assim um grande obstáculo entre a argumentação cotidiana – na qual uma evidência empírica é aceita como prova – e a prova matemática formal.

Balacheff considera, por exemplo, que as origens de algumas das dificuldades para ensinar e aprender a demonstração em matemática decorreriam do contrato didático que emerge naturalmente das posições do aluno e do docente com respeito aos saberes em jogo. Dado que é o docente quem garante a legitimidade e a validade epistemológica do que se constrói em classe, isso poderia impedir o real acesso do aluno à problemática da verdade e da prova. Para a superação dessa dificuldade poder-se-iam investigar situações que permitem a devolução aos alunos dessa responsabilidade, ou seja, a não-ação do docente nos processos de tomada de decisão durante a resolução de um problema poderia favorecer a construção de meios autônomos para a elaboração de provas por parte dos alunos. Para Balacheff, a problemática da argumentação surge no estudo da interação social. Segundo ele, a interação social entre os alunos se manifestaria claramente como um instrumento potente que serviria para possibilitar os processos de devolução aos alunos da responsabilidade matemática sobre as atividades e suas produções.

Considerando ou não a argumentação – em seu sentido mais amplo – um obstáculo à demonstração formal, o fato é que essa questão fomentou diversas pesquisas. Como exemplo, podemos citar o trabalho de Pedemonte (2002) que analisou alguns aspectos das relações entre argumentação e prova sob dois pontos de vista – conteúdo e estrutura – levando em conta o modelo de Toulmin como ferramenta para comparar as duas estruturas. Esse trabalho demonstra como esse modelo pode ser usado para descobrir algumas analogias estruturais e mudanças entre argumentação e prova durante a solução de problemas geométricos e a produção de conjecturas e provas relacionadas.

No *site* www.lettredelapreuve.it/Newsletter é possível encontrar registros desse debate cujos protagonistas são Duval, Boero e Balacheff. Alguns artigos indicam a necessidade de agregar a essa discussão outros elementos, como a questão cultural e a etnomatemática.

## Provas nos Currículos da Educação Básica: o Que Falam os Pesquisadores

Vimos que os currículos de matemática de qualquer nível de ensino, segundo muitos educadores, não deveriam menosprezar o papel das demonstrações na formação do aluno. Como exemplo, podemos citar dois estudos, dentre vários outros, como os de Ball et al. (2000) e Dreyfus (2000) que defendem essa posição já nas primeiras linhas dos respectivos resumos:

> "Proof is central to mathematics and as such should be a key component of mathematics education. This emphasis can be justified not only because proof is at the heart of mathematical practice, but also because it is an essential tool for promoting mathematical understanding" (Ball et al., 2000, Anais do ICME).
>
> "Proof is at the heart of mathematics, and is considered central in many high school curricula" (Dreyfus, 2000, p. 1).

Há diversas publicações que indicam os motivos pelos quais as provas – em um sentido amplo e não apenas as rigorosas – são de grande interesse para a Educação Matemática. Um deles parece ser evidente e de acordo com as duas citações:

se demonstrações e provas são essenciais para a atividade do matemático, por que não o seriam para os educadores matemáticos?

Thurston (1994), por exemplo, adota como premissa que a demonstração proporcionaria a compreensão da natureza do conhecimento matemático, pois ela faz parte da construção da própria matemática e esta afirmação já poderia justificar sua importância para o educador matemático.

No entanto, relativamente aos currículos de matemática, diversos educadores procuram argumentar que, se, por um lado, o método dedutivo conduzido por uma determinada perspectiva poderia mostrar a especificidade do conhecimento matemático relativamente às ciências empíricas, por outro, ele poderia levar o aluno a pensar a matemática apenas pelo modo como é apresentada. A comunicação do saber matemático, seja nos periódicos especializados e nos livros, seja nos vários ambientes escolares, segue tradicionalmente esse caminho: seu acervo tem sido preservado e exposto pela via da dedução lógica, no âmbito de um sistema de axiomas. Apresenta-se o produto e não o processo.

Produtos e processos matemáticos distinguem-se indubitavelmente, sendo essa diferenciação uma realidade defendida por diversos educadores e matemáticos de renome, como Polya e Lakatos. A matemática é, certamente, uma ciência dedutiva, mas suas demonstrações surgem da combinação de observações, do emprego de analogias e experimentações variadas, envolvendo um óbvio processo especulativo, denominado por Polya inferência plausível.

Assim, é compreensível que a análise tão somente do produto matemático final iluda o observador, ocultando a natureza dos processos empregados para a obtenção deste produto. Partindo de um conjunto de axiomas e definições – complexas e com tantas condições que fica difícil imaginar que, em algum momento passado, foram concebidas de alguma outra forma – e inferências reputadas válidas, atingem-se verdades dogmáticas, inquestionáveis. Ocultam-se o processo demonstrativo original, as formulações do teorema, a exploração que antecedeu o produto final – que surge, eventualmente, após muito esforço (que pode ser esquecido) como resultado infalível e necessário.

Assim, não seria recomendável que o professor de matemática, seja lá de qual nível for, apresente a matemática dessa maneira. Desse modo, o indivíduo não perceberia que em seu processo de elaboração a matemática estaria bem mais próxima das ciências da natureza, pois muitas vezes esse processo contou com o raciocínio hipotético-indutivo, próprio dessas ciências.

Nesse sentido, os Parâmetros Curriculares Nacionais de Matemática para o Ensino Fundamental (1998) chamam a atenção para que o professor perceba que na criação do conhecimento matemático:

> "[...] interferem processos heurísticos e intervêm a criatividade e o senso estético, do mesmo modo que em outras áreas do conhecimento. A partir da observação de casos particulares, as regularidades são desvendadas, as conjecturas e teorias matemáticas são formuladas. [...] O exercício da indução e da dedução em Matemática reveste-se de importância no desenvolvimento da capacidade de resolver problemas, de formular e testar hipóteses, de induzir, de generalizar e de inferir dentro de determinada lógica, o que assegura um papel de relevo ao aprendizado dessa ciência em todos os níveis de ensino" (PCN, 1998, p. 28).

Mas qual é, enfim, a principal função da demonstração para o educador matemático? Validação ou produção de conhecimento? Muitos são seus propósitos, variando-se conforme a situação: a demonstração exposta a quem não a conhecia anteriormente tanto pode ter a função precípua de validação do teorema, esclarecendo-o, ou de ampliação do conhecimento matemático do leitor. Thurston (1994) afirma, em seu texto, que esta ambivalência surge do desejo permanente que o homem tem de expandir seu conhecimento, o que ocorre sempre que um teorema é aceito como verdadeiro – o que se dá por meio de sua demonstração.

Lakatos defende o enfoque heurístico, que evidencia todas as demonstrações pretéritas empregáveis numa atual, em contrapartida do enfoque dedutivista, que ignora o processo e simplesmente apresenta as demonstrações anteriores de "modo artificial e autoritário". Esse enfoque heurístico seria mais adequado ao ensino da matemática, afastando os alunos de uma apresentação meramente dogmática do conteúdo. Nesse sentido, encara-se a demonstração como argumentação convincente; como meio de comunicação com os alunos.

Considerando-se os processos sociais influentes no "convencimento" dos matemáticos sobre a exatidão de novos teoremas, e que tais não deixariam de se reproduzir na relação entabulada entre professor e alunos, é necessário que a demonstração não só valide, mas também explique as etapas envolvidas no processo. Se o processo de validação confirma que o teorema é verdadeiro, é a explicação que elucida para os alunos o porquê desse fato.

A principal diferença entre as duas "espécies" de demonstrações – a que apenas valida e a que também explica – é que a explicativa termina por utilizar raciocínios fundamentados em ideias matemáticas, enquanto a mera prova formal emprega basicamente regras de sintaxe. Ora, sabidamente a sintaxe, conquanto indispensável, é aspecto meramente mecânico da demonstração, não preponderando como característica mais relevante da matemática.

É justamente essa a posição de Hanna (1990) que considera ser interessante apresentar sempre esse tipo de demonstração aos alunos: "uma demonstração que prova e uma demonstração que explica são ambas demonstrações legítimas", mas a diferença está em que "uma demonstração que prova apenas mostra que um dado teorema é verdadeiro, enquanto uma demonstração que explica mostra também por que esse teorema é verdadeiro". Para Hanna, nem todas as demonstrações têm o poder de explicar e alerta que "abandonar as demonstrações que validam em favor das que explicam não tornaria o currículo menos refletor da prática matemática aceita" (Hanna, 1990).

Hanna procura sintetizar a função da prova na matemática e na Educação Matemática: "enquanto na prática matemática a função da prova é a justificação e a verificação, a sua função principal na educação matemática é seguramente a da explicação" (Hanna, 1995, p. 47).

Essa pesquisadora distingue a demonstração para fins escolares da demonstração para os matemáticos profissionais ou lógicos. Ela procura diferenciar as expressões demonstração formal, demonstração aceitável e demonstração empregada para fins escolares: a primeira seria o conceito teórico da lógica formal e que poderia ser encarada como o ideal matemático de cuja prática apenas se aproxima; a segunda é o conceito aceitável para os matemáticos profissionais; a terceira é a composição de atividades que visam desenvolver com os alunos noções e conceitos. Para Hanna, uma demonstração deve incentivar a compreensão: "uma boa prova, entretanto, não deveria ser somente correta e explicativa, a mesma poderia também levar em consideração, especialmente em seu nível de detalhe, o contexto da aula e a experiência dos estudantes" (1995, p. 48).

Harel e Sowder (1998) consideram que para a aprendizagem da prova é fundamental que os alunos a julguem importante e propõem "o princípio da necessidade":

> "Para que os estudantes possam aprender, os mesmos devem se dar conta da necessidade de aprender o que vai ser ensinado para eles, sendo que o termo 'necessidade' é utilizado aqui no significado de 'necessidade intelectual', em oposição à necessidade social ou econômica" (Harel; Sowder, 1998, p. 266).

Para esses dois educadores, o princípio da necessidade pode favorecer a construção de uma argumentação, mas não exatamente a construção de uma demonstração. Os estudantes não serão, certamente, capazes de construir de imediato uma demonstração, quando se defrontarem com uma situação que a exija. Contudo, o princípio da necessidade evidencia a importância de tornar significativa uma demonstração, em especial aquelas apresentadas pelos professores, como forma de elucidar as dúvidas dos estudantes.

Por outro lado, Healy e Hoyles (2000) entendem que os alunos precisam frequentemente realizar ensaios e verificações empíricas da demonstração, quando esta não os convencer de imediato. Argumentam que, geralmente, quando os estudantes deparam com uma demonstração já construída, eles tornam-se céticos, porque não conseguem compreender a garantia proporcionada por ela (Chazan, 1993; Healy; Hoyles, 2000). Os resultados de Healy e Hoyles (2000) mostram claramente que os alunos preferem as argumentações narrativas, ou seja, aquelas que para descrever os raciocínios utilizados se fazem valer quase que exclusivamente da língua materna.

Em relação às finalidades da inclusão do trabalho com provas nos currículos, Veloso (1999) reputa fundamental essa tarefa nas escolas, mas não argumenta no sentido de que seria o instrumental indispensável para o desenvolvimento do raciocínio lógico, e exemplifica dizendo que há muitas pessoas que, sem ter estudado matemática, usam o "raciocínio" com exatidão e presteza. Veloso justifica a inclusão da demonstração no ensino por um enfoque mais amplo, ao enfatizar o valor não só do raciocínio matemático, mas da história e relevância desta ciência, mostrando o caminho percorrido pela humanidade na evolução do pensamento matemático, no qual se inclui a demonstração, indispensável à matemática.

Para Veloso, é fundamental que no processo de ensino e de aprendizagem se tenha como pressuposto "imitar a atividade dos matemáticos".

Há educadores que, a exemplo de Balacheff, consideram a demonstração um instrumento de negociação da verdade na sala de aula, um instrumento de validação social, especialmente com resultados experimentais dos alunos, resultados esses que lhes são devolvidos para que apresentem sua validação.

Por outro lado, Wheeler (1990) refuta esta negociação a ser efetuada em sala de aula, advertindo que o processo social que se procura imitar na sala é demasiado complexo e diverso para ser reproduzido com utilidade. Argumenta, neste sentido, que as negociações reais ocorrem em grandes lapsos de tempo, envolvendo pessoas diversas com interesses diferentes, raramente colocadas frente a frente, enquanto na sala de aula tem-se um ambiente artificial, com alunos trabalhando no mesmo problema, simultaneamente e com tempo determinado para concluí-lo.

Se quisermos discutir as diferentes maneiras de relacionar provas e Educação Matemática, não basta evidentemente analisá-las apenas quanto às suas finalidades e possibilidades na sala de aula. Ou seja, os motivos pelos quais as provas, rigorosas ou não, deveriam estar presentes nos currículos dessa área do conhecimento em qualquer nível de escolaridade não se resumem apenas ao fato de que demonstração é o – ou está no – "coração da matemática". É fundamental olhar a relação prova–Educação Matemática sob outras perspectivas, não exclusivas, tais como: cognição, práticas argumentativas, ambientes informatizados.

Para discutirmos a questão das provas matemáticas e seu ensino devemos também levar em conta o impacto provocado pelo emprego dos computadores na matemática. A realidade virtual acabou por se revelar não apenas como um ambiente favorável à exploração matemática e à "descoberta" de novos resultados, mas, sobretudo pelos reflexos importantes também na educação, revolucionando a concepção das demonstrações.

Por meio da apresentação visual de soluções para uma determinada situação-problema aos alunos, os ambientes informatizados propiciam experimentações indutivas, que validam, mas não justificam. Servem por exemplo à melhor distinção entre demonstrações validativas e demonstrações explicativas uma vez que nesses ambientes é possível encontrar resultados que não podem ser compreendidos sem as respectivas justificativas.

Nesta pesquisa um fato nos pareceu inconteste, em especial quando mencionamos a informática: a forte presença da geometria nessa discussão, embora haja importantes trabalhos em álgebra como os de Healy e Hoyles, Harel e Sowder.

No entanto, esses trabalhos pouco explicam as razões pelas quais não há um volume, pelo menos razoável, de estudos sobre as provas em outras áreas. Daí a questão: há motivos para que as provas matemáticas na educação básica apareçam – quando aparecem – quase sempre na geometria?

Embora não seja nossa intenção neste artigo aprofundar essa questão – apesar de sua relevância –, pode-se fazer algumas conjecturas. Uma delas poderia ser assim formulada: a geometria é uma seara bastante fértil – provavelmente a mais fértil – ao desenvolvimento das diferentes formas de raciocínio, em especial o dedutivo.

Há outra argumentação que, a despeito da obviedade, pode ser utilizada para explicar a preponderância da demonstração no ensino da geometria: a cultura ocidental, que desde a antiguidade helênica apresenta firme predisposição ao estudo dessa área da matemática, enfatizando o arcabouço dedutivo e cristalizando uma perspectiva segundo a qual é a geometria que proporciona o rigor e a intelecção de conceitos abstratos desejáveis nos alunos.

## Conclusão

Há muito interesse dos pesquisadores em Educação Matemática sobre provas na educação básica, fato esse que pode ser corroborado pelo grande número de pesquisas já realizadas e pela (re)inclusão desse assunto nos recentes currículos. Todavia, essas pesquisas raramente se aprofundam a respeito das possíveis causas do abandono desse tema nas escolas do ensino fundamental e médio nas décadas passadas.

Pode-se facilmente verificar que há muitas pesquisas, não brasileiras, em Educação Matemática, envolvendo argumentações e provas nas salas de aula da educação básica, mas muitas não parecem ter uma teoria consistente que as fundamente. Longe de querer uma unanimidade a respeito, parece haver poucos projetos articulados entre si envolvendo os diferentes níveis de ensino. Apesar de esse interesse ter sido intensificado já há quinze anos, é possível dizer que algumas investigações ainda procuram argumentos para justificar a inclusão/retomada das provas no currículo escolar.

As dificuldades de indicar e/ou compreender os significados de provas sob a perspectiva da Educação Matemática decorrem não apenas do ponto de vista da cognição ou curricular, mas, sobretudo porque estes foram moldados por concepções técnicas dos matemáticos profissionais.

A partir dos trabalhos realizados podem-se vislumbrar alguns caminhos para as pesquisas envolvendo demonstrações em Educação Matemática: aspectos curriculares como organização das tarefas, objetivos, métodos etc.; aspectos sociais, culturais e cognitivos que influem nos processos de ensino e de aprendizagem; formação, inicial e continuada de professores; características do conhecimento matemático e a disciplina matemática nas escolas.

Vimos que são diversas as razões pelas quais esse tema pode ser objeto de ensino nas escolas. Todavia, há questões pouco discutidas: "De que tipo de prova os pesquisadores brasileiros defendem a inclusão no currículo, se é que defendem? Como deveria ser seu ensino? Deve-se ter como meta a prova formal?

## Referências

ABBAGNANO, N. *Dicionário de filosofia*. Tradução de A. Bosi. 2. ed. São Paulo: Mestre Jou, 1982.

BALACHEFF, N. Benefits and limits of social interaction: the case of teaching mathematical proof. In: BISHOP, A.; MELLIN-OLSEN, S.; VAN DORMOLEN, J. (Ed.). *Mathematical knowledge*: its growth through teaching. Dordrecht: Kluwer Academic Publisher, 1991. p. 175-192.

__________. Is argumentation an obstacle? *International Newsletter on the Teaching and Learning of Mathematical Proof*, Grenoble, n. 1, may-juin 1999.

__________. *Une étude des processus de preuve en mathématiques*. Thèse d'état, Grenoble, 1988.

BALL, D. L.; BASS, H. Making believe: the collective construction of public mathematical knowledge in the elementary classroom. In: PHILLIPS, D. (Ed.). *Constructivism in education*. Chicago: University of Chicago Press, 2000.

BOERO, P. *Argomentazione e dimostrazione:* una relazione complessa, produttiva e inevitabile nella matematica e nella didattica della matemática. International Newsletter on the Teaching and Learning of Mathematical Proof, 1999.

BOERO, P.; GARUTTI R.; LEMUT E.; MARIOTTI, M. A. *Challenging the traditional school approach to theorems:* a hypothesis about the cognitive unity of theorems. Proceedings of PME XX, Valencia España, 1996. v. 2, p. 113-120, 1996.

BRASIL. Ministério da Educação. Secretaria de Educação Fundamental. *Parâmetros Curriculares Nacionais (5ª a 8ª séries)*. Brasília: MEC, 1998.

CHAZAN, D. High school geometry students justification for their views of empirical evidence and mathematical proof. *Educational Studies in Mathematics*, n. 24, p. 359-387, 1993.

DOUADY, R. Jeux de quadres et dialectique outil-objet. *Recherches em Didactique des Mathématiques*, Grenoble. v. 7, n. 2, p. 5-31, 1986.

DOUEK N. Argumentative aspects of proving: analysis of some undergraduate mathematics students' performances. *PME XXIII*, Haifa. v. 2, p. 273-280, 1999.

_________. *Some remarks about argumentation and mathematical proof and their educational implications.* Disponível em: http://www.lettredelapreuve.it/. International Newsletter on the teaching and learning of Mathematical Proof, 1998. (Acesso em 10 set. 2004).

DREYFUS, T. Some views on proofs by teachers and mathematicians. In: Gagatsis, A. (Ed.) *Proceedings of the 2nd Mediterranean Conference on Mathematics Education*, Cyprus: The University of Cyprus. v. 1, p. 11-25, 2000.

DUVAL, R. *Argumenter, demontrer, expliquer:* continuite ou rupture cognitive. IREM de Strasbourg, França. n. 31, p. 37-61, 1993.

_________. *Écriture et compréhension:* pourquoi faire écrire des textes de démonstration par les élèves? Actes du Colloque: Produire et lire des textes de démonstration, p. 23-24, janvier, 1998. Laboratoire de Didactique des Mathématiques. Université de Rennes, 1998.

_________. *Pour une approche cognitive de l'argumentation. Annales de Didactique et de Sciences Cognitives* 3, p. 195-221. Strasbourg: IREM de Strasbourg, 1990.

_________. Structure du raisonnement déductif et apprentissage de la démonstration. *Educational Studies in Mathematics*. n. 22(3), p. 233-261, 1991.

HANNA G. *Challenges to the importance of proof.* For the Learning of Mathematics. n. 15(3), p. 42-49, 1995.

_________. Mathematical proof. In: TALL, D. (Ed.) *Advanced mathematical thinking.* Dordrecht: Kluwer, 1991.

_________. *Some pedagogical aspects of proof.* Interchange. n. 21(1), p. 6-13, 1990.

_________. Proof and proving. In: BISHOP, A. et al. (Ed.). *International Handbook of Mathematics Education.* Dordrecht: Kluwer Academic Publishers. p. 877-908, 1996.

HAREL, G.; SOWDER, L. Students proof schemes. In: SCHOENFELD, A. et al. (Ed.). *Research on Collegiate Mathematics.* v. 3, 1998.

HEALY, L.; HOYLES, C. A study of proof conceptions in algebra. *Journal for Research in Mathematics Education.* n. 31(4), p. 396-428, 2000.

KNUTH, E. Teachers' conceptions of proof in the context of secondary school Mathematics. *Journal of Mathematics Teacher Education.* n. 5 (1), p. 61-88, 2002.

LAKATOS, I. *A lógica do descobrimento matemático:* provas e refutações. Tradução de Nathanael C. Caixeiro. Rio de Janeiro: Zahar, 1978.

_________. *Proofs e refutations.* Cambridge University Press, 1976. Reprinted with corrections: 1981.

MARIOTTI, M. A. La preuve en Mathématique. *La Revue Canadienne de L'énseignement des Sciences, des Mathématiques et des Tecnologies.* p. 437-458, 2001.

NATIONAL COUNCIL OF TEACHERS OF MATHEMATICS. *Principles and standards for school Mathematics.* Reston: NCTM, 2000.

PEDEMONTE, B. *Étude didactique et cognitive des rapports de l'argumentation et de la démonstration dans l'apprentissage des mathématiques.* Thèse de l'Université Joseph Fourier, Grenoble I, 2002.

POLYA, G. *A arte de resolver problemas*: um novo aspecto do método matemático. Tradução de Lisboa de Araújo. Rio de Janeiro: Interciência, 1978.

SCHOENFELD, A. H. What do we know about Mathematics curricula? *Journal of Mathematical Behavior.* n. 13(1), p. 55-80, 1994.

THURSTON W. P. *On proof and progress in mathematics.* Bulletin of the American Mathematical Society. n. 30, p. 161-177, 1994.

VELOSO, E. *Educação matemática dos futuros professores.* Disponível em: homepage.mac.com/eduardo.veloso/ novohome/textospdf/mateduc.pdf, (Acesso em 15 out. 2003).

WHEELER, D. *Aspects of mathematical proof.* Interchange. Toronto: OISE Press, n. 1(1), p. -5, 1990.

# CAPÍTULO 16

## SÍNTESE DE PESQUISAS SOBRE RELAÇÕES NO TEMPO: FOCALIZANDO O CONCEITO DE INSTITUCIONALIZAÇÃO

Cristina Maranhão – PUC-SP


### Resumo

Este capítulo traz uma síntese de pesquisas sobre conhecimento de *relações* e *relações de ordem no tempo*, de estudantes do ensino fundamental e médio (11-17 anos). Essas têm outros aspectos comuns, pois empregam o conceito de *institucionalização*, além de incluírem intervenções didáticas e são baseadas em Régine Douady ou em Guy Brousseau, ambos teóricos que defendem a abordagem investigativa no ensino e aprendizagem da matemática. O método empregado para essa síntese inspirou-se em Joaquim Severino. Assim, para realizá-la, foram coletados dados das pesquisas sintetizadas, de publicações sobre elas e de obras teóricas empregadas nessas investigações. Os resultados indicam que os estudantes do ensino fundamental e médio usaram a relação *chegar antes de* como *chegar imediatamente antes de* (significado *restrito*) e a relação de ordem *não chegar depois de* como *chegar antes de* (significado *restrito*), em vez de *chegar antes ou ao mesmo tempo em que* (significado *matemático*). Também, mostraram que os estudantes que participaram das intervenções didáticas evoluíram em seu conhecimento, passando a atribuir significado amplo, matemático a essas relações. Esse resultado foi obtido por meio de análise qualitativa dos fenômenos didáticos durante as intervenções e em análise estatística (teste $t$ de Student) comparando resultados dos pré e pós-testes realizados. Certas conclusões teóricas são ressaltadas – como a necessidade de novas pesquisas no tema, em níveis de ensino mais elevados e, também, de estudos e debates acerca do significado atribuído por pesquisadores, autores de livros didáticos e professores ao conceito de *institucionalização* –, pela sua importância na abordagem investigativa e o crescente interesse nessas abordagens.


**Palavras-chave:** Ensino Básico; Relações no Tempo; Institucionalização na Abordagem Investigativa; Teoria das Situações Didáticas; Dialética Ferramenta-Objeto; Interação entre Domínios.

## Abstract

This chapter presents a synthesis of researches on the knowledge of relations and ordering relations in time by Brasilian school students (11–17 years old). These researches have other common aspects. They use the concept of *institucionalization* in didactical interventions, following Régine Douady or Guy Brousseau theoretical frameworks. These authors propose investigative approaches for the teaching and learning mathematics. The synthesis method is based on Joaquim Severino. So, in order to accomplish that, data was collected from the researches, from publications about these researches and from the theoretical frameworks these researches were based on. The results point out that the students used the relation *arriving before* as *arriving immediately before* (*restrict* meaning) and the ordering relation *not arriving after* as *arriving immediately before* (*restrict* meaning) instead of as *arriving before or at the same time as* (*mathematical* meaning). They also showed that the students that participated of the didactical interventions improved their knowledge, because they showed broader, mathematical meaning to these relations. This result was obtained by both, qualitative analyses of didactical phenomena during the didactical interventions, and statistical analyses (the test *t* of Student) comparing data from pre and pos tests. Some theoretical aspects are highlighted in the conclusion of this synthesis, indicating both, the need of new researches on this theme in higher levels and studies/debates about the meaning attributed by teachers, didactical books' authors and researchers to the *institutionalization*, due to its importance in the investigative approach and the growing of this approach in mathematical education.

**Keywords:** Relations in Time; School Teaching (6 – 17 years old); Institutionalization in the Investigative Approach; Didactical Situations Theory; Tool–Object Dialetics; Interactions Among Domains.

## Introdução

Por considerar que o estabelecimento de relações é essencial para a aprendizagem de matemática em diversos segmentos de ensino e levando-se em conta, também, que as relações matemáticas são empregadas em diversos campos da atividade humana, desenvolveu-se um projeto, na PUC-SP, que focaliza *significados atribuídos a relações*.

Neste projeto, desenvolvem-se pesquisas nos planos curricular, didático e cognitivo. Nele, são realizadas investigações em pequenos recortes do tema, pois se considera que possam fornecer informações para sínteses.

O projeto envolve diversos eixos de investigação[1], dentre os quais são destacados apenas dois, por serem os mais importantes para o assunto do capítulo: *números* e *grandezas e medidas*. São observadas as especificidades desses eixos bem como suas inter-relações. Assim, por exemplo, em uma pesquisa podem-se propor conjuntos de problemas a estudantes, cujos enunciados explicitem apenas *relações numéricas*, ou apenas *relações no tempo*. Em outra, podem-se propor problemas cujos enunciados explicitem *relações numéricas* e *no tempo*.

Pesquisas que contenham problemas cujos enunciados se restrinjam à explicitação de *relações no tempo* são interessantes, pois delas podemos extrair informações sobre conhecimentos de diversos domínios que os estudantes venham a colocar em jogo, por sua própria iniciativa, ao resolvê-los. Por isso, em investigações como estas, os recursos e as representações empregadas por estudantes nas resoluções dos problemas propostos assim como as intervenções do professor relativas a esses aspectos ganham realce.

Dessa forma, investigações a respeito de *relações no tempo* têm relevância para a educação matemática, porém não apenas a esta, mas para o ensino de outras ciências, como física, biologia, ciências sociais e humanas. As *relações de ordem no tempo* interessaram a diversos pesquisadores no campo da psicologia cognitiva, sendo raros, no entanto, os estudos didáticos sobre elas em Educação Matemática.

Do ponto de vista da psicologia cognitiva, Vergnaud et al. (1980) pesquisaram representações de datas em retas com crianças de 9 a 13 anos. Os autores concluíram que nenhuma das representações obtidas seria próxima de uma correta, visto que os objetos representados exigiriam das crianças uma síntese de conceitos e propriedades de ordem, distância e intervalo.

Com base nessas indicações, foi realizada uma pesquisa com alunos de 4º ao 7º anos do ensino fundamental (de 9 a 12 anos) de uma escola particular do Estado de São Paulo, detectando dificuldades a respeito de ordenações, tais como: considerar que o termo *atrasado* significa *a menos* no cálculo do horário; considerar que *adiantado* é *adiante de* na representação em um eixo orientado. Apesar de ter feito interpretações relativas a essas palavras na língua natural (português), como o termo *atrasado* ter a mesma raiz que o termo *atrás*, o que pode ser associado a *atrás de* (na representação em um eixo) e, portanto, *a menos* nas horas, as confusões dos estudantes poderiam advir: de problemas na compreensão de números ou no trato com operações numéricas; de dificuldades relativas às representações em reta numerada; e de significados atribuídos às relações no tempo. Por isso, foi mencionada a necessidade de novas pesquisas, focalizando esses aspectos, em tese de doutoramento (Maranhão, 1996).

---

[1] Com base em conteúdos comuns a propostas curriculares nacionais dos diversos segmentos de ensino.

Nessa mesma investigação, em problemas que explicitavam estritamente relações no domínio do tempo, requerendo ordenações, os alunos atribuíram à expressão *chegar antes de* o significado de *chegar imediatamente antes de* e, à expressão *não chegar depois de* (equivalente a *chegar antes ou ao mesmo tempo em que*) apenas o significado de *chegar antes*, não incluindo a possibilidade de *chegar ao mesmo tempo em que.* Esses alunos atribuíam significados *restritos* a essas relações e, por isso foram indicados alguns aspectos que deveriam ser considerados em intervenções didáticas envolvendo ordenações; dentre eles, o estabelecimento de um marco inicial e de uma orientação em um eixo (correspondentes a uma relação). Destarte, foi mencionada a necessidade de novas pesquisas, focalizando esse problema, com outros grupos de estudantes.

A partir daí, foi planejado com colegas do projeto mencionado outras investigações. No planejamento das pesquisas sobre relações e relações de ordem no domínio do tempo, consideramos que na tese de doutoramento (Maranhão, 1996), quando os enunciados dos problemas explicitavam referências numéricas, os estudantes se apoiavam nelas, o que impedia o isolamento dos significados atribuídos às relações no tempo; além disso, ponderamos que essa pesquisa indicou que o uso de referências numéricas foi fonte de erros na resolução desses problemas. Para evitarmos variáveis que mascarassem a atribuição de significados de relações no tempo, decidimos propor problemas cujos enunciados não explicitassem referências numéricas, numa primeira fase do projeto.

Para realizá-las, tomando como base as noções matemáticas de relação e de relação de ordem, as relações $R_1$, $R_2$, $R_3$ e $R_4$ foram definidas, tendo como domínio o conjunto de alunos de uma determinada escola, sendo $R_2$ e $R_4$ relações de ordem. As relações foram definidas por: $a$ $R_1$ $b \Leftrightarrow$ *a chega em sua classe antes de b*; $a$ $R_2$ $b$ $\Leftrightarrow$ *a não chega em sua classe depois que b*; $a$ $R_3$ $b \Leftrightarrow$ *a chega em sua classe depois de b*; $a$ $R_4$ $b \Leftrightarrow$ *a não chega em sua classe antes de b.* Essas relações foram propostas em enunciados de problemas do seguinte tipo:

Uma professora queria saber a ordem de chegada de alguns de seus alunos. Eles lhe deram informações, e ela não conseguiu encontrar a ordem exata de chegada deles. Tente encontrar as possíveis ordens de chegada, conforme as informações que os alunos dessa professora deram a ela.

1) Maria disse que chegou à escola antes de Eni. Eni disse que chegou à escola antes de Bia. Rita não se lembrava dos outros colegas, mas tinha certeza que chegou à escola depois de Eni.
2) Ariel disse que chegou à escola antes de Maria. Maria disse que chegou à escola antes de Gisela. Rita não se lembrava dos outros colegas, mas tinha certeza que não chegou depois de Gisela.

Voltando-se, então, para alunos de escola pública, em investigação que envolvia pré-teste, intervenção didática e pós-teste, Maranhão et al. (2000) comunicaram terem observado que estudantes de 6º ano do ensino fundamental (11 – 12 anos) de uma escola da rede estadual de São Paulo também atribuíam significado restrito para as relações em estudo. Comentaram, ainda, que havia estudantes que não ordenavam corretamente três personagens, visto que vários registraram no pré-teste ou a ordem de apresentação dos personagens no enunciado do problema como única resposta (que era incorreta) ou outra ordem qualquer que não satisfazia o enunciado. Em consequência desse resultado, as autoras restringiram o estudo do significado atribuído às relações aos casos que não apresentaram tais erros, que consideraram como dificuldades de ordenação. Concluíram que, depois da intervenção didática, com base na Teoria das Situações Didáticas de Brousseau (1997), os estudantes aprenderam a ordenar corretamente, quando o problema envolvia apenas duas frases e três personagens; além disso, concluíram que na ordenação de quatro personagens as dificuldades dos estudantes diminuíram em relação aos resultados do pré-teste. As pesquisadoras afirmaram que havia impregnação do uso cultural (não matemático) nos significados atribuídos a essas relações pelos estudantes investigados[2]. Na análise dos resultados, lançaram mão do teste *t* de Student, por ter sido considerado apropriado ao experimento e por permitir uma inferência válida, confiável e universal.

Um estudo que focalizava a intervenção didática dessa pesquisa foi feito por Igliori e Maranhão (2002) e discutido, em 2001, na 11ª Escola de Verão de Didática da Matemática realizada em Hameaux du Sautet (França). Nessa ocasião, observou-se: (a) que a ordem de apresentação dos personagens nos enunciados dos problemas propostos poderia ter se constituído numa variável didática, isto é, numa variável que poderia ter influenciado o desempenho dos alunos na resolução dos problemas do pré-teste; (b) a necessidade de formulação de problemas que viabilizassem, na intervenção didática, o desenvolvimento de estratégias efetivas de ordenação pelos alunos.

Considerando o relevante tema *relações de ordem no tempo*, o grupo de discussão do evento aconselhou o planejamento de outras pesquisas, atingindo séries mais avançadas. Elas foram realizadas e seus aspectos principais são apresentados, analisados e sintetizados a seguir.

Para tal, foi realizada uma análise interpretativa visando a uma síntese, com base em Severino (1995). Nessa perspectiva metodológica, esse tipo de análise se

---

[2] As autoras não discutiram os significados da expressão "uso cultural" à luz da literatura de Educação Matemática. Opuseram esse uso ao matemático, evidenciando que o consideraram como não advindo do corpo matemático científica e socialmente reconhecido.

inicia por situar o pensamento desenvolvido em uma dada unidade de um texto, na esfera mais ampla do pensamento geral do autor. Foram utilizadas como fontes, duas dissertações de mestrado, bem como as publicações sobre elas. Esta fase consistiu também em verificar como as ideias expostas na unidade se relacionavam com posições gerais, tais como são evidenciadas em outras fontes. Nesse trabalho, foram ampliadas as fontes, empregando também obras dos teóricos tomados como base nas dissertações e publicações analisadas.

Essa fase permitiu: situar as ideias dos autores em relação às orientações teóricas existentes; buscar a compreensão interpretativa dos pensamentos expostos, exibindo justificativas das posições de cada autor, tornando-as mais coerentes dentro de uma estrutura rigorosa e, também, permitiu associar as ideias expostas nos textos, identificando as semelhantes, que eventualmente tenham recebido abordagem diversa.

Nesta orientação metodológica, é esta identificação que gera a comparação entre as ideias afins. Aqui, a comparação recaiu nos aspectos teóricos, de onde emergiram diferenças que são discutidas na conclusão. Foi avaliado, de antemão, que essa discussão seria importante, por se tratar de reflexão útil a pesquisadores e professores, tendo em mente a utilização crescente de abordagens investigativas, entre elas as baseadas nos quadros teóricos de Guy Brousseau e de Régine Douady.

A seguir, os aspectos da Teoria das Situações Didáticas de Brousseau empregados nas pesquisas aqui analisadas, com base em sua publicação de 1997.

Essa teoria supõe a compreensão da escola como uma instituição social responsável pela transmissão de um *saber escolar* (que tem como referência o saber cientifico e é adaptado por uma série de condicionantes, entre eles o entorno social e o contexto escolar).

Brousseau (1997) considera que numa instituição escolar, as relações *professor-aluno-saber* estão subordinadas a regras e convenções que funcionam mais ou menos como um contrato. No caso da relação professor-aluno, por exemplo, o autor explica que esse contrato vai sendo constituído pelo conjunto de regras que determinam o que cada um desses atores da relação didática deverá gerenciar e prestar conta perante o outro. Alerta, ainda, que, em geral, esse contrato se forma, sobretudo, com regras implícitas, embora contenha as explícitas. Em sua obra fornece inúmeros exemplos de rupturas e de efeitos perversos de *contrato didático*, forjados na relação didática, que ressaltam, por vezes, a relação aluno-saber, por vezes a relação aluno-professor[3]. O autor enfatiza a necessidade de negociação desse contrato, em situações didáticas.

[3] A obra mencionada na nota anterior detalha e dá exemplos sobre isso, no capítulo designado de contrato didático.

Uma *situação didática* é um conjunto de relações estabelecidas implícita ou explicitamente entre um aluno ou um grupo de alunos e um professor (representando um sistema educativo), num certo cenário[4] (em geral organizado e gerido pelo professor), com a finalidade de possibilitar a esses alunos um saber constituído ou em via de constituição.

Para o autor, nas situações didáticas, o trabalho do aluno deveria ao menos em parte reproduzir características do trabalho científico propriamente dito, como garantia de uma construção efetiva de conhecimentos pertinentes. Por isso, nessa teoria, um problema visto como fonte de aprendizagem deve levar o aluno a uma reflexão que o envolva numa pesquisa. Para esse autor, os problemas devem ser concebidos pelo professor ou pesquisador, de modo que os alunos tenham conhecimento anterior para resolvê-lo ao menos em parte e que algum *objeto matemático seja crucial* para sua solução completa.

Quando um aluno se envolve na resolução de um problema, tomando-o como seu problema, a *dialética da ação* se inicia e é entendida como de pesquisa visando a um conhecimento matemático. Este é um dos tipos de situação didática, o primeiro a se instaurar na resolução de um problema, quando a classe simula uma comunidade de pesquisadores matemáticos.

Segundo estudos do autor, ela provoca outro tipo de situação designada de *dialética da formulação*, vista como de explicitação de noções pelos estudantes e, em geral, provocada pela dialética da ação.

A situação chamada de *dialética da validação* permite o confronto das concepções explicitadas pelos estudantes, seja por debates entre eles, seja por questionamento do professor ou do pesquisador.

O professor ou o pesquisador que estejam de acordo com esta teoria devem propiciar condições para que essas situações se instaurem na sala de aula, ativando o processo dialético, visando à evolução de conhecimento. O papel do professor ou o pesquisador é organizar e gerenciar esse processo de modo que o aluno (ou o grupo de alunos) tenha a maior autonomia possível. Para tanto, o professor ou o pesquisador devem conter eventuais impulsos de apressá-los, ou de dar respostas que comprometam suas descobertas ou seus debates. Propõe-se que, em vez de respostas, o professor ou o pesquisador faça "boas questões", aquelas que podem conduzir os alunos a refletirem sobre os porquês do que estão fazendo.

O professor ou o pesquisador que desenvolvem situações didáticas em classe têm, também, o papel de *institucionalizar.* A consideração "oficial" do objeto de ensino por parte do aluno e, também, da aprendizagem do aluno, por parte

---

[4] "Millieu" em francês. O autor dedica grande parte da obra de 1997 à explicação sobre o que ele significa e sobre seu papel. Foi usado o termo cenário, por se aproximar de seu significado e papel.

do professor, é um fenômeno social muito importante e uma fase essencial do processo dialético descrito: este duplo reconhecimento constitui o objetivo da *institucionalização*.

A institucionalização pode se realizar tanto sobre uma situação de ação (quando se reconhece o valor de um procedimento que se converterá em um recurso de referência, por exemplo), como também sobre uma situação de formulação (a formulação de um aluno pode ser valorizada e acolhida, ganhar certos ajustes – "está ótimo, é isso mesmo" – "isto que você fez (ou usou) tem tal nome" – "isto deve ser lembrado para apresentar aos outros"...). O mesmo ocorre com as validações, quando até mesmo gestos, olhares (expressando concordância ou discordância) e escolhas (sobre quem fala antes, por exemplo) por parte do professor ou do pesquisador influenciam o duplo estatuto na oficialização do objeto.

Enfim, Brousseau reconhece o que observou professores fazerem durante seus estudos. Legitima as ações que não rompem com os pressupostos de sua teoria, quando publica ser necessário identificar, valorizar e oficializar o que será retido: dos modelos implícitos associados aos conceitos e às propriedades (guardando características dos contextos em que foram criados nas situações de ação); das formulações e das formalizações, com a ajuda das quais os alunos podem manipular, avançar e comunicar seus conhecimentos; dos procedimentos, estratégias e provas (ou vestígios delas); das relações essencialmente dialéticas mais ou menos assumidas entre esses diferentes componentes, durante as situações didáticas.

Em síntese, decidindo o momento e o modo de institucionalizar, *pela observação dos alunos*, o professor *enuncia objetos em estudo ou modelos implícitos deles*, formulações ou formalizações, métodos, provas e demonstrações (ou vestígios delas) e relações entre esses componentes, mais ou menos assumidas durante a situação vivenciada, *segundo as condições dos estudantes no momento*, e também *ressalta o que considera importante e o que se deve reter, registrar*, de todo o processo pelo qual passaram os alunos.

Por ser outro dos quadros teóricos referenciais das publicações analisadas nessa síntese são descritas a seguir as noções dessa teoria pertinentes a elas, com base em Douady (1986) e em Douady (1984).

Para a autora, o trabalho matemático em salas de aula deve simular o de uma comunidade de pesquisadores matemáticos. Assim, Douady considera que os problemas apropriados para serem *fonte de aprendizagem e de criação* de novas noções matemáticas (conceitos, propriedades, procedimentos) a serem propostos no ensino, devem conduzir os estudantes a uma reflexão, uma pesquisa, visando à sua solução completa e correta.

Essa autora descreve um modelo teórico esquemático, em que organiza o processo dialético de resolução desses problemas. Com o objetivo de desenvolver noções matemáticas (*ferramentas*), ampliando-as, ou criando novas, o professor ou o pesquisador precisam propor aos alunos problemas em que usem seus conhecimentos antigos, que devem ajudá-los a resolver os problemas em parte, mas não completamente.

Douady chama de *antigo* o processo em que os estudantes se envolvem na resolução de um problema proposto pelo professor (por força de seu interesse ou do contrato didático), mobilizando e usando seus *conhecimentos antigos* para resolvê-lo. Desta forma, instaura-se a *pesquisa*, na qual os estudantes encontram dificuldades para resolver o problema, sendo conduzidos a colocar em jogo novas noções, que são implícitas. As noções novas, que os alunos estão criando, são consideradas implícitas (ferramentas implícitas), porque o professor ou o pesquisador podem reconhecê-las, mas os alunos, de seu lado, apesar de saberem que há algo novo, não podem explicar completamente do que se tratam, nem ter certeza de que são válidas. Por isso, o professor propõe que os alunos descrevam o que realizaram em seus trabalhos, as dificuldades, os resultados obtidos. Nessas *explicitações*, as diversas noções presentes revelam-se, novas podem provocar conflitos com antigas, ou então podem surgir erros ou contradições. Adentra-se, assim, o *novo implícito*, em que ocorrem debates para a *validação* das ideias, das noções que estão sendo criadas implicitamente, para serem aceitas ou refutadas; nela, certos elementos podem ser formulados pelos alunos como *objetos de saber matemático* (que são ferramentas organizadas em um corpo científica e socialmente reconhecido), *com sua condição de emprego no momento*; pode ser também que certas previsões (conjecturas) sobre o que é novo sejam validadas ou refutadas.

Mas como nem sempre os debates são suficientes para resolver completamente o problema e como é preciso que *os alunos tenham maior controle nesse processo*, são levados a *procurar outros meios de validação* de suas ideias, usando diversos recursos: *numéricos, algébricos, geométricos ou de representações (corporais, gráficas, numéricas etc.)*, em geral, confrontando as ideias e também os resultados com o enunciado do problema. O professor pode formular questões, oferecer materiais, propor encenações dos alunos ou fazer sugestões para promover o uso desses novos meios de validação.

Esses novos recursos empregados para a validação de ideias e para a resolução do problema são chamados de *domínios*. O processo de fazê-los interagir se chama *interação entre domínios*.

A noção de *domínio* é dinâmica. Um domínio pode ser constituído de objetos de um ramo da matemática, de relações entre objetos, de suas formulações, eventualmente diversas, e de representações (mentais ou escritas) associadas a esses objetos e relações. A interação entre domínios expressa a ideia de que uma representação matemática corresponde a mais de um objeto e, inversamente, um objeto tem mais de um representante.

Orientados pelo professor ou o pesquisador, ou por iniciativa própria, os estudantes colocam em jogo ao menos dois domínios – "cada um sendo usado como uma ferramenta heurística e meio de controle para o outro"[5] e de modo que um sirva de referência ao outro e que possibilitem meios de validação *pela ação dos próprios alunos.*

O professor ou o pesquisador que esteja de acordo com essa teoria precisa propiciar uma atmosfera na classe que acione esse processo dialético, ativando-o, visando à criação de noções ou à evolução de conhecimentos pelos alunos.

Essas fases são complementadas pela *institucionalização* na qual o professor formula os *objetos matemáticos criados ou em fase de criação* (conceitos, propriedades ou procedimentos), decidindo *o momento e o modo de passagem a essa fase pela observação dos alunos.* O professor enuncia esses objetos *segundo as condições dos estudantes no momento*; ele também ressalta *o que considera importante e o que se deve reter, registrar* de todo o processo pelo qual passaram os alunos.

Douady reconhece, em sua tese de doutorado, de 1984, que as institucionalizações que designa de *institucionalizações locais* – podem ocorrer nas diversas fases da dialética ferramenta-objeto. Fornece diversos exemplos dessas institucionalizações com base na observação de situações didáticas conduzidas por professores, em classes das séries iniciais, em que as explicitações por parte dos alunos são valorizadas e incentivadas, as formulações são ajustadas, as ideias e os procedimentos são questionados etc., sendo institucionalizados, dessa maneira, *segundo as condições dos estudantes no momento.* Traz também formulações, por parte do professor sobre o que considera importante e o que se deve reter, registrar, *do processo pelo qual passaram os alunos*, que nem sempre são gerais ou formais – por se referirem ao processo vivenciado pelos alunos.

A dialética ferramenta-objeto contempla também o *reinvestimento* e o *novo problema.* No *reinvestimento* são propostos outros problemas para a *familiarização com o que é novo, colocando em relação o que é conhecido*, visando a que esses conhecimentos funcionem posteriormente como antigos, num *novo problema,* que proporcione *outro ciclo* da dialética ferramenta-objeto.

A seguir uma análise interpretativa dos aspectos dessas teorias. Como se pode notar, há muitas similaridades entre as duas teorias expostas.

---

[5] Douady (1999, p.117).

Em primeiro lugar, esses teóricos insistem em que as situações expostas *ocorrem dialeticamente*, não devendo ser entendidas como ocorrendo separadamente ou em sequência – podem se dar em ciclos de duas ou mais e, inclusive, se dar simultaneamente; ainda, eventualmente, algumas delas podem nem ocorrer. Comparando a tipologia das situações de Brousseau com as da dialética ferramenta-objeto de Douady, temos respectivamente: (a) a *situação de ação* abarca o *antigo* e a *pesquisa*; (b) a situação de *formulação* corresponde à de *explicitação;* (c) a situação de *validação* pode corresponder ao *novo implícito*, desde que ressalvemos um dos aspectos da interação entre domínios, vinculada ao *novo implícito*; (d) o significado da *institucionalização* nos dois referenciais teóricos é o mesmo.

Douady criou as noções de *interação entre domínios* e de *dialética ferramenta-objeto*, durante sua pesquisa de doutorado, defendida em 1984, quando tomou como base a Teoria das Situações Didáticas de Guy Brousseau, entre outras. Também, Brousseau (2001), ao discutir a obra de Douady, considera que a dialética ferramenta-objeto se dá dentro da Teoria das Situações Didáticas.

Sobre a noção de interação entre domínios, na leitura dessa obra de 2001, fica claro que o autor reconhece que, do ponto de vista didático, é interessante o uso por estudantes de diversos domínios, colocados em jogo na resolução de um problema, desde que a iniciativa parta deles próprios. Brousseau diz isso porque uma das ideias centrais da Teoria das Situações Didáticas é a simulação de uma comunidade de pesquisadores matemáticos. Desse mesmo ponto de vista, o autor considera a propositura por parte de professores ou pesquisadores, de recursos que promovam interações entre domínios, *como possíveis digressões*, clamando por pesquisas sobre essa questão.

Brousseau divulga, assim, seu reconhecimento e sua visão sobre possíveis limitações dos elementos teóricos propostos por Douady. Ele reconhece, enfim, nessa publicação, que essa pesquisadora fez contribuições tanto teóricas como práticas, tendo enriquecido consideravelmente o campo da Didática da Matemática.

Pela orientação metodológica seguida nesta síntese interpretativa, cabe dizer que a autora vincula a interação entre domínios à dialética ferramenta-objeto, precisamente para deixar claro que o professor incentive a ação dos próprios alunos e não responda por eles os problemas propostos. Além disso, na dialética ferramenta-objeto fica claro o ponto de vista da autora sobre o que seria produzir conhecimento matemático numa comunidade de classe: resolver problemas e formular questões. Ao propor que as interações entre domínios ocorram tanto por iniciativa própria dos estudantes, como por *incentivo* do professor, revela sua observação do trabalho conjunto de pesquisadores matemáticos. Seu esposo, Adrien Douady, foi renomado pesquisador matemático e membro do grupo Bourbaki[6].

No início dos anos 90, quando Régine Douady orientou o trabalho de doutorado de Maranhão (1996), houve a oportunidade de conversar muitas vezes com ela e seu esposo, que declarou considerar essencial oportunizar aos pesquisadores em formação, o trânsito entre domínios matemáticos, pois esse trânsito nem sempre ocorre por iniciativa própria de quem resolve um problema. Muitas vezes, no trabalho conjunto, é outro pesquisador (ou outra pesquisa) que oportuniza o emprego de outros domínios para a resolução completa de um problema; esse emprego aliado a debates entre pesquisadores, em geral, resulta em economia no procedimento ou método empregado na resolução do problema e em enriquecimento teórico nos domínios envolvidos. Ela declarou considerar essencial certa flexibilidade no assunto, visto que, de acordo com seus conhecimentos disponíveis (como ferramentas utilizáveis), um aluno pode lançar mão, ou não, de um recurso proposto pelo professor (considerado por este último como domínio interessante para ser colocado em interação), na resolução de um problema. É claro que seria discordante dos pressupostos teóricos aqui discutidos a imposição de recursos aos alunos. Finalmente é natural o professor ou o pesquisador que se proponha a instaurar na classe um ambiente que simule uma comunidade científica, seguindo esse quadro teórico, privilegie a formulação de questões, promovendo uma postura indagadora entre os estudantes de uma comunidade de classe.

Resultante de discussões como essas entre Maranhão e Douady, Maranhão (1996) afirma caber ao pesquisador em Didática da Matemática, decidir, de acordo com seu problema de pesquisa, quais os domínios relevantes em jogo em uma situação didática (ou em um conjunto delas)[7]. Esclarece-se, assim, o dinamismo da noção de *domínio*, referido anteriormente.

São apresentadas, a seguir, as investigações brasileiras que são objeto da análise interpretativa.

## Estudos Feitos com Alunos de 6º a 9º Anos do Ensino Fundamental

Ampliando os estudos anteriores, Soares (2002) realizou uma pesquisa que teve como público-alvo sessenta e oito estudantes de 5ª a 8ª séries[8] do ensino fundamental (de 11 a 14 anos) de quatro classes de uma escola particular do Estado

---

[6] Em consulta em www. pourlascience.com em 10/4/2004 foram encontradas informações interessantes sobre esse grupo com fotos da época de seus encontros.

[7] Na obra *Educação Matemática:* uma introdução, já mencionada, é apresentada uma visão complementar.

[8] Essas séries atualmente correspondem ao 6º a 9º anos do ensino fundamental

de São Paulo. Ele focalizou as questões: "Alunos de 5ª a 8ª séries apresentariam os mesmos problemas diagnosticados nos estudos anteriores? Em caso positivo, seria a evolução de atribuição de significados (do sentido cotidiano para o matemático) diferente em cada série, se os estudantes fossem submetidos à intervenção didática com a mesma estrutura à luz da mesma teoria?".

A pesquisa foi desenvolvida com base em Brousseau (1997) e contou com três sessões (pré-teste, intervenção didática e pós-teste), realizadas, cada uma, com um intervalo de uma semana. As sessões dos pré e pós-testes tiveram duração de 50 minutos cada, e a sessão da intervenção didática teve duração de 100 minutos.

A partir dos dados obtidos no pré-teste, Soares conduziu a intervenção didática buscando evolução do significado atribuído às *relações* e às *relações de ordem no tempo*, de um sentido restrito, referenciado no uso cotidiano, para um sentido amplo, referenciado no matemático. Como a pesquisadora não era professora da escola, examinou documentos escolares e os livros didáticos adotados na instituição, além de entrevistar as professoras das turmas e os profissionais da escola, antes dessa intervenção.

Aprofundando o trabalho de Soares (2002), Maranhão, Igliori e Soares (2003) divulgaram um trabalho sobre essa pesquisa acrescentando a questão: "A ordem de apresentação dos personagens nos enunciados dos problemas constituía-se como uma variável didática?".

As autoras selecionaram quatro dos oito problemas propostos por Soares (2002), organizando-os em duas categorias. A primeira, com dois problemas que possibilitavam a análise da influência da ordem em que os personagens eram apresentados nos enunciados das questões, no desempenho dos alunos e que viabilizavam, também, o desenvolvimento de estratégias efetivas de ordenação de quatro personagens, durante a intervenção didática. Esses problemas tinham uma única resposta correta (não envolviam análise de possibilidades de ordenações). A segunda categoria, com outros dois problemas que possibilitavam tanto a análise do significado atribuído às relações, quanto conduzir os alunos à análise das diversas ordenações possíveis e corretas, como respostas aos problemas na intervenção (envolviam análise de possibilidades de ordenações).

Na comparação dos resultados dos pré e pós-testes, não houve diferença significativa no desempenho dos estudantes nos problemas da primeira categoria. Maranhão, Igliori e Soares (2003) afirmaram, também, que a observação dos diálogos e dos procedimentos dos alunos tampouco confirmou que a ordem de apresentação dos personagens no texto fosse uma variável didática. Isso conduziu essas autoras à conclusão que essa poderia não ser uma variável didática para alunos de 5ª a 8ª séries (6º a 9º anos). Ao menos, não foi entre os sujeitos dessa pesquisa.

Esse resultado contradisse as expectativas geradas no grupo de discussão da Escola de Verão da França. Tais expectativas pareciam proceder, porque na pesquisa de Maranhão (1996) a ordem de apresentação dos personagens no texto influenciou o desempenho e os procedimentos dos alunos de 3ª e 4ª séries do ensino fundamental (4º e 5º anos respectivamente).

No pré-teste, verificou-se também que os estudantes tinham os mesmos problemas diagnosticados nas pesquisas anteriores a respeito dos significados atribuídos às relações no tempo. Maranhão, Igliori e Soares (2003) selecionaram discussões e dados de diálogos ocorridos em classe, durante a intervenção didática. Assim, atestaram à atribuição de significado restrito por parte de alguns alunos.

Finalmente, comparando os resultados do pré e do pós-testes, Maranhão, Igliori e Soares (2003) afirmaram que a intervenção didática foi eficiente para que a maioria dos alunos atribuísse significado amplo, matemático, às relações em estudo, visto que a análise estatística realizada demonstrou isso. Nessa análise as autoras também lançaram mão do teste *t* de Student, pelas mesmas razões dadas em Maranhão et al. (2000).

## A Intervenção Didática no Ensino Fundamental

Sobre aspectos conceituais, visando à atribuição de significado amplo às relações em estudo, destaco que na intervenção didática, Soares (2002) promoveu uma discussão em cada classe, sobre as produções dos alunos no pré-teste (as quais foram disponibilizadas a eles). As discussões se desenvolveram em duas partes.

Na primeira, recaíram sobre a escolha de estratégias para o estabelecimento da relação $R_1$. Por exemplo, se a classe decidisse que *chegar antes de* corresponderia ao posicionamento *à esquerda de*, uma seta era desenhada na lousa apontando para a esquerda e, acima dela, escrevia-se *antes de*. Qualquer posicionamento de personagem era conferido com o enunciado do problema, quando se ressaltava a importância de estabelecer o marco referencial (de chegada).

Na segunda, visaram à atribuição do significado matemático à relação $R_1$, sendo que ao final das discussões a pesquisadora fez questões como: "Não chegar depois significa chegar antes?". Ao que os alunos responderam: "Não, significa chegar antes ou ao mesmo tempo em quê".

Vale notar que essa pesquisadora ressaltou procedimentos essenciais para ordenações que incluíam aspectos conceituais. Soares (2002) afirmou ter promovido, na intervenção, as fases formulação e validação, apresentadas por Brousseau (1997). Além disso, afirmou ter promovido verificação das respostas, como finalização do processo de validação.

Essa intervenção revelou, em todas as séries, alguns problemas didáticos relativos ao confronto de ideias entre os alunos: a pesquisadora foi levada a conduzir diálogos nas turmas, em vez de debates. Segundo ela, essa postura decorreu do contrato didático constituído pelos professores das turmas – que promoviam trocas coletivas de produções de alunos, mas não incentivavam debates entre os próprios alunos.

Soares (2002) considerou relevantes algumas afirmações feitas por alunos de diversas séries relativas aos enunciados durante a intervenção, porque elas revelaram que as dificuldades diagnosticadas no pré-teste não se reduziam à atribuição de significado restrito por parte dos estudantes.

O fato de os problemas serem referenciados no cotidiano pode ter levado, segundo a autora, alguns alunos a efetuar analogias com a realidade, conduzindo-os a oferecer certa resistência em estabelecer as relações matemáticas propostas. Por exemplo, diante dos trechos dos enunciados dos problemas que afirmam: "Não se lembrava dos outros colegas, mas tinha certeza que", havia alunos que diziam frases como: "Se o personagem não se lembrava, não podemos ordenar"; havia também os que cogitavam enredos extras incluindo outros personagens na situação. E, ainda, foi detectada uma expectativa, por parte de alguns alunos, de que todas as relações entre personagens estivessem explicitadas nos enunciados dos problemas escolares.

Soares (2002) atribuiu esse problema ao contrato didático estabelecido por meio das situações propostas nos livros didáticos adotados nas turmas. Nesses livros, a frequência de problemas referenciados no cotidiano e envolvendo análise de possibilidades decrescia de 5ª a 8ª séries (6º a 9º anos). Isso realmente deve ter contribuído para as resistências e expectativas que a pesquisadora observou (crescentes de 5ª a 8ª séries – 6º a 9º anos).

Sobre as discussões, Soares (2002) afirmou que os alunos de 5ª série (6º ano) foram pragmáticos – requerendo sempre representações feitas no quadro negro –, para acompanhar as discussões; os de 6ª série (7º ano) se entusiasmaram, participando das discussões propostas, com alguns questionamentos relativos aos enunciados dos problemas propostos; os de 7ª série (8º ano) foram sagazes, em particular, quanto ao questionamento aos enunciados das situações; e os de 8ª série (9º ano) mostraram apatia nas discussões propostas por ela.

A autora ainda explicou que foi conduzida a *institucionalizar* certos aspectos sobre enunciados de problemas escolares, comparando-os com os enfrentados na vida cotidiana. Para tanto, explicitou que problemas da vida cotidiana não dispensam o recurso a inferências e deduções; que nos problemas escolares esses recursos também devem ser empregados porque viabilizam a análise de possibilidades. Sobre a *institucionalização*, destaco que essa pesquisadora não considerou que teria *institucionalizado* procedimentos essenciais para ordenações, nem aspectos conceituais envolvidos nesses procedimentos, embora os tenha ressaltado.

Nas condições expostas, Soares (2002) fez intervenções consideradas producentes para que os alunos resistentes iniciassem a resolução dos problemas a partir das informações presentes no enunciado. Ainda, os diálogos da pesquisadora com os alunos ilustram procedimentos de ensino interessantes para o trato com problemas referenciados na vida cotidiana de estudantes de populações com as mesmas características.

Em síntese, esses estudos evidenciaram: (a) que estudantes de 5ª a 8ª séries (6º a 9º anos) apresentaram dificuldades similares na atribuição de significado amplo às *relações no tempo* e que foi possível uma evolução de seu conhecimento graças à intervenção didática; (b) fenômenos didáticos relacionados à análise de possibilidades em problemas referenciados no cotidiano, que não tenham uma única resposta correta; (c) que a intervenção didática em uma abordagem investigativa, com base na proposta de Brousseau (1997), foi de difícil condução e permitiu a detecção de despreparo das turmas em debates e, inclusive, de apatia dos alunos de 8ª série (9º ano) nas discussões propostas.

Esses resultados, aliados à relevância tanto do tema como das abordagens investigativas em educação matemática, evidenciaram a pertinência de ampliar esses estudos para outros segmentos de ensino.

## Os Estudos no Ensino Médio

Martinelli (2004) realizou uma pesquisa, estendendo as anteriores, com as seguintes questões: "Estudantes do ensino médio (de 15 a 17 anos)[9] têm os mesmos problemas diagnosticados nos estudos anteriores? Se tiverem, o significado atribuído às relações no tempo pelos alunos da 1ª série evolui para o significado matemático, se forem sujeitos de uma intervenção didática?".

Tal pesquisa foi desenvolvida com base nas noções de *dialética ferramenta-objeto* e de *interação entre domínios* de Douady (1986) em três etapas. Na primeira etapa, o pré-teste, três grupos de estudantes do ensino médio: 34 da 1ª série, 26 da 2ª série e 26 da 3ª série, de uma escola do Estado de São Paulo resolveram individualmente oito problemas envolvendo relações e relações de ordem no tempo em um pré-teste. Todos os problemas tinham mais de uma resposta correta e requeriam análise de possibilidades de ordenação; eles eram similares aos pro-

[9] As propostas curriculares brasileiras para a educação infantil e ensino fundamental propõem estudo de relações como: "ser menor ou igual a" e "estar antes de"; representações em reta numerada. Em tese, estudantes do ensino médio já estudaram esses tópicos na escola.

blemas propostos por Soares (2002) – que admitiam diversas possibilidades de ordenação.

Na segunda etapa, dois meses após a anterior, os estudantes da 1ª série foram sujeitos de uma intervenção didática, com o objetivo mencionado na questão de pesquisa. Essa etapa foi conduzida por Martinelli, em três encontros de 50 minutos cada; ela era professora das turmas e seguia habitualmente em suas aulas o quadro teórico utilizado na pesquisa.

Na terceira etapa, três meses após o último encontro da etapa anterior, 33 dos estudantes de 1ª série resolveram individualmente problemas equivalentes aos da primeira etapa, em um pós-teste.

Maranhão, Machado e Martinelli (2006) divulgaram um trabalho, aprofundando o estudo de Martinelli (2004) nas análises e conclusões. Para tanto, focalizaram dois dos problemas propostos por Martinelli (2004). Além disso, colheram dados sobre os alunos de 1ª série, advindos de seus professores de diversas disciplinas, juntando-os aos que Martinelli já tinha de documentos escolares e livros didáticos usados pelas turmas (tanto no ano da pesquisa quanto em anteriores).

Pelo quadro teórico que deu base à investigação, interessava detectar os domínios empregados pelos estudantes na resolução dos problemas. Na observação das produções dos alunos da 1ª série do ensino médio, em relação a um dos problemas analisados do pré-teste, as autoras indicaram que: (a) vinte alunos forneceram uma única ordenação correta como resposta, com os nomes em linha, sem referências numéricas. Depreende-se das representações dos alunos que as ordenações apresentadas foram feitas com o referencial de chegada ora à direita, ora à esquerda do aluno; (b) onze alunos forneceram várias respostas em ordenações possíveis, corretas, com os nomes dos personagens indicados pelo uso de numerais ordinais, classificadas em dois tipos. Um em que esses nomes foram apresentados verticalmente e outro em que foram apresentados horizontalmente; (c) três alunos deram várias respostas nas quais figuravam, em uma linha, os nomes dos personagens, seguindo a ordem de apresentação deles no enunciado e, em outras linhas, apenas ordinais abaixo desses nomes, indicando possibilidades de posição na ordem de chegada. Um desses alunos indicou uma ordenação incorreta em suas respostas, e os outros dois alunos indicaram apenas ordenações corretas; (d) dois alunos apresentaram respostas usando representações geométricas. Um deles transmitiu claramente possibilidades de ordenação dos personagens e, o outro, não transmitiu claramente quais seriam as possibilidades de ordenações (mas mostrou uso de sentido amplo da relação em estudo). Este último fez desenhos como o seguinte[10]:

[10] Este desenho foi feito por um estudante da pesquisa de Martinelli (2004), em um problema cuja ordem de apresentação dos personagens no enunciado era: Paulo, Fernanda, Júlia, Bruna.

O aluno que transmitiu claramente possibilidades de ordenação dos personagens exibiu dois segmentos de retas desenhados horizontalmente com os nomes dos personagens sobre marcas verticais; essas respostas correspondiam a duas ordenações possíveis segundo o enunciado.

Como se pôde constatar, 20 alunos parecem ter colocado em jogo um só domínio, o da *língua natural.* No entanto, respostas de outros 14 revelaram interações entre dois domínios: *língua natural* e *numérico* e respostas de dois dos alunos revelaram interações entre três domínios, designados pelas pesquisadoras de: *língua natural*, *numérico* e *geométrico*. Importa ressaltar que todas essas interações entre domínios foram de iniciativa própria deles. Apesar disso, esse resultado indica que prevaleceu o emprego do domínio da língua natural, conforme o enunciado do problema.

Maranhão, Machado e Martinelli (2006) concluíram que, no pré-teste, as porcentagens de apresentação de uma única resposta correta aos problemas, *com uso do significado restrito*, foram grandes nas três séries e maior entre os alunos da 1ª série do que entre os de 2ª e 3ª séries. Pelo exame dos documentos coletados, as autoras observaram que os alunos da 1ª série tiveram menos oportunidades de resolver problemas com mais de uma resposta correta que os das séries posteriores. Essa é uma variável importante que pode explicar esse resultado. As autoras consideraram essa indicação interessante para investigações futuras nas 2ª e 3ª séries.

Além disso, para as autoras, foi notável, nas três séries, a porcentagem de alunos que não atribuíram significado amplo no pré-teste às relações em estudo, apesar de seus estudos anteriores envolvendo relações e relações de ordem. Elas indicaram que esse fato fomenta o desenvolvimento de estudos similares em níveis mais elevados.

Finalmente, Maranhão, Machado e Martinelli (2006) compararam os resultados dos pré e pós-testes, constatando a evolução do conhecimento dos alunos de 2º ano, sujeitos da intervenção didática, que passaram a apresentar significado matemático das relações em estudo. Para tanto, basearam-se principalmente na análise estatística, que demonstrou que eles chegaram a essa condição depois da intervenção didática. Nessa análise as autoras também lançaram mão do teste *t* de Student, pelas mesmas razões dadas em Maranhão et al. (2000).

## A Intervenção Didática no Ensino Médio

Por se basear em Douady (1986), Martinelli (2004) promoveu o emprego de certa variedade de recursos. Em consequência disso, analisou sua adequação aos estudantes de 1ª série, ampliando suas questões de pesquisa. Pôde fazer isso graças ao afunilamento de sua investigação, que voltou a intervenção didática aos estudantes de uma só classe.

Nessa intervenção, os alunos foram organizados em grupos a critério da pesquisadora. Esse critério levou em conta a diversidade de resoluções dos alunos no pré-teste. Os grupos deveriam fornecer resposta consensual dos integrantes. Essa estratégia de pedir resposta consensual do grupo tinha como finalidade provocar o debate dos alunos. Para subsidiar as discussões nos grupos, nas fases *explicitação* e *novo implícito* da *dialética ferramenta-objeto* disponibilizou materiais e fez sugestões. Isso porque considerou que alguns recursos poderiam provocar a determinação de novas possibilidades de ordenações entre os alunos no processo de *validação*.

Assim, os alunos utilizaram o próprio corpo representando os personagens dos enunciados. Nessas encenações, ela propôs que usassem cartões, como colares, nos quais estariam escritos os nomes dos personagens – para viabilizar sua rápida identificação. Poderiam também simplesmente mobilizar cartões com nomes dos personagens. Estariam lançando mão de dois domínios nesses casos: o físico e o da língua natural. Falou a todos, que se considerassem desnecessários esses recursos, poderiam debater e proceder a validação sem eles.

A pesquisadora observou alunos que diziam que o personagem *não viu* em lugar de dizerem que o personagem *não se lembrava*, ou alunos que perguntavam: "Como ele chegou antes dos outros colegas sem ter se lembrado de ninguém?". Indicou que essas ideias foram confrontadas durante os debates entre os alunos dos grupos, quando foram superadas.

Ela relatou conflitos nos diversos grupos, relativos à organização dos personagens nas respostas, tanto durante o confronto das respostas de cada um quanto no momento de fornecerem uma resposta consensual aos problemas. Disse, também, que os trabalhos transcorreram, com interferências mínimas de sua parte, graças ao suporte de alguns dos recursos oferecidos nas fases *explicitação* e *novo implícito*.

Sobre isso, é interessante notar que o diálogo de um dos grupos indicou resistência na admissão de diversas possibilidades de ordenação, que foi rompida por sugestão de recursos e consequente encenação. Martinelli relatou que depois de o grupo proceder às encenações, passou a uma atitude de autodeterminação na resolução dos problemas. Tendo em vista o quadro teórico empregado, isso mostrou que a interferência pertinente do professor pode provocar não apenas interações entre domínios, mas também modificação de atitude dos alunos na resolução dos problemas propostos.

Ficou claro que não apenas os resultados do pré-teste mostraram atribuição de sentidos restritos às relações em estudo; os diálogos observados nos grupos de estudantes da pesquisa de Martinelli (2004) também atestam que havia estudantes que apresentavam significados restritos às relações, passando a admitir o amplo, depois das sugestões de emprego de recursos pela professora.

Sobre esses recursos, Martinelli (2004) concluiu que entre seus alunos a dramatização foi considerada a mais simples e eficiente na produção de múltiplas respostas aos problemas. Já a utilização de cartões foi considerada eficiente para a verificação das respostas (no confronto com os enunciados dos problemas).

Ainda, existiram debates nos grupos envolvendo aspectos conceituais relativos à ordenação. Para se entenderem e darem uma resposta consensual, os estudantes forçosamente estabeleceram os referenciais essenciais para ordenações: o marco de chegada e a orientação em um eixo (correspondentes a cada relação em estudo). Esses aspectos foram necessariamente levados em conta nas encenações e verificações de respostas, mas ficaram ocultos no trabalho dos grupos – não foram explicitados pelos alunos.

Depois dos trabalhos em grupos, a pesquisadora promoveu discussões envolvendo a classe toda, quando esses aspectos conceituais relativos à ordenação, também não foram explicitados por ela. Isso deve ter ocorrido, possivelmente, porque ela se ateve às explicitações de seus alunos sem se dar conta do que havia de implícito nelas. Nessas discussões coletivas houve poucos debates, muita participação consensual dos alunos, possivelmente como reflexo dos esforços anteriores nos grupos.

A pesquisadora considerou ter institucionalizado o que queria que os alunos retivessem. Relatou que, para tanto, formulou questões do tipo: "Então podemos concluir que chegar *antes de* não significa chegar *imediatamente antes de*? Podemos concluir então que não chegar *depois de* significa chegar *antes* ou *ao mesmo tempo* em quê?". Ao que seus alunos responderam massivamente *sim*.

Em síntese, houve irradiação entre os alunos do uso de diferentes domínios em interação. Os diálogos e debates entre esses estudantes nos grupos, exibidos no trabalho de Martinelli (2004), atestam que os fatores mais importantes para a evolução de conhecimento dos alunos foram: o seguimento das fases *pesquisa*, *explicitação* e *novo implícito* – quando ocorreu *interação entre domínios*. Dessa maneira, demonstrou que o uso desse referencial teórico proporcionou esse avanço.

## Conclusão

As investigações tratadas aqui envolveram estudantes resolvendo problemas que explicitavam estritamente relações no domínio do tempo, requerendo ordenações. Em síntese, esses estudos evidenciaram: (a) que estudantes de 5ª a 8ª série (6º a 9º anos) do ensino fundamental atribuíam significado restrito às *relações em estudo, no domínio do tempo,* no pré-teste e que passaram a atribuir significado matemático graças à intervenção didática; (b) que foi notável, nas três séries do ensino médio, a porcentagem de alunos que não atribuíram significado amplo no pré-teste às *relações no tempo*, apesar de seus estudos anteriores envolvendo relações e relações de ordem e que ocorreu evolução de conhecimento dos alunos de 1ª série graças à intervenção didática nessa série; (c) fenômenos didáticos (dificuldades no ensino e na aprendizagem) relacionados à análise de possibilidades em problemas referenciados no cotidiano, que não tenham uma única resposta correta, foram observados tanto nas turmas do ensino fundamental como entre os estudantes de 1ª série do ensino médio; (d) que a intervenção didática em uma abordagem investigativa, com base na proposta de Brousseau (1997), por pesquisadora que não era professora das turmas foi de difícil condução e permitiu a detecção de despreparo dessas turmas em debates e, inclusive, de apatia dos alunos de 8ª série (9º ano) nas discussões propostas; (e) que a intervenção didática na abordagem investigativa com base em Douady (1986) pela pesquisadora que era professora na 1ª série do ensino médio não evidenciou dificuldades de condução; (f) que mesmo tendo sido observadas certas resistências por parte dos alunos de 1ª série do ensino médio para iniciar a resolução dos problemas propostos, a oferta de recursos promovendo interação entre domínios foi suficiente para superá-las provocando inclusive atitude positiva dos estudantes resistentes, tanto em relação à resolução dos problemas propostos como em relação aos debates.

As conclusões apresentadas anteriormente em (a) e em (b) basearam-se em análise estatística, que empregou o teste $t$ de Student, por ter sido considerado apropriado aos experimentos e por permitir uma inferência válida, confiável e universal. Basearam-se também em análise qualitativa dos fenômenos didáticos observados durante as intervenções didáticas.

Esses resultados, aliados à relevância do tema (relações e relações de ordem no domínio do tempo) evidenciaram a pertinência de ampliar esses estudos para níveis mais elevados de ensino.

Dada a relevância de capacitar estudantes na resolução de *problemas com mais de uma resposta correta, requerendo análise de possibilidades*, por serem presentes em diversas áreas da atividade humana, importa ressaltar que as duas pesquisas evidenciaram que eles não são suficientemente explorados no ensino básico.

Ainda, as pesquisas aqui analisadas sobre a 5ª a 8ª séries (6º a 9º anos) do ensino fundamental evidenciaram *não serem valorizadas as estratégias pessoais* e os debates. Observou-se também que os livros didáticos adotados (e seus manuais do professor) não observavam esta valorização.

Evidenciou-se entre os estudantes do ensino médio que a exigência de uma resposta consensual de alunos trabalhando em grupos, aliada ao suporte de recursos oferecidos, fomenta debates entre os próprios alunos. Assim, essa estratégia é recomendada tanto para a pesquisa como para o ensino em abordagens investigativas, como as empregadas nas intervenções aqui analisadas.

## Aspectos Teóricos das Intervenções de Soares e de Martinelli

Passo a apontar aspectos teóricos das investigações analisadas, que considero importantes de se observar em pesquisas que envolvam intervenções didáticas, destacando que são também relevantes para abordagens investigativas no ensino.

Foi notável observar diferenças sobre o que cada uma dessas pesquisas considerou ter sido *institucionalizado*. Elas deflagram questões essenciais como: "Qual o sentido atribuído por pesquisadores, por autores de livros didáticos e por professores à *institucionalização*?".

Essas pesquisas se basearam em quadros teóricos compatíveis que não se diferenciam no sentido atribuído à *institucionalização*, como discuti antes. Esses quadros propõem que o professor forme uma cultura na classe similar à de pesquisadores matemáticos, que criam e comunicam suas ideias, debatendo-as com autonomia.

Brousseau (1997) lembra, no entanto, que essa comunidade não é verdadeiramente de matemáticos. Isso, em primeiro lugar, para deixar clara a assimetria da relação professor–aluno, mostrando dificuldades inerentes a discussões/debates entre professores e alunos – pois sua relação é assimétrica – e vantagens de os alunos discutirem entre si – eles facilmente se opõem uns aos outros, pois estão em posição simétrica –; assim, seus argumentos e suas formulações têm melhores condições de surgir, sendo necessários por vezes incentivos ou intervenções do professor no sentido de: agirem, discutirem, debaterem. Em segundo lugar, para insistir em que as formulações de objetos matemáticos devem ser adequadas às formulações feitas pelos alunos.

Tanto Brousseau como Douady enfatizam que a institucionalização por parte do professor não deve preceder os processos de criação (de conceitos, propriedades ou teoremas, métodos ou procedimentos, estratégias de resolução de problemas) e de validação por parte dos alunos.

Pelo exposto, podemos perceber que ambos reconhecem a tendência de os professores colocarem "o carro na frente dos bois". Afinal, como o professor pode saber qual a formulação adequada do objeto que pretende institucionalizar, se não conhece quais as que emergem nos processos de criação e validação feitos entre os alunos?

Brousseau (1997) discute ainda que nesses processos difundem-se *saberes* entre alunos que funcionam como *institucionais*. Essa deve ser mais uma fonte de observação de professores e pesquisadores para a promoção de institucionalizações adequadas à classe.

Sobre isso Douady pondera que se pode considerar a existência de um estado heterogêneo de conhecimentos matemáticos entre os domínios, que varia não só para um aluno, mas de um aluno para outro; tendo isso em mente, explica, a seu modo, uma das funções da institucionalização – contribuir para dar estatuto de objeto matemático autônomo às novas noções; garantir a progressão de alguns; integrar o saber cultural às rotinas da classe –, explicando que não se pode garantir que todos os alunos reajam da mesma maneira a ela.

Ambos os autores reconhecem que *institucionalizações podem ocorrer de diversas formas e em diversos momentos*, alertando que o professor ou o pesquisador decidem o momento e o modo de proceder a ela, segundo sua observação dos alunos. Aqui estão alguns esclarecimentos sobre essas *institucionalizações, em diversos momentos da situação didática,* para deixar claro que elas *não se reduzem às definições, nem aos teoremas enunciados formalmente, nem às demonstrações formais desses últimos.* Nem se reduzem ao que o professor ou o pesquisador enunciam ao final de um processo instaurado em seu trabalho. Isso, porque a experiência me leva a crer que muitos pesquisadores consideram que as institucionalizações de que esses autores falam devam ocorrer sempre por parte dos professores ou pesquisadores e que estes devam enunciar objetos de saber matemático (entendidos como necessariamente gerais e formais – do corpo científica e socialmente reconhecido).

Com a finalidade de incentivar estudos sobre sentidos atribuídos à institucionalização, em intervenções didáticas, e sem pretender confrontar os pontos de vista, passo a apontar poucas, mas importantes, diferenças nas investigações de Soares e Martinelli.

Soares (2002) não considerou ter institucionalizado nem aspectos conceituais envolvidos na ordenação nem procedimentos de ordenação, apesar de tê-los explicitado. Tampouco considerou ter incentivado a difusão de saberes que funcionassem como institucionais entre os alunos, mesmo tendo incentivado que eles falassem, tendo observado suas explicitações, enfatizando, em sua atuação, a evolução do sentido restrito para o sentido amplo de relações e relações de ordem no tempo, durante toda a intervenção. Vale retomar que ela considerou, no entanto, ter institucionalizado: que problemas da vida cotidiana não dispensam o recurso a inferências e deduções; que nos problemas escolares esses recursos também devem ser empregados porque viabilizam a análise de possibilidades. Provavelmente porque tenha considerado que enunciara isso.

Martinelli (2004) considerou ter procedido à institucionalização sobre sentidos atribuídos a relações e relações de ordem, tendo em vista o que queria que os alunos retivessem, no domínio do tempo, respeitando sua condição no momento. Isso porque formulou as questões mencionadas antes a eles às quais eles responderam em uníssono *sim*. Não houve qualquer outra referência à institucionalização em sua intervenção didática. Tampouco ela considerou ter incentivado a difusão de saberes que funcionassem como institucionais entre os alunos, mesmo tendo promovido e observado debates entre os alunos, que envolviam aspectos conceituais relativos às ordenações, durante toda a intervenção.

Soares e Martinelli consideraram os livros didáticos adotados nas turmas, sem mencionar que estes enunciam objetos matemáticos ou objetos em estudo (tendo também seu papel nas institucionalizações).

Pelo exposto, é necessária maior discussão entre pesquisadores, autores de livros didáticos e professores sobre a institucionalização. Ela é imprescindível nas séries finais do ensino fundamental e no ensino médio, pesquisas e debates sobre conteúdos e formas de institucionalizações: *dos objetos em estudo ou modelos implícitos deles*; *das formulações ou formalizações, procedimentos, estratégias, provas, demonstrações (ou vestígios delas) e das relações entre esses componentes, mais ou menos assumidas durante a situação vivenciada.*

## Implicações para a Pesquisa e o Ensino

Finalmente, o presente estudo clama pesquisas e debates sobre adequação de institucionalização por parte do professor, do livro didático ou do pesquisador. Nas reuniões do SIPEM, vêm emergindo questões recorrentes no ensino, relativas à designação do tópico que está sendo ensinado, num dado momento. Por exemplo: "Se o professor ou o livro didático, ou o pesquisador trata de equações algébricas do 1º grau e não tratou ainda de outras equações, precisa/faz sentido para os alunos, designá-las assim? Se o professor ou o livro didático, ou o pesquisador trata de polígonos e os alunos iniciaram pela exploração dos convexos, precisa/faz sentido para os alunos, designá-los de polígonos convexos?" Ainda sobre adequação das formulações e representações em um tópico de ensino, num dado momento: "Que exigências podemos ter quanto ao grau de generalidade e formalidade, das formulações, sem perda de sentido para os alunos?" Essas questões embutem, é claro, concepções de matemática e de didática da matemática.

Em face da divulgação e aceitação cada vez maiores de abordagens investigativas no ensino e na pesquisa em Educação Matemática, torna-se muito importante aprofundarmos seus pressupostos, conhecermos efeitos (positivos e negativos), analisarmos potencialidades e limitações, discutirmos dilemas e propormos questões em aberto em seu emprego.

## Referências

BROUSSEAU, G. *Theory of didactical situations in Mathematics*. Great Britain, Cornwal: Kluwer Publishers, 1997.

__________. *Cadres, jeux des cadres et théorie des situations*. In: Actes de la journée en hommage à Régine Douady. Équipe DIDIREM (Org.). Paris: IREM. p. 73-82, 2001.

DOUADY, R. *Jeux de cadres et dialectique outil-objet dans l'enseignemant des Mathématiques*. Thèse de doctorat d'état. Paris: Universite Paris VII, 1984.

__________. *Jeux des cadres et dialectique outil-objet*. Paris: Recherches en didactique des Mathématiques. v. 7, n. 2, p. 5-31, 1986.

__________. *Relation function/al algebra*: an example in high school (age 15-16). Proceedings of the 1st Conference of the European Society for Research in Mathematics Education. v. 1 and v. 2. SCHWANK, I (Ed.), Osnabrueck: Publishing House: Forschungsinstitut fuer Mathematikdidaktik. Disponível em: http://www.fmd.uni-osnabrueck.de

IGLIORI, S.; & MARANHÃO, C. Une intervention didactique visant l'apprentissage d'une relation d'ordre. In: *11ième École D'Été De Didactique Des Mathématiques*, Hameaux du Sautet – Corps, 2001. Actes de l' 11 ième École d'été de didactique des Mathématiques. France: La Pensée Sauvage Editions. v. 1, p. 1-8, 2002.

MARANHÃO, M. C. S. A. *Uma engenharia didática para a aprendizagem de concepções de tempo*. Tese de doutoramento. São Paulo: Pontifícia Universidade Católica de São Paulo – Brasil: Capes, 1996.

MARANHÃO, C; SENTELHAS, S; IGLIORI, S. A ordenação no tempo: evolução de conhecimento por uma situação didática. In: *1º Simpósio Internacional de Educação Matemática*, Serra Negra, Anais SIPEM I. São Paulo: SBEM. p. 87-91, 2000.

MARANHÃO, C.; IGLIORI, S.; SOARES, E. Significados atribuídos a relações em problemas de ordenação. In: *2º Simpósio Internacional de Educação Matemática.* Santos. Anais do SIPEM II. CD-Rom. São Paulo: SBEM, 2003.

MARANHÃO, C.; MACHADO.; MARTINELLI. *Ordering relations in high school.* Proceedings of the 3rd International Conference on the teaching of Mathematics – ICTM 3. CD-Rom. Istambul: University of Istambul, 2006.

MARTINELLI, L. *Significado atribuído às relações chegar antes de e não chegar depois de por alunos do ensino médio.* Dissertação (Mestrado em Educação Matemática) – Programa de Estudos Pós-Graduados em Educação Matemática. São Paulo: Pontifícia Universidade Católica de São Paulo, 2004.

SEVERINO, A. J. *Metodologia do trabalho científico.* São Paulo: Cortez, 1995.

SOARES, E. *Uma intervenção didática para a aprendizagem do significado amplo da relação de ordem 'chegar antes ou junto de' com alunos de 5ª a 8ª séries.* Dissertação de Mestrado em Educação Matemática – Programa de Estudos Pós-Graduados em Educação Matemática. São Paulo: Pontifícia Universidade Católica de São Paulo, 2002.

VERGNAUD, G. et al. Some steps in the understanding and use of scales by 10 - 13 year-old students. In: *International Conference for the Psychology of Mathematics Education, Fourth, Berkeley.* Proceedings of Fourth International Conference for the Psychology of Mathematics Education, Berkeley: University of California. p. 285-291, 1980.

# SOBRE OS EDITORES

**Cristina Maranhão** é coordenadora do Grupo de Pesquisa 'Educação Matemática nos Anos Finais do Ensino Fundamental e no Ensino Médio', da Sociedade Brasileira de Educação Matemática (SBEM) e do Grupo de Pesquisa em Educação Algébrica (GPEA) da Pontifícia Universidade Católica de São Paulo (PUC-SP) e professora do Departamento de Matemática e no Programa de Estudos Pós-Graduados em Educação Matemática dessa universidade. Tendo escrito livros didáticos, propostas curriculares, atualmente dedica-se intensamente à investigação, principalmente na linha de pesquisa: 'Matemática na Estrutura Curricular e Formação de Professores'. Na Associação Interamericana Escola Experimental Vera Cruz atua como assessora de educação matemática, incentivando a formação de professores e as práticas educativas de caráter investigativo e colaborativo. Tendo sido consultora em diversas instituições de ensino básico, em âmbito nacional, é ex-professora de matemática da rede estadual do ensino básico e da Faculdade de Filosofia Ciências e Letras da Fundação Santo André e ex-pesquisadora da Fundação Brasileira para o Ensino de Ciências, extinta FUNBEC. Participou de grupos e projetos de pesquisa dos anos 70 que deram origem à institucionalização da área de Ensino de Ciências e Matemática no Brasil. Mestre em matemática e doutora em Educação Matemática pela PUC-SP, com estágios no IREM de Paris e de Grenoble (França) graças a auxílio CAPES. Atualmente cursa o Pós-Doutorado na Faculdade de Educação da Universidade Estadual de Campinas (FE/Unicamp).

**Célia Maria Carolino Pires** foi a primeira coordenadora do Grupo de Pesquisa 'Educação Matemática nos Anos Finais do Ensino Fundamental e no Ensino Médio', da Sociedade Brasileira de Educação Matemática (SBEM), no período de 2000 a 2006. É professora titular do Departamento de Matemática e pesquisadora do Programa de Estudos Pós Graduados em Educação Matemática. Desenvolve projetos de pesquisa sobre desenvolvimento curricular e formação de professores de matemática. Participou como elaboradora e coordenadora da equipe de elaboração dos Parâmetros Curriculares Nacionais do Ministério da Educação, para o Ensino Fundamental e Educação de Jovens e Adultos. Recebeu o título de Cavaleiro da Ordem Nacional do Mérito Educativo, Ministério da Educação do Brasil (2002), o Prêmio Jabuti, de melhor livro didático da Câmara Brasileira do Livro (1994) e o Prêmio Capes de Teses da Área de Ensino de Ciências e Matemática, como orientadora de tese de doutorado (2006). Foi presidente da Sociedade Brasileira de Educação Matemática (2001/2004) e presidente da Federação Ibero-americana de

Educação Matemática (2003/2004). Coordenou o curso de licenciatura em matemática da PUC/SP (2005/2007) e é vice-coordenadora do Curso de Pós-Graduação em Educação Matemática da PUC-SP. Organizou e desenvolveu programas de organização curricular e de formação de professores, especialmente em redes públicas.

**Maria Isabel Ramalho Ortigão** é professora do Departamento de Formação de Professores e do Mestrado em Educação, Comunicação e Culturas da Faculdade de Educação da Baixada Fluminense (UERJ – Caxias). Concluiu o mestrado e o doutorado em educação pela PUC-Rio, tendo a sua tese premiada com Menção Honrosa no Prêmio Capes de Teses 2006. Na PUC-Rio atuou como pesquisadora no Laboratório de Avaliação da Educação (LAED/PUC-Rio) e coordenou o curso de especialização em Educação Matemática. É graduada em pedagogia pela Universidade Veiga de Almeida e possui licenciatura em matemática pela Universidade Santa Úrsula. Durante mais de 20 anos lecionou matemática em escolas de nível fundamental e médio e em cursos de capacitação docente. Tem-se dedicado intensamente ao ensino e pesquisa nas áreas de avaliação da educação, políticas públicas em educação e formação de professores que ensinam matemática na educação básica. É autora de diversos trabalhos científicos na área de avaliação da educação básica.

**José Luiz Magalhães de Freitas** é graduado em matemática, pela UNESP de Araraquara, mestre em matemática pelo ICMC-USP de São Carlos e doutor em Ciências da Educação, pela Universidade Montpellier II, França. Fez pós-doutorado no Laboratório de Informática de Grenoble, na França. É professor do Departamento de Matemática, do Programa de Mestrado em Educação Matemática e do Programa de Pós-Graduação em Educação da Universidade Federal de Mato Grosso do Sul, atuando nas linhas de ensino e aprendizagem e de formação de professores de matemática. Desde a década de 1980 atua em cursos de formação de professores de matemática, na promoção organização de palestras, encontros, seminários, bem como em grupos de estudos e de pesquisa de Educação Matemática. Publicou vários artigos, capítulos de livros e é coautor do livro *Fundamentos e metodologia de matemática para os ciclos iniciais do ensino fundamental.* Tem participado de programas de avaliação do MEC, na área de Matemática, dentre eles o PNLD – Programa Nacional do Livro Didático e o SINAES – Sistema Nacional de Avaliação do Ensino Superior. É sócio fundador da SBEM – Sociedade Brasileira de Educação Matemática e já ocupou os cargos de diretor e de secretário da regional da SBEM-MS.

**Neiva Ignês Grando** é licenciada em matemática pela Universidade de Passo Fundo/RS e mestre em psicologia cognitiva pela Universidade Federal de Pernambuco (UFPE). Doutora em educação pela Universidade Federal de Santa Catarina (UFSC), com doutorado sanduíche pela Universidade de Rouen, França. Como continuidade de seus estudos acadêmicos, concluiu seu estágio pós-doutoral em 2006 pela Universidade Federal de Santa Catarina. É professora do Instituto de Ciências Exatas e Geociências e da Faculdade de Educação da Universidade de Passo Fundo, tendo também atuado até 1998 na educação básica, em escolas das redes municipal e estadual. Além dos cursos de graduação de pedagogia anos iniciais e matemática licenciatura plena, atua no Programa de Pós-graduação em Educação da Universidade de Passo Fundo, na linha de pesquisa processos educativos e linguagem. Coordena o grupo de pesquisa Teoria Histórico-cultural e Educação Matemática (CNPq) e suas pesquisas estão relacionadas ao processo ensino-aprendizagem, tendo como foco principal a sala de aula. Em suas mais recentes publicações constam duas obras: "*Educação Matemática*: contribuições para o processo ensino-aprendizagem", a qual representa sua trajetória científica como pesquisadora (2006); "*Educação Matemática*: um espaço de pesquisa em sala de aula", que mostra resultados de pesquisas desenvolvidas com seu grupo de pesquisa em ambientes escolarizados (2008). Tem participado de eventos científicos nacionais e internacionais, desenvolvendo diferentes atividades, como forma de divulgação e de troca de experiências com professores e pesquisadores de diferentes instituições educacionais.

**Silvia Dias Alcântara Machado** é graduada em Serviço Social pela PUC-SP em 1964, bacharel e licenciada em matemática pela PUC-SP em 1975, diplomada em Études Approfondies – DEA – em Álgebra pela Universidade de Montpellier, USTL França em 1978, mestre e doutora em matemática pela PUC-SP em 1981 e 1986 respectivamente. É professora titular da PUC-SP. Foi vice-presidente da Comissão Geral de Pós-Graduação da PUC-SP ( 1988-1990), coordenadora do Programa de Educação Matemática da PUC-SP (1989-1995), coordenadora do curso de licenciatura e bacharelado em matemática da PUC-SP ( 1997-1999), coordenadora do GT 19 de Educação Matemática da ANPED (1996-1998). Tem experiência na área de educação, com ênfase em Educação Matemática, atuando principalmente nos seguintes temas: educação matemática, mais especificamente em educação algébrica: álgebra, álgebra linear e teoria elementar dos números.

Este livro foi composto em AGaramond e
impresso pela Gráfica Editora Parma para
Musa Editora na Primavera de 2009.